Avec le soutien du

CNL
Centre national du livre

PROBLÈMES D'ARITHMÉTIQUE DES CORPS
ET DE THÉORIE DE GALOIS

Bruno Deschamps

Problèmes d'arithmétique des corps et de théorie de Galois

Vingt et un problèmes corrigés à l'usage des étudiants
du deuxième cycle universitaire
et des candidats à l'agrégation externe de mathématiques

COLLECTION MÉTHODES

HERMANN, ÉDITEURS DES SCIENCES ET DES ARTS

BRUNO DESCHAMPS, docteur en mathématique, agrégé de l'Université et ancien élève de l'École normale supérieure, enseigne à l'Université de Lille I. Ses recherches portent sur la théorie des nombres et notamment sur le problème inverse de Galois.

ISBN 2 7056 6379 7

Avant-propos

De multiples raisons poussent les mathématiciens à faire des mathématiques. L'une d'entre elles est incontestablement le plaisir. Un plaisir intellectuel bien sûr, mais qui bien souvent dépasse le cadre de la seule satisfaction de manipuler des concepts purement abstraits. On se prend souvent à admirer un résultat ou une démonstration pour son côté élégant ou astucieux. Cet aspect esthétique, omniprésent en mathématiques, contribue pour beaucoup à ce plaisir du raisonnement abstrait, un peu comme un architecte ou un archéologue admirerait, indépendamment du travail qu'il lui a coûté, l'édifice qu'il a devant les yeux.

L'arithmétique des corps est une branche des mathématiques qui se prête bien à ce propos. Les concepts y sont riches, variés et originaux et les raisonnements extrêmement purs. Elle touche bien souvent à des questions de théorie des nombres ancestrales (quadrature du cercle, sommes de carrés, recherche de racines de polynômes etc.) ce qui la rend encore plus attrayante. Elle trouve d'ailleurs plus ou moins son origine avec Galois (et la théorie qui porte son nom) qui avait pour ambition, avant sa mort prématurée, de donner un critère de résolubilité par radicaux pour les polynômes à coefficients rationnels. Cette question avait obsédé bon nombre de mathématiciens depuis l'antiquité.

Depuis Galois, l'arithmétique des corps s'est considérablement développée. Beaucoup de mathématiciens y ont apporté leur contribution au cours de ce siècle. On a bien formalisé les concepts de base et en particulier la théorie de Galois (ce qui permet notamment de pouvoir enseigner ces bases avec un bagage assez maigre d'algèbre commutative) et l'on a ouvert une problématique assez vaste sur le sujet.

L'objectif de ce recueil de problèmes est double. Dans un premier temps nous avons voulu présenter des notions plus ou moins classiques que l'on rencontre à l'agrégation ou dans un cours de maîtrise sur le sujet (corps finis, polynômes cyclotomiques, symbole de Legendre etc.). Nous avons ainsi voulu donner la possibilité aux étudiants de s'exercer efficacement dans un cadre scolaire. Dans un deuxième temps, nous présentons des problèmes abordant des notions moins classiques et plus sophistiquées qui sont parfois traitées dans certains cours spécialisés de DEA (corps pythagoriciens, arithmétique des corps ordonnables, corps gauches, corps hilbertiens, niveau de corps etc.) ainsi que des résultats frappants ou notoires d'arithmétique (quadrature du cercle, éléments de torsion dans un groupe de Galois absolu etc.).

Chaque problème est centré sur un objet ou un résultat important et utilise donc de manière synthétique les notions de base de la théorie de Galois. Il est à noter, dans cette perspective, que tous les problèmes sont traitables avec un bagage minimum et que les solutions proposées n'utilisent que les objets présentés usuellement dans un cours de maîtrise.

Nous avons voulu présenter de beaux résultats et de belles notions afin de procurer (nous l'espérons !) au lecteur de ce plaisir mathématique dont nous parlions au début de cette introduction. Nous voudrions aussi communiquer aux étudiants ce sentiment de mystère et d'émerveillement qu'il y a parfois devant ces mathématiques et montrer tout le raffinement et l'intelligence qui ont été mis en oeuvre, au cours des siècles, pour inventer de telles choses.

Ce livre s'adresse donc principalement aux étudiants qui passent un certificat de théorie de Galois et plus encore à ceux qui, parmi eux, se destinent à un troisième cycle universitaire. Plusieurs problèmes intéresseront aussi les candidats à l'agrégation et de manière générale, les amateurs de tous horizons, passionnés par le sujet.

Les sources qui ont inspiré cet ouvrage sont multiples et variées (cours, articles de recherche, livres, notes, travaux personnels, conversations informelles etc.), il nous a paru difficile (voir impossible) d'en dresser une liste. Nous nous excusons par conséquent de l'abscence de bibliographie dans ce livre. Nous tenons à remercier Pierre Bères ainsi que l'ensemble des éditions Hermann pour l'accueil qu'ils nous ont réservé. Merci aussi à Evelyne de Boisgrollier et à Vincent Bosser pour les relectures qu'ils ont effectuées ainsi que pour les remarques et les conseils qu'ils nous ont prodigués et qui ont contribués à enrichir cet ouvrage.

Paris, juillet 1998

Table des matières

Niveau de difficulté

*	Facile.
**	Classique, sans grande difficulté théorique.
***	Moyen, nécessite une bonne maîtrise des notions de base.
****	Sort des sentiers battus, pour élèves confirmés.
*****	Pour les passionnés.

Problème 1.— Polynômes et corps cyclotomiques **

Un problème classique qui introduit l'outil de base que représentent les extensions cyclotomiques.

Problème 2.— Corps finis **

Un problème qui aborde un sujet très classique. Après avoir montré dans la partie 1 le théorème de Wedderburn, on s'intéresse à la structure des corps finis (partie 2) puis à celle des extensions finies de corps finis (partie 3). La partie 5 du problème est consacrée au théorème de Chevalley.
A savoir faire — et refaire le jour de l'oral d'agrégation!

Problème 3.— L'arithmétique de $\mathbb{F}_{p^2}$ pour $p \equiv 1(4)$ *

Petit problème qui étudie à quelles conditions la loi qui définit la multiplication dans $\mathbb{C}$ à partir de $\mathbb{R} \times \mathbb{R}$ confère à $\mathbb{F}_p \times \mathbb{F}_p$ une structure de corps. Comme application, on calcule explicitement les tables de lois de $\mathbb{F}_9$.
Un problème qui ne devrait pas en poser...

Problème 4.— Symbole de Legendre et loi de réciprocité quadratique **

Un problème classique qui introduit le symbole de Legendre et fait démontrer la loi de réciprocité quadratique de deux manières différentes

(preuves de Gauss et d'Eisenstein).
C'est un bon complément au problème 2. A savoir faire !

Problème 5.— Finitude des sous-extensions ***

On s'intéresse au nombre d'extensions intermédiaires d'une extension finie, dans ce problème. Après avoir traité quelques cas particuliers, on donne une condition nécessaire et suffisante pour que ce nombre soit fini.

Problème 6.— L'équation $X^n - a = 0$ ***

On commence par donner une condition nécessaire et suffisante pour que $X^n - a$ soit irréductible sur un corps K, puis on étudie dans ce problème le corps de décomposition du polynôme $X^n - a$. En réciproque on traite les principales propriétés de la théorie de Kummer. Un grand classique de théorie de Galois.

Problème 7.— Extensions cycliques en caractéristique p **

On cherche dans ce problème à caractériser les extensions cycliques de degré p en caractéristique p.
Un problème typique de théorie de Galois.

Problème 8.— $\mathbb{C}$ est algébriquement clos **

Ce problème fait démontrer que $\mathbb{C}$ est algébriquement clos en utilisant uniquement la théorie de Galois.
Cette démonstration mérite d'être gardée en mémoire pour le jour de l'oral de l'agrégation tant les démonstrations analytiques du théorème de d'Alembert-Gauss sont usées.

Problème 9.— Corps pythagoriciens ****

Sujet original qui aborde la notion de corps pythagoricien. Après avoir prouvé quelques propriétés générales pour ces corps, on prouve le théorème de caractérisation de Diller et Dress.
Un problème assez complet, qui utilise pas mal de notions d'arithmétique des corps.

Problème 10.— Corps des quaternions d'Hamilton ***

Un problème classique sur le corps des quaternions. Après avoir étudié les propriétés classiques de $\mathbb{H}$ on montre que les $\mathbb{R}$-automorphismes de $\mathbb{H}$ sont intérieurs. Pour finir on prouve le théorème de Frobenius. Un problème assez complet sur le sujet.

Problème 11.— Sommes de quatre carrés **

Ce problème est une application du précédent. On montre que tout entier naturel est somme de quatre carrés. La dernière partie donne une caractérisation des entiers qui sont sommes de deux carrés.

Problème 12.— Etude d'un corps gauche **

Beaucoup moins classique que le problème 10, on étudie dans ce problème un corps gauche de dimension 9 sur son centre $\mathbb{Q}$.

Problème 13.— Quadrature du cercle ***

L'objectif de ce problème est de montrer l'impossibilité de la quadrature du cercle. Le problème se compose de deux parties. La première étudie la structure du corps des nombres constructibles, la deuxième s'occupe de la transcendance de π (preuve de Hurwitz).

Problème 14.— Corps hilbertiens, groupes de Galois sur $\mathbb{Q}$ *****

L'objectif de ce problème est d'utiliser le théorème d'Hilbert pour montrer que le problème inverse de Galois sur $\mathbb{Q}$ équivaut à celui sur $\mathbb{Q}(T)$. En application, on montre par la méthode de Noether que tout groupe symétrique est groupe de Galois sur $\mathbb{Q}$, on obtient alors le théorème suivant : Tout groupe fini G est groupe de Galois sur un corps de nombres. Pour compléter cette étude, on montre que les groupes abéliens sont groupes de Galois sur $\mathbb{Q}$. Un beau problème de théorie de Galois qui a le mérite de présenter des méthodes élémentaires de théorie inverse de Galois.

Problème 15.— Corps P-réduisants ***

On généralise dans ce problème la notion de corps pythagoricien. Après avoir introduit la notion de corps P-réduisant et de clôture P-réduisante, on traite plusieurs exemples assez variés.

Problème 16.— Corps différentiels ***

On aborde dans ce problème la notion de corps différentiel. Après avoir établi quelques propriétés des corps différentiels, on démontre le théorème de Liouville-Ostrowsky. Comme application, on prouve que la primitive de la fonction $f(x) = e^{x^2}$ n'est pas "élémentaire".

Problème 17.— Morphismes préservant l'ordre **

La première partie de ce problème utilise l'analyse réelle pour étudier la nature des morphismes des différentes structures de $\mathbb{R}$ préservant l'ordre. Dans la deuxième partie, après avoir admis deux résultats classiques de transcendance, on démontre que l'unique automorphisme de $\mathbb{Q}^{+*}$ préservant l'ordre est l'identité. Ce dernier résultat est dû à Glass et Ribenboim et date de 1993.

Problème 18.— Corps ordonnables***

Après avoir introduit la notion de corps ordonnable et traité quelques exemples, on montre dans ce problème le théorème de caractérisation des corps ordonnables d'Artin et Schreier : un corps K est ordonnable si et seulement si -1 n'est pas une somme de carrés dans K.

En plus du joli théorème qu'il démontre, ce problème permet de se familiariser avec les méthodes élémentaires de l'arithmétique des corps ordonnables.

Problème 19.— Sur les éléments de torsion d'un groupe de Galois absolu *****

Ce problème a pour ambition de faire démontrer une caractérisation due à Artin et Schreier des extensions algébriques ordonnées maximales d'un corps ordonné. Cette caractérisation permet en particulier de montrer que les éléments de torsion d'un groupe de Galois absolu sont nécessairement des involutions.

Un résultat profond d'arithmétique.

Problème 20.— Sous-corps de $\mathbb{C}$ de degré fini ***

L'ambition de ce problème est de faire construire un sous-corps R de $\mathbb{C}$ tel que $[\mathbb{C} : R] = 2$ et tel que R ne soit pas isomorphe à $\mathbb{R}$. Une belle application des deux problèmes précédents.

Problème 21.— Niveau d'un corps ****

On s'intéresse dans ce problème au niveau d'un corps. Après avoir traité quelques exemples, on montre que l'ensemble des sommes de 2^n carrés d'un corps K forme un groupe multiplicatif et alors que le niveau d'un corps est nécessairement une puissance de 2. Réciproquement on prouve que pour tout $n \in \mathbb{N}$, il existe un corps dont le niveau est 2^n.

Notations

• $\mathbb{N}$ (resp. $\mathbb{N}^*$), $\mathbb{Z}$ (resp. $\mathbb{Z}^*$), $\mathbb{Q}$, $\mathbb{R}$, $\mathbb{C}$, ensemble des nombres, entiers naturels (resp. entiers naturels non nuls), entiers relatifs (resp. entiers relatifs non nuls), rationnels, réels, complexes.

• K^*, ensemble des éléments non nuls d'un corps K.

• $\mathbb{F}_q$, le corps fini à $q = p^n$ éléments (p premier, $n \geq 1$ entier).

• $\mathbb{H}$, corps des quaternions d'Hamilton.

• L/K, extension de corps $K \subset L$.

• $[L/K]$, degré de l'extension L/K.

• $Gal(L/K)$, groupe de Galois de l'extension algébrique L/K quand celle-ci est galoisienne.

K^G (K corps commutatif, G groupe d'automorphismes de K), sous-corps de K des invariants par G.

• $\overline{K}$, clôture algébrique du corps commutatif K.

• $K[X]$ (resp. $K(X)$), anneau (resp. corps) des polynômes (resp. fractions rationnelles) en une indéterminée sur un corps K.

• $K[X_1, \cdots, X_n]$ (resp. $K(X_1, \cdots, X_n)$), anneau (resp. corps) des polynômes (resp. fractions rationnelles) en les indéterminées $X_1, \cdots, X_n$ sur un corps K.

• $K[X_i]_{i \in I}$, (resp. $K(X_i)_{i \in I}$), anneau (resp. corps) des polynômes (resp. fractions rationnelles) en les indéterminées $(X_i)_{i \in I}$ (I ensemble d'indices quelconque) sur le corps K.

• $\mathbb{Z}/n\mathbb{Z}$, anneau des classes d'entiers modulo $n \in \mathbb{N}^*$.

• $(\mathbb{Z}/n\mathbb{Z})^*$, groupe des éléments inversibles de $\mathbb{Z}/n\mathbb{Z}$.

• C_n^p ($(n, p) \in \mathbb{Z}^2$), coefficient binomial égal à $\dfrac{n!}{p!(n-p)!}$ si $0 \leq p \leq n$, 0 sinon.

• $N_{L/K}$ (ou plus simplement N quand il n'y a pas d'ambiguïté), application norme de l'extension L/K.

• $\sqrt{\alpha}$ ($\alpha \in K$), élément (non déterminé) de $\overline{K}$ tel que $(\sqrt{\alpha})^2 = \alpha$.

• $(K, \leq)$, corps commutatif K ordonné par l'ordre $\leq$, c'est à dire que l'ordre $\leq$ est total et respecte l'arithmétique de K.

• $\nu(K)$, niveau d'un corps commutatif K.

• $\boxed{\text{n}}_A$ (A anneau commutatif et $n \in \mathbb{N}^*$), ensemble des éléments de A qui sont sommes de n carrés d'éléments de A.

Conventions : On entend par *corps*, la donnée d'un ensemble non vide K muni de deux lois de compositions internes, notée par exemple $+$ et $\times$, telles que :
• $(K, +)$ soit un groupe abélien,
• $(K - \{0\}, \times)$ soit un groupe (ici 0 désigne l'élément neutre de $+$),
• $\times$ est une loi distributive par rapport à $+$.

En particulier, la loi $\times$ n'est pas systématiquement supposée commutative. Quand $\times$ est commutative, on dit que K est un *corps commutatif* et quand $\times$ est non commutative on qualifie K de *corps non commutatif* ou parfois de *corps gauche.*

On dira qu'une extension algébrique (quel que soit son degré) L/K est galoisienne si elle est normale et séparable.

On appellera corps de rupture d'un polynôme irréductible $P \in K[X]$, tout surcorps L de K minimal pour l'inclusion, dans lequel P admet une racine (les corps de rupture sont donc tous K-isomorphes).

On appellera corps de décomposition d'un polynôme $P \in K[X]$, le plus petit surcorps L de K dans lequel P se scinde. Dans une clôture algébrique donnée de K un tel corps est unique.

Le théorème de Steiniz affirmant que les clôtures algébriques d'un corps commutatif K sont toutes isomorphes, on parlera, sauf mention contraire, de la clôture algébrique de K pour désigner un choix arbitraire d'une de ces clôtures dans laquelle on travaillera.

On dit qu'un sous-corps K d'un corps L est de degré fini, si $[L : K] < +\infty$, on réservera parfois cette appellation pour le cas où K est un sous-corps strict de L. De même si L/K désigne une extension, on dira qu'un corps M est une sous extension de L/K (ou plus simplement de L) de degré fini, si M est un sous-corps de degré fini de L et si $K \subset M$.

Index

1.— Polynômes et corps cyclotomiques 17

2.— Corps finis 33

3.— L'arithmétique de $\mathbb{F}_{p^2}$ pour $p \equiv 1(4)$ 45

4.— Symbole de Legendre et loi de reciprocité quadratique 49

5.— Finitude des sous-extensions 61

6.— L'équation $X^n - a = 0$ 71

7.— Extensions cycliques en caractéristique p 83

8.— $\mathbb{C}$ est algébriquement clos 91

9.— Corps pythagoriciens 97

10.— Corps des quaternions d'Hamilton 107

11.— Sommes de quatre carrés 119

12.— Etude d'un corps gauche 129

13.— Quadrature du cercle 139

14.— Corps hilbertiens, groupe de Galois sur $\mathbb{Q}$ 157

15.— Corps P-réduisants 173

16.— Corps différentiels 179

17.— Morphismes préservant l'ordre 199

18.— Corps ordonnables 207

19.— Sur les éléments de torsion d'un groupe de Galois absolu ... 217

20.— Sous-corps de $\mathbb{C}$ de degré fini 227

21.— Niveau d'un corps 233

Problème 1.— Polynômes et corps cyclotomiques.

On étudie dans ce problème les polynômes cyclotomiques et leurs extensions associées.

1.— *Soit $n \geq 1$ un entier et $\mathcal{P}_n$ l'ensemble des racines primitives n-ièmes de l'unité dans $\mathbb{C}$. On définit le polynôme $\Phi_n(X) \in \mathbb{C}[X]$ par :*

$$\Phi_n(X) = \prod_{\xi \in \mathcal{P}_n} (X - \xi)$$

$\Phi_n(X)$ s'appelle de n-ième polynôme cyclotomique.

1.a.i.— *Calculer $\Phi_n(X)$ pour $n = 1, 2, 3, 4$.*

1.a.ii.— *Prouver que le degré $\varphi(n)$ de $\Phi_n(X)$ est égal à $\sharp(\mathbb{Z}/n\mathbb{Z})^*$.*

1.a.iii.— *Calculer $\varphi(ab)$ lorsque (a, b) sont deux entiers premiers entre eux. Calculer $\varphi(p^k)$ pour tout nombre premier p et tout entier k. En déduire une expression simple de $\varphi(n)$ en fonction de n et des nombres premiers divisant n.*

1.a.iv.— *Montrer que $\Phi_n(X) \in \mathbb{Q}[X]$.*

1.b.i.— *Montrer que l'on a :*

$$X^n - 1 = \prod_{d|n} \Phi_d(X)$$

1.b.ii.— *Pour p premier et r entier, calculer explicitement $\Phi_{p^r}(X)$.*

1.b.iii.— *Soient $n \geq 2$ et $k \geq 1$ deux entiers et p un nombre premier ne divisant pas n. Montrer que :*

$$\Phi_n(X^{p^k}) = \Phi_n(X^{p^{k-1}})\Phi_{p^k n}(X)$$

1.b.iv.— *Soient $n \geq 1$ et $k \geq 1$ deux entiers tels que tout diviseur de k soit diviseur de n. Montrer que :*

$$\Phi_{nk}(X) = \Phi_n(X^k)$$

1.b.v.— *Déduire l'expression de* Φ_n *pour* $n = 5, \cdots, 12$.

1.b.vi.— *Calculer* $\Phi_n(1)$ *et* $\Phi_n(-1)$ *pour tout* $n \in \mathbb{N}^*$.

2.— *On veut maintenant montrer que* Φ_n *est un polynôme irréductible de* $\mathbb{Z}[X]$.

2.a.— *Soit* A *un anneau factoriel et* $P(X) \in A[X]$ *un polynôme non nul. On appelle contenu de* P *l'élément* $c(P) \in A$ *égal au p.g.c.d des coefficients de* P. *Montrer que pour tout couple de polynomes non nul* (P, Q) *de* $A[X]$, $c(PQ) = c(P)c(Q)$. *(Lemme de Gauss)*

2.b.— *En déduire que si* P *et* Q *sont deux polynômes non nuls de* $A[X]$ *tels que* Q *divise* P *dans* $K[X]$ *(*K *est le corps des fractions de* A*) et si* $c(P) = c(Q)$ *alors* Q *divise* P *dans* $A[X]$.

2.c.— *Prouver que si* P *est un polynôme normalisé non nul de* $\mathbb{Z}[X]$ *et que* Q *et* R *sont deux polynômes de* $\mathbb{Q}[X]$ *tels que* Q *soit normalisé et tels que* $P(X) = Q(X)R(X)$ *alors* Q *et* R *sont tous deux dans* $\mathbb{Z}[X]$.

2.d.— *Montrer que* $\Phi_n(X) \in \mathbb{Z}[X]$.

2.e.— *Montrer que* $\Phi_n(X)$ *est le polynôme minimal de n'importe quelle racine primitive* n*-ième de l'unité.*
(Ind. On pourra raisonner par l'absurde et écrire $\Phi_n = PQ$ *où* P *désigne le polynôme minimal de* ξ. *Après avoir montrer que* P *et* Q *sont deux polynômes à coefficients entiers, on pourra regarder la réduction de tous ces polynômes modulo un nombre premier* p *tel que* $\Phi_n(\xi^p) \neq 0$.*)*
En déduire que $\Phi_n(X)$ *est irréductible.*

3.— *On s'intéresse ici aux extensions* $\mathbb{Q}(\xi_n)/\mathbb{Q}$.

3.a.— *Montrer que si* ξ_n *est une racine primitive* n*-ième de l'unité, alors* $\mathbb{Q}(\xi_n)/\mathbb{Q}$ *est une extension galoisienne. Calculer* $[\mathbb{Q}(\xi_n) : \mathbb{Q}]$ *et* $Gal(\mathbb{Q}(\xi_n)/\mathbb{Q})$.

3.b.— *On considère un entier* $n \in \mathbb{N}^*$.

3.b.i.— *Soit* d *un entier non nul tel que* $d|n$. *Jusitifier rapidement que l'on a bien les extensions de corps* $\mathbb{Q}(\xi_n)/\mathbb{Q}(\xi_d)/\mathbb{Q}$. *Montrer que ces extensions définissent naturellement un homomorphisme surjectif*

$$\psi : (\mathbb{Z}/n\mathbb{Z})^* \longrightarrow (\mathbb{Z}/d\mathbb{Z})^*$$

Comparer cet homomorphisme, à la surjection canonique $\mathbb{Z}/n\mathbb{Z} \longrightarrow \mathbb{Z}/d\mathbb{Z}$. *En déduire une expression simple du noyau* N_d *de* ψ. *Quel est l'ordre de* N_d *?*

3.b.ii.— *Soit* d' *un autre entier divisant* n. *Caractériser le sous-groupe* $N_d \cap N_{d'}$

3.b.iii.— *Prouver que* $N_d N_{d'} = N_{p.g.c.d(d,d')}$.
(Ind. On pourra étudier le groupe quotient $N_d N_{d'}/N_d$.*)*

3.b.iv.— *Pour tout* d *divisant* n, *déterminer* $\mathbb{Q}(\xi_n)^{N_d}$.

3.c.— *Soit* $n_1, \cdots n_k$, k *entiers strictement positifs. On pose*

$$p = p.g.c.d(n_1, \cdots, n_k) \text{ et } q = p.p.c.m(n_1, \cdots, n_k)$$

Montrer que $\bigcap_{i=1}^{k} \mathbb{Q}(\xi_{n_k}) = \mathbb{Q}(\xi_p)$ *et que* $\mathbb{Q}(\xi_{n_1}, \cdots, \xi_{n_k}) = \mathbb{Q}(\xi_q)$.

Solution du problème.

1.a.i.—

Pour $n = 1$, il n'y a qu'une racine de l'unité : 1, on a donc

$$\Phi_1(X) = X - 1$$

Pour $n = 2$, il y a deux racines de l'unité : 1 et -1. Seule -1 est primitive, on a donc

$$\Phi_2(X) = X + 1$$

Pour $n = 3$, il y a trois racines de l'unité : $1, j$ et j^2. Seules j et j^2 sont primitives, on a donc $\Phi_3(X) = (X - j)(X - j^2)$ c'est à dire :

$$\Phi_3(X) = X^2 + X + 1$$

Pour $n = 4$, il y a quatre racines de l'unité : $1, -1, i$ et $-i$. Seules i et $-i$ sont primitives, on a donc $\Phi_4(X) = (X - i)(X + i)$ c'est à dire :

$$\Phi_4(X) = X^2 + 1$$

1.a.ii.— Le degré de $\Phi_n(X)$ est égal au nombre de racines primitives n-ièmes de l'unité. Si ξ_n désigne une racine primitive n-ième de l'unité, alors si ξ en désigne une autre, il existe $a \in \mathbb{Z}/n\mathbb{Z}$ tel que $\xi = \xi_n^a$ (car par définition les racines primitives engendrent le groupe des racines de l'unité). Supposons que $k = PGCD(a, n) \neq 1$, alors

$$\xi^{\frac{n}{k}} = (\xi_n^a)^{\frac{n}{k}} = (\xi_n^n)^{\frac{a}{k}} = 1$$

Donc l'ordre de ξ n'est pas égal à n, ce qui est absurde puisqu'il y a n racines n-ièmes de l'unité. Ainsi $PGCD(a, n) = 1$.

Réciproquement, supposons que $a \in \mathbb{Z}/n\mathbb{Z}$ avec $PGCD(a, n) = 1$. Posons $\xi = \xi_n^a$, si $b \in \mathbb{N}^*$ est tel que $\xi^b = 1$ alors $ab \equiv 0[n]$, comme a est premier avec n, on en déduit que b est un multiple de n, donc l'ordre de ξ est n. Donc ξ est une racine primitive n-ième de l'unité. Il y a donc autant de racines primitives n-ièmes de l'unité qu'il y a d'éléments de $\mathbb{Z}/n\mathbb{Z}$ premiers avec n. L'ensemble des éléments de $\mathbb{Z}/n\mathbb{Z}$ premiers avec n est exactement l'ensemble $(\mathbb{Z}/n\mathbb{Z})^*$ des éléments inversible de $\mathbb{Z}/n\mathbb{Z}$.

Le choix arbitraire d'une racine primitive n-ième de l'unité ξ, définit un isomorphisme u_ξ de $(\mathbb{Z}/n\mathbb{Z})^*$ sur $\mathcal{P}_n$, par :

$$\forall a \in (\mathbb{Z}/n\mathbb{Z})^*,\ u_\xi(a) = \xi^a$$

1.a.iii.— Comme a et b sont premiers entre eux, on a l'isomorphisme

$$(\mathbb{Z}/ab\mathbb{Z})^* \simeq (\mathbb{Z}/a\mathbb{Z})^*(\mathbb{Z}/b\mathbb{Z})^*$$

Ceci implique immédiatement

$$\varphi(ab) = \varphi(a)\varphi(b)$$

Pour calculer $\varphi(p^k)$, cherchons les entiers de $\{1, \cdots, p^k\}$ qui ne sont pas premier avec p^k. Ce sont exactement les entiers $m = pl$ avec $1 \leq pl \leq p^k$, c'est à dire les entiers $m = pl$ avec $1 \leq l \leq p^{k-1}$. Il y en a donc p^{k-1}. On en déduit

$$\varphi(p^k) = p^k - p^{k-1} = p^{k-1}(p-1)$$

Ecrivons la décomposition en facteurs premiers de n :

$$n = p_1^{\alpha_1} \cdots p_r^{\alpha_r}$$

En appliquant les deux résultats précédents, on a donc :

$$\begin{aligned} \varphi(n) &= \varphi(p_1^{\alpha_1} \cdots p_r^{\alpha_r}) \\ &= \varphi(p_1^{\alpha_1}) \cdots \varphi(p_r^{\alpha_r}) \\ &= p_1^{\alpha_1 - 1} \cdots p_r^{\alpha_r - 1}(p_1 - 1) \cdots (p_r - 1) \end{aligned}$$

ce qui en factorisant donne :

$$\varphi(n) = n \prod_{p|n} (1 - \frac{1}{p})$$

1.a.iv.— Soient σ un automorphisme de corps de $\overline{\mathbb{Q}}$ et ξ une racine primitive n-ième de l'unité. On a $(\sigma(\xi))^n = \sigma(\xi^n) = 1$, donc $\sigma(\xi)$ est une racine n-ième de l'unité. Maintenant si $k < n$ alors $\xi^k \neq 1$ et par suite $(\sigma(\xi))^k = \sigma(\xi^k) \neq \sigma(1) = 1$, ainsi $\sigma(\xi)$ est une racine primitive n-ième de l'unité. Comme σ est bijectif, on en déduit que σ permute les racines primitives n-ièmes de l'unité et donc laisse invariant le polynôme Φ_n. Ceci étant valable pour tout $\sigma \in Gal(\overline{\mathbb{Q}}/\mathbb{Q})$, le polynôme Φ_n est alors à coefficients rationnels.

1.b.i.— L'ensemble des racines de $X^n - 1$ est égale au groupe μ_n des racines n-ièmes de l'unité. Soit $\xi \in \mu_n$ et d l'ordre de ξ, d'après le théorème de Lagrange, $d|n$. ξ est donc une racine primitive d-iéme de l'unité et par suite $\Phi_d(\xi) = 0$. Réciproquement si ξ est une racine d-ième de l'unité avec $d|n$ alors ξ est racine de $X^n - 1$. Les polynômes $X^n - 1$ et $\prod_{d|n} \Phi_d(X)$ ont même ensemble de racines. Ils ont visiblement le même coefficient dominant (à savoir 1), pour prouver qu'il sont égaux, il suffit alors de montrer qu'ils ont même degré (puisque les racines de $X^n - 1$ sont simples), c'est à dire de prouver que :

$$n = \sum_{d|n} \varphi(d)$$

Pour montrer cette égalité, revenons aux racines de l'unité. Si ξ est une racine n-ième de l'unité, elle a un ordre d qui divise n. Il y a $\varphi(d)$ telles racines. Maintenant il est clair que les ensembles $(\mu_d)_{d|n}$ forment une partition de μ_n (puisqu'une racine de l'unité n'a qu'un seul ordre). La formule anoncée découle immédiatement de ce fait.

1.b.ii.— D'après la question précédente, on a pour tout premier p :

$$X^p - 1 = \Phi_1(X)\Phi_p(X)$$

On a donc :

$$\Phi_p(X) = \frac{X^p - 1}{X - 1} = X^{p-1} + X^{p-2} + \cdots + 1$$

Regardons, maintenant Φ_{p^r} pour tout entier r. On a

$$X^{p^r} - 1 = \prod_{i=0}^{r} \Phi_{p^i}(X)$$

mais comme

$$X^{p^{r-1}} - 1 = \prod_{i=0}^{r-1} \Phi_{p^i}(X)$$

on a finalement

$$\Phi_{p^r}(X) = \frac{X^{p^r} - 1}{X^{p^{r-1}} - 1}$$

c'est à dire

$$\begin{aligned} \Phi_{p^r}(X) &= X^{p^{r-1}(p-1)} + X^{p^{r-1}(p-2)} + \cdots + X^{p^{r-1}} + 1 \\ &= \Phi_p(X^{p^{r-1}}) \end{aligned}$$

1.b.iii.— Soit ω une racine de $\Phi_n(X^{p^{k-1}})\Phi_{p^k n}(X)$.

Si ω est racine $\Phi_{p^k n}(X)$, alors ω est racine $p^k n$-ième primitive de l'unité, donc ω^{p^k} est racine primitive n-ième de l'unité et donc ω est racine de $\Phi_n(X^{p^k})$.

Si maintenant ω est racine de $\Phi_n(X^{p^{k-1}})$, alors $\omega^{p^{k-1}}$ est racine primitive n-ième de l'unité, mais comme p est premier avec n, $(\omega^{p^{k-1}})^p$ est encore racine primitive n-ième de l'unité. Donc ω est à nouveau racine de $\Phi_n(X^{p^k})$.

On vient de prouver que toutes les racines de $\Phi_n(X^{p^{k-1}})\Phi_{p^k n}(X)$ sont racines de $\Phi_n(X^{p^k})$, maintenant on a :

$$d^\circ \Phi_n(X^{p^k}) = p^k \varphi(n)$$

et $d^\circ \Phi_n(X^{p^{k-1}})\Phi_{p^k n}(X) = p^{k-1}\varphi(n) + \varphi(p^k n)$. Mais comme p et n sont premiers entre eux et que p est premier, on a :

$$\varphi(p^k n) = \varphi(p^k)\varphi(n) = p^{k-1}(p-1)\varphi(n)$$

et par suite

$$\begin{aligned} d^\circ \Phi_n(X^{p^{k-1}})\Phi_{p^k n}(X) &= p^{k-1}\varphi(n) + (p-1)p^{k-1}\varphi(n) \\ &= p^k \varphi(n) \\ &= d^\circ \Phi_n(X^{p^k}) \end{aligned}$$

Les polynômes $\Phi_n(X^{p^{k-1}})\Phi_{p^k n}(X)$ et $\Phi_n(X^{p^k})$ ont donc même degré et mêmes racines. Les racines de $\Phi_n(X^{p^k})$ sont les racines p^k-ièmes des racines primitives n-ièmes de l'unité, il est par conséquent clair que les racines de $\Phi_n(X^{p^k})$ sont simples. Les polynômes $\Phi_n(X^{p^{k-1}})\Phi_{p^k n}(X)$ et $\Phi_n(X^{p^k})$ sont tous deux normalisés, on en déduit que :

$$\Phi_n(X^{p^{k-1}})\Phi_{p^k n}(X) = \Phi_n(X^{p^k})$$

1.b.iv.— Soit ω une racine de $\Phi_{nk}(X)$, c'est donc une racine primitive nk-ième de l'unité. Donc ω^k est une racine primitive n-ième de l'unité et par suite ω est racine de $\Phi_n(X^k)$.

Par la formule trouvée en 1.a.iii., on a

$$\varphi(nk) = nk \prod_{p|nk} \left(1 - \frac{1}{p}\right)$$

mais les diviseurs de k étant des diviseurs de n, on a :

$$nk \prod_{p|nk} \left(1 - \frac{1}{p}\right) = kn \prod_{p|n} \left(1 - \frac{1}{p}\right) = k\varphi(n)$$

et par suite les polynômes $\Phi_n(X^k)$ et $\Phi_{nk}(X)$ ont donc même degré et mêmes racines. Comme ils sont tous deux normalisés et que $\Phi_{nk}(X)$ est à racines simples, on a :

$$\Phi_{nk}(X) = \Phi_n(X^k)$$

1.b.v.—

Pour $n = 5$, on applique 1.b.ii. et on a :

$$\Phi_5(X) = X^4 + X^3 + X^2 + X + 1$$

Pour $n = 6$, on applique 1.b.iii. et on a $\Phi_6(X) = \dfrac{\Phi_3(X^2)}{\Phi_3(X)}$. En effectuant la division euclidienne, on trouve :

$$\Phi_6(X) = X^2 - X + 1$$

Pour $n = 7$, on applique 1.b.ii. et on a :

$$\Phi_7(X) = X^6 + X^5 + X^4 + X^3 + X^2 + X + 1$$

Pour $n = 8$, on applique 1.b.iv. et on a $\Phi_8(X) = \Phi_4(X^2)$. Ainsi :

$$\Phi_8(X) = X^4 + 1$$

Pour $n = 9$, on applique 1.b.iv. et on a $\Phi_9(X) = \Phi_3(X^3)$. Ainsi :

$$\Phi_9(X) = X^6 + X^3 + 1$$

Pour $n = 10$, on applique 1.b.iii. et on a $\Phi_{10}(X) = \dfrac{\Phi_5(X^2)}{\Phi_5(X)}$. En effectuant la division euclidienne, on trouve :

$$\Phi_{10}(X) = X^4 - X^3 + X^2 - X + 1$$

Pour $n = 11$, on applique 1.b.ii. et on a :

$$\Phi_{11}(X) = X^{10} + X^9 + X^8 + X^7 + X^6 + X^5 + X^4 + X^3 + X^2 + X + 1$$

Pour $n = 12$, on applique 1.b.iii. et on a $\Phi_{12}(X) = \dfrac{\Phi_3(X^4)}{\Phi_3(X^2)}$. En effectuant la division euclidienne, on trouve :

$$\Phi_{12}(X) = X^4 - X^2 + 1$$

1.b.vi.— $\Phi_1(1) = 0$. Supposons maintenant $n \neq 1$. Si $n = p^k$ avec p premier, la formule du 1.*b.ii.* donne $\Phi_n(1) = p$. Si maintenant n n'est pas la puissance d'un nombre premier, alors on peut écrire $n = p^k m$ avec $m > 1$ et p ne divisant pas m. La formule du 1.*b.iii.*, donne alors en $X = 1$:

$$\Phi_m(1) = \Phi_m(1)\Phi_n(1)$$

Comme $m \neq 1$, on a $\Phi_m(1) \neq 0$ et ainsi $\Phi_n(1) = 1$. Ainsi

$$\Phi_n(1) = \begin{cases} 0 & si\ n = 1 \\ p & si\ n = p^k\ (k \in \mathbb{N}^*) \\ 1 & sinon \end{cases}$$

Calculons maintenant $\Phi_n(-1)$:

1/ Si $n = 1$, alors $\Phi_1(-1) = -2$. Supposons maintenant $n \neq 1$.

2/ Si $n = p^k$ pour p premier, on a par 1.b.ii. :

$$\Phi_n(-1) = \Phi_{p^k}(-1) = \Phi_p((-1)^{p^{k-1}})$$

2.1/ Si $p = 2$, alors $\Phi_n(-1) = 0$ si $n = 2$ et si $n \neq 2$, $\Phi_n(-1) = \Phi_2(1) = 2$.

2.2/ Si $p \neq 2$, alors $(-1)^{p^{k-1}} = -1$ et donc

$$\Phi_n(-1) = \Phi_p(-1) = \sum_{i=0}^{p-1}(-1)^i = \frac{(-1)^p - 1}{-1-1} = 1$$

3/ Si n n'est pas la puissance d'un nombre premier, alors on peut écrire $n = p^k m$ avec $m > 1$ et p ne divisant pas m. La formule du 1.b.iii., donne alors en $X = -1$:

$$\Phi_m((-1)^{p^k}) = \Phi_m((-1)^{p^{k-1}})\Phi_n(-1)$$

Prenons p impair (ce qui est toujours possible quitte à changer m). On a alors $\Phi_m(-1) = \Phi_m(-1)\Phi_n(-1)$.

3.1/ Si $m \neq 2$ alors $\Phi_m(-1) \neq 0$, on a alors $\Phi_n(-1) = 1$.

3.2/ Si $m = 2$, écrivons $n = 2p^k$ avec p premier impair on a alors :

$$\Phi_{p^k}(1) = \Phi_{p^k}(-1)\Phi_n(-1)$$

Comme $\Phi_{p^k}(1) = p$ et $\Phi_{p^k}(-1) = 1$, on a alors $\Phi_n(-1) = p$. Ainsi :

$$\Phi_n(-1) = \begin{cases} -2 & si\ n = 1 \\ 0 & si\ n = 2 \\ 2 & si\ n = 2^k\ (k > 1) \\ p & si\ n = 2p^k\ (k > 1,\ p\ premier\ \neq 2) \\ 1 & sinon \end{cases}$$

2.a.— Supposons que $c(P) = c(Q) = 1$ et $c(PQ) \neq 1$. Soit p un élément irréductible de A tel que p divise tous les coefficients de PQ. Considérons alors l'anneau quotient :

$$B = A/pA$$

B est un anneau intègre, donc $B[X]$ l'est aussi. Soit ω l'homomorphisme d'anneau de $A[X]$ sur $B[X]$ provenant de la surjection canonique de A sur B. On a $\omega(PQ) = \omega(P)\omega(Q) = 0$, mais comme $B[X]$ est intègre, on a donc soit $\omega(P) = 0$ soit $\omega(Q) = 0$. Les deux cas contredisent l'hypothèse $c(P) = c(Q) = 1$.

Prenons maintenant P et Q de contenu quelconque. En factorisant, on écrit $P(X) = c(P)P_1(X)$ et $Q(X) = c(Q)Q_1(X)$ où P_1 et Q_1 sont des polynômes de $A[X]$ de contenu 1. On a alors :

$$c(PQ) = c(c(P)c(Q))c(P_1)c(Q_1) = c(P)c(Q)$$

2.b.— Par hypothèse, il existe un polynôme $R(X) \in K[X]$ tel que $P = QR$. En réduisant au même dénominateur, il existe donc $\alpha \in A$ et $R_1 \in A[X]$ tel que $R(X) = \frac{1}{\alpha}R_1(X)$. On a donc :

$$\alpha P(X) = Q(X)R_1(X)$$

en appliquant la formule précédente sur le contenu, on trouve alors :

$$\alpha c(P) = c(Q)c(R_1)$$

Comme $c(P) = c(Q)$, $\alpha = c(R_1)$ et ainsi $R(X) \in A[X]$.

2.c.— En regardant le terme de plus haut de degré de QR, on déduit immédiatement que R est aussi normalisé. En réduisant au même dénominateur chacun des polynômes Q et R, on écrit $Q(X) = \frac{1}{\alpha}Q_1(X)$ et $R(X) = \frac{1}{\beta}R_1(X)$ avec $(\alpha, \beta) \in \mathbb{N}^2$ et Q_1 et R_1 des polynômes de $\mathbb{Z}[X]$.

Les termes de plus haut degré de Q_1 et R_1 sont respectivement α et β. Par conséquent $c(Q_1) \leq \alpha$ et $c(R_1) \leq \beta$, comme

$$\alpha\beta P(X) = Q_1(X)R_1(X)$$

en appliquant le lemme de Gauss, on a :

$$\alpha\beta = c(Q_1)c(R_1)$$

cette égalité ne peut-être alors réalisée que si $c(Q_1) = \alpha$ et $c(R_1) = \beta$, ainsi Q et R sont bien à coefficients entiers.

2.d.— Montrons que $\Phi_n(X) \in \mathbb{Z}[X]$ par récurrence sur n.

Pour $n = 1$, c'est clair.

Supposons que pour $n - 1 \geq 1$, on ait $\Phi_k(X) \in \mathbb{Z}[X]$ pour tout $k = 1, \cdots, n-1$. On a alors

$$\Phi_n(X) = \frac{X^n - 1}{\prod_{d|n, d\neq n} \Phi_d(X)} \in \mathbb{Q}[X]$$

Le dénominateur de ce rapport est, par hypothèse de récurrence, dans $\mathbb{Z}[X]$, comme $X^n - 1$ et $\prod\limits_{d|n,d\neq n} \Phi_d(X)$ sont normalisés, on en déduit d'après ce qui précède que $\Phi_n(X) \in \mathbb{Z}[X]$.

2.e.— Soit ξ une racine primitive n-ième de l'unité et P son polynôme minimal. Supposons que $\Phi_n(X)$ ne soit pas égal à P. On écrit donc

$$\Phi_n(X) = P(X)Q(X) \textit{ avec } Q(X) \in \mathbb{Q}[X]$$

Comme $\Phi_n(X)$ et $P(X)$ sont normalisés, il s'ensuit (cf 2.c.) que P et Q sont dans $\mathbb{Z}[X]$, puisque $\Phi_n(X) \in \mathbb{Z}[X]$. Soit p un nombre premier ne divisant pas n. Supposons que ξ^p ne soit pas racine de P, comme $\Phi_n(\xi^p) = 0$, on a $Q(\xi_p) = 0$. Posons $H(X) = Q(X^p)$, on a $H(\xi) = 0$, donc H est un multiple de P, donc on peut écrire $H(X) = P(X)K(X)$ avec $K(X) \in \mathbb{Q}[X]$. Toujours d'après le 2.c., on a $K(X) \in \mathbb{Z}[X]$.

On regarde maintenant $\overline{\Phi_n}, \overline{P}, \overline{Q}, \overline{H}, \overline{K}$ la réduction modulo p des polynômes Φ_n, P, Q, H, K. Puisque nous sommes en caractéristique p, on a :

$$\overline{H} = \overline{Q}(X^p) = \overline{Q^p}$$

Soit $\Psi \in \mathbb{F}_p[X]$ un facteur irréductible de $\overline{P}$, comme $\overline{H} = \overline{PK}$, Ψ divise $\overline{H}$ et donc $\overline{Q}$. Maintenant $\overline{\Phi_n} = \overline{PQ}$, donc Ψ^2 divise $\overline{\Phi_n}$, et par conséquent $X^n - \overline{1}$. Ainsi $X^n - \overline{1}$ admet une racine double, sa dérivée admet donc la même racine. Or $(X^n - \overline{1})' = nX^{n-1}$ est soit nul, soit n'admet que 0 pour racine. Le premier cas est exclus car p ne divise pas n, le deuxième aussi puisque 0 n'est pas racine de $X^n - \overline{1}$.

Nous venons donc de prouver que pour tout nombre premier p ne divisant pas n, $P(\xi^p) = 0$. Prenons maintenant un entier $k = 1, \cdots, n$ premier avec n. On écrit $k = p_1 . \cdots . p_l$ avec $p_1, \cdots, p_l$ des nombres premiers (non forcément distincts deux à deux). Il est clair qu'aucun des p_i ne divise n, on a donc $P(\xi^{p_1}) = 0$. Maintenant, ξ^{p_1} est une racine primitive n-ième de l'unité, si on applique à nouveau le raisonnement précédent, on trouve que pour tout p ne divisant pas n, on a $P((\xi^{p_1})^p) = 0$. Donc $P(\xi^{p_1 p_2}) = 0$, de proche en proche, on prouve finalement que $P(\xi^k) = 0$. Donc toutes les racines primitives n-ièmes de l'unité sont racine de P. On a bien $\Phi_n(X) = P(X)$.

Φ_n est donc automatiquement irréductible, puisque c'est le polynôme minimal d'un nombre algébrique.

3.a.— L'extension $\mathbb{Q}(\xi_n)/\mathbb{Q}$ est clairement séparable, puisque les corps considérés sont de caractéristique 0.

L'élément ξ_n étant un élément primitif de cette extension, il suffit pour prouver que $\mathbb{Q}(\xi_n)/\mathbb{Q}$ est galoisienne, de montrer que les conjugués de ξ_n sont dans $\mathbb{Q}(\xi_n)$. Les conjugués de ξ_n sont les racines de Φ_n c'est a dire toutes les racines primitives n-ième de l'unité. Mais comme les puissances successives de ξ_n décrivent exactement les racines n-ièmes de l'unité, toute racine primitive n-ième de l'unité est égale à une puissance de ξ_n et vit donc dans $\mathbb{Q}(\xi_n)$. L'extension $\mathbb{Q}(\xi_n)/\mathbb{Q}$ est donc bien galoisienne.

On a alors immédiatement

$$[\mathbb{Q}(\xi_n)/\mathbb{Q}] = d^\circ \Phi_n = \varphi(n)$$

Pour calculer $G = Gal(\mathbb{Q}(\xi_n)/\mathbb{Q})$, considérons le groupe $(\mathbb{Z}/n\mathbb{Z})^*$ des éléments inversibles de $\mathbb{Z}/n\mathbb{Z}$. Si $\sigma \in G$, alors $\sigma(\xi_n)$ est une racine de Φ_n et donc il existe $a_\sigma \in (\mathbb{Z}/n\mathbb{Z})^*$ tel que $\sigma(\xi_n) = \xi_n^{a_\sigma}$. Définissons alors l'application $\psi : G \to (\mathbb{Z}/n\mathbb{Z})^*$ par :

$$\forall \sigma \in G, \ \psi(\sigma) = a_\sigma$$

Il est clair que si σ et σ' sont deux éléments de G, alors

$$\sigma' \circ \sigma(\xi_n) = \sigma'(\xi_n^{a_\sigma}) = (\sigma'(\xi_n))^{a_\sigma} = \xi_n^{a_\sigma a_{\sigma'}}$$

Ainsi ψ est un homorphisme de groupe. Maintenant, si $\psi(\sigma) = 1$, on a $\sigma(\xi_n) = \xi_n$, mais comme ξ_n est un élément primitif de $\mathbb{Q}(\xi_n)/\mathbb{Q}$, on a forcément $\sigma = Id$, donc ψ est injectif. Comme $\mathbb{Q}(\xi_n)/\mathbb{Q}$ est galoisienne, on a :

$$\sharp G = [\mathbb{Q}(\xi_n)/\mathbb{Q}] = \varphi(n) = \sharp(\mathbb{Z}/n\mathbb{Z})^*$$

On en déduit donc que :

$$Gal(\mathbb{Q}(\xi_n)/\mathbb{Q}) \simeq (\mathbb{Z}/n\mathbb{Z})^*$$

3.b.i.— Puisque d divise n, en particulier ξ_d est une racine n-ième de l'unité et donc vit dans $\mathbb{Q}(\xi_n)$, ce qui justifie les extensions annoncées.

Comme $\mathbb{Q}(\xi_n)/\mathbb{Q}$ et $\mathbb{Q}(\xi_d)/\mathbb{Q}$ sont galoisiennes, le groupe de Galois $Gal(\mathbb{Q}(\xi_d)/\mathbb{Q}) \simeq (\mathbb{Z}/d\mathbb{Z})^*$ est donc un quotient du groupe de Galois $Gal(\mathbb{Q}(\xi_n)/\mathbb{Q}) \simeq (\mathbb{Z}/n\mathbb{Z})^*$. Il existe donc un homomorphisme surjectif

$$\psi : (\mathbb{Z}/n\mathbb{Z})^* \longrightarrow (\mathbb{Z}/d\mathbb{Z})^*$$

Détaillons quelque peu ce morphisme :
L'isomorphisme canonique i_n (resp. i_d) de $(\mathbb{Z}/n\mathbb{Z})^*$ sur $Gal(\mathbb{Q}(\xi_n)/\mathbb{Q})$ (resp. de $(\mathbb{Z}/d\mathbb{Z})^*$ sur $Gal(\mathbb{Q}(\xi_d)/\mathbb{Q})$) est donné par l'application qui à $a \in (\mathbb{Z}/n\mathbb{Z})^*$ (resp. $b \in (\mathbb{Z}/d\mathbb{Z})^*$) associe $\sigma_a \in Gal(\mathbb{Q}(\xi_n)/\mathbb{Q})$ (resp. $\sigma_b \in Gal(\mathbb{Q}(\xi_d)/\mathbb{Q})$) défini par $\sigma_a(\xi_n) = \xi_n^a$ (resp. $\sigma_b(\xi_d) = \xi_d^b$). La surjection r de $Gal(\mathbb{Q}(\xi_n)/\mathbb{Q})$ sur $Gal(\mathbb{Q}(\xi_d)/\mathbb{Q})$ est l'application de restriction qui à $\sigma \in Gal(\mathbb{Q}(\xi_n)/\mathbb{Q})$ associe $r(\sigma) = \sigma_{|\mathbb{Q}(\xi_d)} \in Gal(\mathbb{Q}(\xi_d)/\mathbb{Q})$.
L'homomorphisme surjectif ψ vaut donc

$$\psi = i_d^{-1} \circ r \circ i_n^{-1}$$

Prenons pour racine primitive d-ième de l'unité, la racine $\xi_d = \xi_n^{n/d}$. Pour déterminer pour $a \in (\mathbb{Z}/n\mathbb{Z})^*$ la valeur de $\psi(a)$, il suffit de regarder l'action de σ_a sur ξ_d. Notons s la surjection canonique de $\mathbb{Z}/n\mathbb{Z}$ sur $\mathbb{Z}/d\mathbb{Z}$. On a donc $a = s(a) + kd$ avec $k \in \{1, \cdots, n/d\}$, alors

$$\sigma_a(\xi_d) = \xi_n^{a\frac{n}{d}} = \xi_n^{s(a)\frac{n}{d}+kn} = \xi_d^{s(a)}$$

On en déduit que $\psi(a) = s(a)$. Ainsi ψ est la restriction de la surjection canonique $\mathbb{Z}/n\mathbb{Z} \longrightarrow \mathbb{Z}/d\mathbb{Z}$, à $(\mathbb{Z}/n\mathbb{Z})^*$ (cette restriction est donc surjective).

Le noyau N_d de ψ est alors $N_d = \{x \in (\mathbb{Z}/n\mathbb{Z})^*,\ x \equiv 1[d]\}$. On a de plus

$$\sharp N_d = \frac{\sharp(\mathbb{Z}/n\mathbb{Z})^*}{\sharp(\mathbb{Z}/d\mathbb{Z})^*} = \frac{\varphi(n)}{\varphi(d)}$$

3.b.ii.— On a :

$$x \in N_d \cap N_{d'} \iff x \equiv 1[d] \; et \; x \equiv 1[d']$$

or $x \equiv 1[d]$ *et* $x \equiv 1[d']$ équivaut à $x \equiv 1[p.p.c.m(d, d')]$. On a donc

$$N_d \cap N_{d'} = N_{p.p.c.m(d,d')}$$

3.b.iii.— Il est clair que $N_d \subset N_{p.g.c.d(d,d')}$ et que $N_{d'} \subset N_{p.g.c.d(d,d')}$, donc $N_d N_{d'} \subset N_{p.g.c.d(d,d')}$. Pour montrer que ces deux derniers groupes son égaux, évaluons leur ordre respectif :
Par passage au quotient, on a

$$\frac{N_d N_{d'}}{N_d} = \frac{N_{d'}}{N_d \cap N_{d'}}$$

c'est à dire que :

$$\begin{aligned} \sharp N_d N_{d'} &= \frac{\sharp N_d \sharp N_{d'}}{\sharp N_d \cap N_{d'}} &&= \frac{\sharp N_d \sharp N_{d'}}{\sharp N_{p.p.c.m(d,d')}} \\ &= \frac{\frac{\varphi(n)}{\varphi(d)} \frac{\varphi(n)}{\varphi(d')}}{\frac{\varphi(n)}{\varphi(p.p.c.m(d,d'))}} &&= \varphi(n) \frac{\varphi(p.p.c.m(d,d'))}{\varphi(d)\varphi(d')} \end{aligned}$$

En appliquant la formule trouvée au 1.a.iii., on vérifie facilement que $\varphi(d)\varphi(d') = \varphi(p.g.c.d(d,d'))\varphi(p.p.c.m(d,d'))$. En effet, si on pose $k = p.g.c.d(d,d')$ et $l = p.p.c.m(d,d')$ alors on a :

$$\begin{aligned} \varphi(d)\varphi(d') &= dd' \prod_{p|d} (1 - \frac{1}{p}) \prod_{p|d'} (1 - \frac{1}{p}) \\ &= dd' \Big(\prod_{p|d, p|d'} (1 - \frac{1}{p}) \Big)^2 \prod_{p|d', p\nmid d'} (1 - \frac{1}{p}) \prod_{p|d', p\nmid d} (1 - \frac{1}{p}) \end{aligned}$$

de même, on a :

$$\varphi(k)\varphi(l) = kl \prod_{p|k} (1 - \frac{1}{p}) \prod_{p|l} (1 - \frac{1}{p}) = \left(\prod_{p|k} (1 - \frac{1}{p}) \right)^2 \prod_{p|l, p\nmid k} (1 - \frac{1}{p})$$

pour montrer notre égalité, il suffit alors de remarquer que $dd' = kl$ et que les premiers p qui divisent l et qui ne divisent pas k sont exactement ceux qui divisent l'un des d, d', sans diviser l'autre.

Une fois ce fait établi, on a alors :

$$\sharp N_d N_{d'} = \frac{\varphi(n)}{\varphi(p.g.c.d(d, d'))} = \sharp N_{p.g.c.d(d,d')}$$

Ceci assure alors que $N_d N_{d'} = N_{p.g.c.d(d,d')}$.

3.b.iv.— Par définition même de N_d, on a :

$$\mathbb{Q}(\xi_n)^{N_d} = \mathbb{Q}(\xi_d)$$

3.c.— Il est clair que si l'on prouve les deux formules pour $k = 2$, par récurrence immédiate on les prouve pour tout k. Prenons donc deux entiers n et m et posons $p = p.g.c.d(n, m)$ et $q = p.p.c.m(n, m)$. Posons alors $N = nm$ et plaçons-nous dans $\mathbb{Q}(\xi_N)$.

Il est clair que $\mathbb{Q}(\xi_n)$ et $\mathbb{Q}(\xi_m)$ sont inclus dans $\mathbb{Q}(\xi_N)$. L'extension $\mathbb{Q}(\xi_N)/\mathbb{Q}$ est galoisienne et les corps intermédiaires $\mathbb{Q}(\xi_n)$ et $\mathbb{Q}(\xi_m)$ correspondent respectivement aux sous-groupes N_n et N_m de $(\mathbb{Z}/N\mathbb{Z})^* \simeq Gal(\mathbb{Q}(\xi_N)/\mathbb{Q})$. Le corps $\mathbb{Q}(\xi_n) \cap \mathbb{Q}(\xi_m)$ est l'ensemble des éléments de $\mathbb{Q}(\xi_N)$ qui sont laissés fixes par N_n et N_m. On a donc :

$$\mathbb{Q}(\xi_n) \cap \mathbb{Q}(\xi_m) = \mathbb{Q}(\xi_N)^{N_n N_m} = \mathbb{Q}(\xi_N)^{N_p} = \mathbb{Q}(\xi_p)$$

Le corps $\mathbb{Q}(\xi_n, \xi_m)$ correspond lui, à un sous groupe de N_n (puisque $\mathbb{Q}(\xi_n) \subset \mathbb{Q}(\xi_n, \xi_m)$) et à un sous groupe de N_m (puisque $\mathbb{Q}(\xi_m) \subset \mathbb{Q}(\xi_n, \xi_m)$) c'est à dire à un sous-groupe de $N_n \cap N_m$. Il est clair qu'un élément de $N_n \cap N_m$ laisse fixe ξ_n et ξ_m donc tous les éléments de $\mathbb{Q}(\xi_n, \xi_m)$. On a donc :

$$\mathbb{Q}(\xi_n, \xi_m) = \mathbb{Q}(\xi_N)^{N_n \cap N_m} = \mathbb{Q}(\xi_N)^{N_q} = \mathbb{Q}(\xi_q)$$

Problème 2.— Corps finis

L'objectif de ce problème est d'étudier quelques propriétés classiques des corps finis.

1.— *On veut montrer dans cette partie le théorème de Wedderburn : Tout corps fini est commutatif.*

1.a.i.— *Soient d et n deux entiers. Montrer que le polynôme $X^d - 1$ divise $X^n - 1$ dans $\mathbb{Z}[X]$ si et seulement si d divise n.*
Soit p un nombre premier et k un entier. On pose $q = p^k$, montrer que $q^d - 1$ divise $q^n - 1$ dans $\mathbb{Z}$ si et seulement si d divise n.

1.a.ii.— *Soit n un entier > 1. On pose $\Phi_n(X) = \prod_{\xi}(X - \xi)$ où ξ parcourt l'ensemble des racines primitives n-ièmes de l'unité (on rappelle que $\Phi_n(X)$ est un polynôme irréductible de $\mathbb{Z}[X]$.*
Montrer que si d divise n et que $d < n$, alors $\Phi_n(X)$ divise le polynôme $\dfrac{X^n - 1}{X^d - 1}$ dans $\mathbb{Z}[X]$.

1.b.— *Soit F un corps fini et $Z = \{x \in F/\forall y \in F \ xy = yx\}$ son centre. Montrer que Z est un sous-corps de F. Soit $q = \sharp Z$, montrer qu'il existe $n \in \mathbb{N}^*$ tel que $\sharp F = q^n$. Que représente n ?*

Sur F^*, on définit la relation d'équivalence $\simeq$ par :

$$\forall (x, x') \in F^*, \ x \simeq x' \iff \exists y \in F^* / \ x' = yxy^{-1}$$

Pour $x \in F^*$, on pose $N(x) = \{y \in F / \ yx = xy\}$.

1.c.— *Prouver que $N(x)$ est un sous-corps de F contenant Z. Montrer qu'il existe un entier $\delta(x) > 0$ tel que $\sharp N(x) = q^{\delta(x)}$. Que représente $\delta(x)$? Montrer que $\delta(x) = n$ si et seulement si $x \in Z^*$. Calculer $\sharp F^*$ et $\sharp N(x)^*$.*

1.d.— *Soit $x \in F^*$. On note $\bar{x}$ la classe d'équivalence de x modulo $\simeq$. Montrer que $\sharp \bar{x} = \dfrac{\sharp F^*}{\sharp N(x)^*}$, et qu'en particulier $\delta(x)$ divise n. En déduire que si $x_1, \cdots, x_h$ désigne une classe de représentants dans F^* de* *la relation $\simeq$ alors :*

$$q^n - 1 = q - 1 + \sum_{i/\ \delta(x_i)<n} \frac{q^n - 1}{q^{\delta(x_i)} - 1}$$

1.e.— *On suppose que $n > 1$. Montrer que $\Phi_n(q)$ divise $q-1$. Montrer que si ξ désigne une racine primitive n-ième de l'unité alors $|q-\xi| > |q-1|$. Conclure.*

2.— *On veut montrer maintenant qu'il n'y a qu'un seul corps fini de cardinal fixé.*

2.a.— *Soit K un corps fini. Montrer qu'il existe un nombre premier p et un nombre entier n tel que $\sharp K = p^n$. Que représentent p et n ?*

2.b.— *Soit K un corps fini avec $\sharp K = p^n = q$. Montrer que pour tout $x \in K$, on a $x^q - x = 0$.*

2.c.— *En déduire que pour tout nombre premier p et tout nombre entier $n > 0$ il existe un unique corps fini (à isomorphisme près) tel que $\sharp K = p^n = q$. On note ce corps $\mathbb{F}_q$.*

2.d.— *Montrer que le groupe multiplicatif $\mathbb{F}_q^*$ est cyclique. De manière générale on montrera la propriété suivante : Si K désigne un corps commutatif, alors tout sous-groupe fini de $(K^*, .)$ est cyclique.*

3.— *On étudie ici les extensions finies de corps finis.*

3.a.— *Soit $q = p^n$, montrer que l'extension $\mathbb{F}_q/\mathbb{F}_p$ est galoisienne.*

3.b.— *On définit l'application $\sigma : \mathbb{F}_q \to \mathbb{F}_q$, pour $\forall x \in \mathbb{F}_q$, $\sigma(x) = x^p$. Montrer que $\sigma \in Gal(\mathbb{F}_q/\mathbb{F}_p)$.*

3.c.— *Calculer l'ordre de σ dans $Gal(\mathbb{F}_q/\mathbb{F}_p)$. En déduire $Gal(\mathbb{F}_q/\mathbb{F}_p)$.*

3.d.— *Soit p un nombre premier et (n, m) deux entiers strictement positifs. On pose $q = p^n$ et $q' = p^m$ et on suppose que $\mathbb{F}_{q'}$ est une extension de $\mathbb{F}_q$. Montrer qu'il existe un entier $k > 0$ tel que $m = kn$. Prouver que $\mathbb{F}_{q'}/\mathbb{F}_q$ est galoisienne. Calculer $Gal(\mathbb{F}_{q'}/\mathbb{F}_q)$ et en donner un générateur.*

4.— *Structure de $\overline{\mathbb{F}}_p$.*

4.a.— *Montrer qu'un corps fini n'est pas algébriquement clos.*

4.b.— *Soit p un nombre premier, montrer que :*

$$\overline{\mathbb{F}_p} = \bigcup_{n \in \mathbb{N}^*} \mathbb{F}_{p^n}$$

5.— *Soit p un nombre premier et q une puissance non nulle de p. On considère dans cette partie un ensemble fini d'indices I et pour tout $i \in I$, $f_i(X_1, \cdots, X_n) \in \mathbb{F}_q[X_1, \cdots, X_n]$ un polynôme à n indéterminées. On note $V \subset \mathbb{F}_q^n$ l'ensemble des zéros communs au f_i.*

5.a.— *Soit $P(X_1, \cdots, X_n) = \prod_{i \in I}(1 - f_i^{q-1}(X_1, \cdots, X_n))$. Montrer que P est la fonction caractéristique de V.*

5.b.— *Pour tout $f \in \mathbb{F}_q[X_1, \cdots, X_n]$, on pose*

$$S(f) = \sum_{(x_1, \cdots, x_n) \in \mathbb{F}_q^n} f(x_1, \cdots, x_n)$$

Montrer que $\sharp V \equiv S(P)[p]$.

5.c.— *Montrer que si k désigne un entier strictement positif, la somme $\sum_{x \in \mathbb{F}_q} x^k$ vaut -1 si k est divisible par $q - 1$, 0 sinon.*

5.d.— *Montrer que si $\sum_{i \in I} d^\circ f_i < n$ alors $S(P) = 0$.*

5.e.— *En déduire que si $\sum_{i \in I} d^\circ f_i < n$ et que les f_i sont sans terme constant, alors les f_i possèdent un zéro non trivial en commun.*

Solution du problème.

1.a.i.— Si $n = kd$, alors

$$X^n - 1 = (X^d - 1)(1 + X^d + X^{2d} + \cdots + X^{(k-1)d})$$

Donc $X^d - 1$ divise $X^n - 1$ dans $\mathbb{Z}[X]$.

Réciproquement, si $X^d - 1$ divise $X^n - 1$, en particulier, les racines de $X^d - 1$ dans $\mathbb{C}$ sont des racines de $X^n - 1$. Soit ξ une racine primitive d-ième de l'unité, $\xi^d - 1 = 0$ donc $\xi^n - 1 = 0$ donc $n = kd$.

Si $n = kd$, d'après ce qui précède en évaluant les polynômes en $X = q$, on a $q^d - 1$ divise $q^n - 1$ dans $\mathbb{Z}$.

Réciproquement supposons que $q^d - 1$ divise $q^n - 1$ dans $\mathbb{Z}$. On a donc $q^n \equiv 1[q^d - 1]$. Effectuons la division euclidienne de n par d : on a $n = kd + r$ avec $k \in \mathbb{N}$ et $0 \leq r < d$. Supposons que $r \neq 0$, on a $q^n = q^{kd}.q^r$, mais comme $q^{kd} \equiv 1[q^d - 1]$ on a $q^n = q^{kd}.q^r \equiv q^r[q^d - 1]$ et donc $q^r \equiv 1[q^d - 1]$. Mais $q^d - 1$ ne peut pas diviser $q^r - 1$ car $q^r - 1 < q^d - 1$. Donc $r = 0$ et d divise n.

1.a.ii.— Soit ξ une racine primitive n-ième de l'unité. Comme $d < n$, $\xi^d - 1 \neq 0$, donc ξ est racine de $\dfrac{X^n - 1}{X^d - 1}$. Ceci étant valable pour toutes les racines primitives n-ièmes de l'unité et comme $\Phi_n(X)$ et $\dfrac{X^n - 1}{X^d - 1}$ sont des polynômes normalisés, $\Phi_n(X)$ divise $\dfrac{X^n - 1}{X^d - 1}$ dans $\mathbb{Z}[X]$.

1.b.— Z est non vide car 0 et 1 sont des éléments de Z. Soient x et y deux éléments de Z. Alors si $t \in F$, on a

$$t(x - y) = tx - ty = xt - yt = (x - y)t$$

Donc $(x - y) \in Z$ et donc Z est un sous-groupe additif de F. Soient x et y deux éléments de Z^*. Si $t \in F$, on a

$$t(xy) = txy = xty = xyt$$

Donc $(xy) \in Z$. Maintenant si $x \neq 0$, on a

$$(x^{-1}x)t = t = (x^{-1}t)x$$

donc $(x^{-1}t) = tx^{-1}$ et donc $x^{-1} \in Z$. Z^* est un sous-groupe multiplicatif de F^*. Ainsi Z est un corps (commutatif).

Considérons F comme Z-espace vectoriel. Soit n sa dimension (elle est finie car F est fini). F est isomorphe, en tant que Z-espace vectoriel, à Z^n. On a donc $\sharp F = q^n$.

1.c.— On vérifie aisément comme pour Z que $N(x)$ est un corps et qu'il contient Z (notons toutefois que rien ne dit que $N(x)$ soit commutatif). Si on considère $N(x)$ comme Z-espace vectoriel, sa dimension $\delta(x) > 0$ ($\delta(x)$ ne peut pas être nulle car $N(x)$ contient Z) est finie et donc $\sharp N(x) = q^{\delta(x)}$.

On a $\delta(x) = n \iff \sharp N(x) = \sharp F \iff N(x) = F \iff \forall y \in F,\ xy = yx \iff x \in Z$.

Comme $\sharp F = q^n$ et $\sharp N(x) = q^{\delta(x)}$, on a donc $\sharp F^* = q^n - 1$ et $\sharp N(x)^* = q^{\delta(x)} - 1$.

1.d.— Soit $x \in F^*$. Il est clair que l'on a $\bar{x} = \{yxy^{-1} /\ y \in F^*\}$. Sur F^* on introduit la relation d'équivalence $\equiv$ définie par

$$y \equiv y' \text{ ssi } yxy^{-1} = y'xy'^{-1}$$

Il est clair que $\sharp\bar{x} = \sharp(F^* / \equiv)$. Maintenant

$$y \equiv y' \iff y'^{-1}y \in N(x)'^{*}$$

Par conséquent le cardinal des classes d'équivalence de $\equiv$ vaut exactement $\sharp N(x)^*$, et par suite on a bien $\sharp\bar{x} = \dfrac{\sharp F^*}{\sharp N(x)^*}$. En particulier, comme $\sharp N(x)^* = q^{\delta(x)} - 1$ et que $\sharp F^* = q^n - 1$, on a que $q^{\delta(x)} - 1$ divise $q^n - 1$, ce qui implique d'après 1.a.i. que $\delta(x)$ divise n.

Les classes d'équivalence d'une relation d'équivalence sur un ensemble définissent une partition de cet ensemble. Donc on a :

$$\sharp F^* = \sum_{i=1}^{h} \sharp\bar{x}_i$$

On a montré que $\sharp F^* = q^n - 1$ et que $\sharp\bar{x}_i = \dfrac{\sharp F^*}{\sharp N(x_i)^*}$, donc :

$$q^n - 1 = \sum_{i=1}^{h} \frac{q^n - 1}{q^{\delta(x_i)} - 1}$$

Si $x_k \in Z^*$, alors $\bar{x}_k = Z^*$. Alors x_k est le seul des x_i pour lequel $\delta(x_k) = n$. Dans ce cas $\sharp x_k = \sharp Z^* = q - 1$. On en déduit donc que :

$$q^n - 1 = q - 1 + \sum_{i/\ \delta(x_i)<n} \frac{q^n - 1}{q^{\delta(x_i)} - 1}$$

1.e.— D'après la question 1.a.

$$\Phi_n(q) \text{ divise } q^n - 1 \text{ et } \frac{q^n - 1}{q^{\delta(x_i)} - 1}$$

pour $\delta(x_i) < n$. On déduit de l'égalité trouvée en 1.d. que $\Phi_n(q)$ divise $q - 1$.

Si ξ est une racine primitive n-ième de l'unité alors si $n > 2$, $\xi \notin \mathbb{R}$. Posons $\xi = \alpha + i\beta$, avec $(\alpha, \beta) \in \mathbb{R}^2$. On a

$$\begin{array}{rclcl} |q-\xi|^2 & = & (q-\alpha)^2 + \beta^2 & = & q^2 + \alpha^2 + \beta^2 - 2\alpha q \\ & = & q^2 + 1 - 2\alpha q & > & q^2 + 1 - 2q \\ & = & |q-1|^2 & & \end{array}$$

ceci parce que $|\xi_n| = 1 = \alpha^2 + \beta^2$ et que $\alpha < 1$ (sinon ξ est réel). Ainsi $|q - \xi| > |q - 1|$ et par suite $|\Phi_n(q)| > |q - 1|$, donc

$$\frac{|q-1|}{|\Phi_n(q)|} < 1$$

ce qui est absurde car ce nombre est un entier positif non nul.

Si $n = 2$, alors $\xi_2 = -1$ et à nouveau $|q - \xi_2| > |q - 1|$ ce qui est absurde pour les mêmes raisons que précédemment.

On en déduit que $n = 1$ et donc que $F = Z$, c'est à dire que F est commutatif.

2.a.— Soit φ l'application de $\mathbb{Z}$ dans F définie par $\varphi(n) = 1 + \cdots + 1$ (n *fois*), où 1 désigne le neutre multiplicatif de F. Il clair que φ est un morphisme d'anneau. Son noyau est de la forme $k\mathbb{Z}$ avec $k \in \mathbb{N}^*$ car si k était nul, ceci impliquerait que φ est injectif et par suite que F est infini. Par passage au quotient, on a l'isomorphisme $Im(\varphi) \simeq \mathbb{Z}/k\mathbb{Z}$, mais $Im(\varphi)$ étant un sous-anneau d'un corps, $Im(\varphi)$ est intègre. Ainsi k est un nombre premier p. Par suite $Im(\varphi) = \mathbb{Z}/p\mathbb{Z}$ est un sous-corps de F (appelé sous-corps premier de F). p désigne la caractéristique de F.

$\mathbb{Z}/p\mathbb{Z}$ étant un sous-corps de F, on peut considérer F comme espace vectoriel sur $\mathbb{Z}/p\mathbb{Z}$. Sa dimension est finie, sinon F serait infini. En tant que $\mathbb{Z}/p\mathbb{Z}$-espace vectoriel, F est isomorphe à $(\mathbb{Z}/p\mathbb{Z})^n$. On a donc $\sharp F = p^n$ où n désigne $dim_{\mathbb{Z}/p\mathbb{Z}} F$.

2.b.— F étant un corps, F^* est un groupe multiplicatif d'ordre $q - 1$. D'après le théorème de Lagrange, si $x \in F^*$, alors $x^{q-1} = 1$ et par suite $x^q = x$. Il est clair que $x = 0$ vérifie aussi cette égalité.

2.c.— Montrons tout d'abord qu'un tel corps existe. Notons $\overline{\mathbb{F}}_p$ une clôture algébrique de $\mathbb{Z}/p\mathbb{Z}$ (elle est unique à isomorphes près, d'après le théorème de Steiniz). Le polynôme $P(X) = X^q - X$ a une dérivée égale à

$$P'(X) = qX^{q-1} - 1 = -1$$

(nous sommes en caractéristique p). Sa dérivée étant égale à une constante, P est premier avec sa dérivée. Donc P n'a que des racines simples dans $\overline{\mathbb{F}}_p$. Soit F l'ensemble de ces racines. Il est clair que F est un corps, car : si $(x,y) \in F^2$ alors $(x.y)^q = x^q.y^q = x.y$ donc $x.y \in F$, si $x \neq 0$ alors

$$(x^{-1})^q = (x^q)^{-1} = x^{-1}$$

et donc $x^{-1} \in F$,

$$(-x)^q = -x^q = -x$$

donc $-x \in F$ et enfin

$$(x+y)^q = \sum_{k=0}^{q} C_q^k x^k + y^{q-k} = x^q + y^q = x + y$$

(car C_q^k est divisible par p donc nul dans $\overline{\mathbb{F}}_p$ pour $k = 1, \cdots, q-1$) et donc $(x+y) \in F$.

Comme $\sharp F = q$, F est bien un corps à q éléments. Notons au passage que c'est le corps de décomposition dans $\overline{\mathbb{F}}_p$ du polynôme $X^q - X$.

Prenons maintenant un corps F' de cardinal q. Grâce au théorème de Wedderburn, on sait que F' est commutatif. Il est de caractéristique p, sa clôture algébrique est isomorphe à $\overline{\mathbb{F}}_p$, il est donc isomorphe à un sous-corps de $\overline{\mathbb{F}}_p$. On peut donc le voir directement comme un sous corps de $\overline{\mathbb{F}}_p$ (ceci veut dire qu'une fois choisie $\overline{\mathbb{F}}_p$ une clôture algébrique de $\mathbb{F}_p$, F' est isomorphe, modulo le choix d'un isomorphisme entre $\overline{\mathbb{F}}_p$ et $\overline{F'}$, à un sous-corps de $\overline{\mathbb{F}}_p$).

Maintenant, pour tout $x \in F'$, $x^q = x$. Comme $\sharp F = q$ il s'ensuit que F' est le corps de décomposition du polynôme $X^q - X$ dans $\overline{\mathbb{F}}_p$. Mais comme il y a unicité du corps de décomposition on en déduit que $F' = F = \mathbb{F}_q$.

2.d.— Il est clair que la propriété générale implique bien que $(\mathbb{F}_q^*, .)$ est cyclique.

Considérons Γ un sous-groupe fini de $(K^*, .)$. Si $x \in \Gamma$, pour tout $n \in \mathbb{N}$, $x^n \in \Gamma$. Γ étant fini, pour tout $x \in \Gamma$, il existe $n \in \mathbb{N}$ tel que $x^n = 1$ (n est l'ordre de x dans Γ). Considérons un élément $\alpha \in \Gamma$ d'ordre maximal N (i.e. si $x \in \Gamma$ est d'ordre n, alors $n \leq N$). Nous allons montrer que α génère Γ.

Soit $\beta \in \Gamma$ d'ordre n. Supposons que n ne divise pas N, il existe donc un nombre premier p tel que p divise n et p ne divise pas N. Considérons alors $\gamma = \alpha\beta^{n/p}$, l'ordre de α est N et celui de $\beta^{n/p}$ est p, or p et N sont premiers entre eux, donc l'ordre de γ vaut $P.P.C.M(N,p) > N$. Par conséquent γ a un ordre strictement plus grand que celui de α ce qui est absurde par hypothèse. Donc n divise N.

L'équation $X^n = 1$ a pour solution dans Γ les $\alpha^{k\frac{N}{n}}$ pour $k = 0, \cdots n-1$. Or β est solution de cette équation, donc il existe $k \in \{0, \cdots, n-1\}$ tel que $\beta = \alpha^{k\frac{N}{n}}$. Ainsi Γ est cyclique.

3.a.— On a vu au 2.c. que $\mathbb{F}_q$ était le corps de décomposition du polynôme $X^q - X$. Ce polynôme est séparable, la théorie de Galois nous dit alors que $\mathbb{F}_q/\mathbb{F}_p$ est galoisienne.

3.b.— Il est clair que $\sigma(xy) = \sigma(x)\sigma(y)$. Maintenant,

$$\sigma(x+y) = (x+y)^p = x^p + y^p = \sigma(x) + \sigma(y)$$

(on développe comme à la question 2.c. $(x+y)^p$ par la formule du binôme de Newton). σ n'est pas nulle, donc c'est un automorphisme de $\mathbb{F}_q$. Maintenant, si $x \in \mathbb{F}_p$, on a $x^p = x$, donc pour tout $x \in \mathbb{F}_p$, $\sigma(x) = x$ et par suite σ est un $\mathbb{F}_p$-automorphisme de $\mathbb{F}_q$.
Note : Cet élément de $Gal(\mathbb{F}_q/\mathbb{F}_p)$ s'appelle le frobenius.

3.c.— Comme l'extension $\mathbb{F}_q/\mathbb{F}_p$ est galoisienne, on a

$$\sharp Gal(\mathbb{F}_q/\mathbb{F}_p) = [\mathbb{F}_q : \mathbb{F}_p] = n$$

l'ordre de σ est au plus n. Supposons que son ordre d soit $< n$. Alors $\sigma^d = Id$, mais $\sigma^d(x) = x^{p^d}$. Donc pour tout $x \in \mathbb{F}_q$, $x^{p^d} - x = 0$ et par suite, les éléments de $\mathbb{F}_q$ sont racines du polynôme $X^{p^d} - X$. Mais ce dernier polynôme a au plus p^d racine, or $p^d < q = \sharp\mathbb{F}_q$ ce qui est absurde.

Donc σ est d'ordre n. On en déduit alors que $Gal(\mathbb{F}_q/\mathbb{F}_p)$ est cyclique d'ordre n, on a donc :

$$Gal(\mathbb{F}_{p^n}/\mathbb{F}_p) \simeq \mathbb{Z}/n\mathbb{Z}$$

3.d.— $\mathbb{F}_{q'}$ étant une extension de $\mathbb{F}_q$, on peut le voir comme $\mathbb{F}_q$-espace vectoriel, sa dimension $k > 0$ sur $\mathbb{F}_q$ est finie sinon le corps serait infini. On a donc $q' = q^k$, c'est à dire que $m = kn$. On a $\mathbb{F}_p \subset \mathbb{F}_q \subset \mathbb{F}_{q'}$, comme $\mathbb{F}_{q'}/\mathbb{F}_p$ est galoisienne, il vient que $\mathbb{F}_{q'}/\mathbb{F}_q$ est aussi galoisienne.

Soit $H = Gal(\mathbb{F}_{q'}/\mathbb{F}_q)$, H est un sous-groupe de $\mathbb{Z}/m\mathbb{Z}$, ce sous-groupe est distingué et $(\mathbb{Z}/m\mathbb{Z})/H \simeq \mathbb{Z}/n\mathbb{Z}$. Donc :

$$Gal(\mathbb{F}_{q'}/\mathbb{F}_q) \simeq (\mathbb{Z}/m\mathbb{Z})/(\mathbb{Z}/n\mathbb{Z}) \simeq \mathbb{Z}/k\mathbb{Z}$$

Comme pour les questions 3.b. et 3.c., on montre facilement que $\sigma(x) = x^q$ est un générateur de $Gal(\mathbb{F}_{q'}/\mathbb{F}_q)$.

4.a.— Soit F un corps fini. On note $x_1, \cdots, x_n$ les éléments de F et on considère le polynôme

$$P(X) = \prod_{k=1}^{n}(X - x_i) + 1 = X^n + \cdots$$

Ce polynôme est de degré n et pour tout $x \in F$, $P(x) = 1$. Donc P n'a pas de racine dans F et par conséquent F n'est pas algébriquement clos.

4.b.— Il est clair que

$$\bigcup_{n\in\mathbb{N}^*} \mathbb{F}_{p^n} \subset \overline{\mathbb{F}_p}$$

Soit maintenant $\alpha \in \overline{\mathbb{F}}_p$, le corps $\mathbb{F}_p(\alpha)$ est un corps fini, donc il existe $n \in \mathbb{N}^*$ tel que $\mathbb{F}_p(\alpha) = \mathbb{F}_{p^n}$ et par conséquent $\overline{\mathbb{F}_p} \subset \bigcup_{n\in\mathbb{N}^*} \mathbb{F}_{p^n}$. Donc

$$\overline{\mathbb{F}_p} = \bigcup_{n\in\mathbb{N}^*} \mathbb{F}_{p^n}$$

5.a.— Soit $(x_1, \cdots, x_n) \in V$, alors $f_i^{q-1}(x_1, \cdots, x_n) = 0$ pour tout $i \in I$ et donc $P(x_1, \cdots, x_n) = 1$. Soit $(x_1, \cdots, x_n) \notin V$, alors il existe $j \in I$ tel que $\alpha = f_j(x_1, \cdots, x_n) \neq 0$. Mais $\alpha \in \mathbb{F}_q^*$ et ce dernier groupe est cyclique d'ordre $q-1$, donc $f_j^{q-1}(x_1, \cdots, x_n) = 1$ et par suite $P(x_1, \cdots, x_n) = 0$. P est donc bien la fonction caractéristique de V.

5.b.— Par définition, $S(P) = \sum_{(x_1,\cdots,x_n)\in V} 1 = \sharp V.1$. Donc $\sharp V \equiv S(P)[p]$.

5.c.— Si k est divisible par $q-1$, alors $k = l(q-1)$ et donc si $x \neq 0$, alors $x^k = x^{(q-1)l} = 1^l = 1$. Comme $0^k = 0$ en en déduit que $\sum x^k = (q-1).1 = -1$.

Si k n'est pas divisible par $(q-1)$, il existe $y \in \mathbb{F}_q^*$ tel que $y^k \neq 1$. Alors

$$\sum_{x\in\mathbb{F}_q} x^k = \sum_{x\in\mathbb{F}_q^*} x^k = \sum_{x\in\mathbb{F}_q^*} y^k x^k = y^k \sum_{x\in\mathbb{F}_q^*} x^k$$

(les deux dernières égalités ont lieu puisque $u \longmapsto y^k u$ est un automorphisme de $\mathbb{F}_q^*$) et donc $(1 - y^k) \sum_{x \in \mathbb{F}_q} x^k = 0$. Par conséquent

$$\sum_{x \in \mathbb{F}_q} x^k = 0$$

5.d.— Comme $\sum_{i \in I} d^\circ f_i < n$, il s'ensuit que $d^\circ P < (q-1)n$. Le polynôme P s'écrit formellement

$$P(X_1, \cdots, X_n) = \sum_{k_1, \cdots, k_n} \alpha_{k_1, \cdots, k_n} X_1^{k_1} \cdots X_n^{k_n}$$

L'hypothèse que l'on a faite sur le degré implique que pour les n-uplets d'entiers $k_1, \cdots, k_n$ on ait $k_1 + \cdots + k_n < (q-1)n$. Maintenant,

$$S(P) = \sum_{k_1, \cdots, k_n} \alpha_{k_1, \cdots, k_n} S(X_1^{k_1} \cdots X_n^{k_n})$$

Nous allons montrer que $S(X_1^{k_1} \cdots X_n^{k_n}) = 0$ pour tout choix de n-uplet $k_1, \cdots, k_n$ tel que $k_1 + \cdots + k_n < (q-1)n$. Constatons tout d'abord que

$$S(X_1^{k_1} \cdots X_n^{k_n}) = \sum_{x_1 \in \mathbb{F}_q} \cdots \sum_{x_n \in \mathbb{F}_q} x_1^{k_1} \cdots x_n^{k_n}$$

Par conséquent, si l'un des k_i est nul, par exemple k_n, on a :

$$S(X_1^{k_1} \cdots X_n^{k_n}) = \sum_{x_1 \in \mathbb{F}_q} \cdots \sum_{x_{n-1} \in \mathbb{F}_q} x_1^{k_1} \cdots x_{n-1}^{k_{n-1}} \sum_{x_n \in \mathbb{F}_q} x_n^0$$

(en convenant bien sûr que $0^0 = 1$)
Alors $\sum_{x_n \in \mathbb{F}_q} x_n^0 = 0$ et donc $S(X_1^{k_1} \cdots X_n^{k_n}) = 0$.
Supposons maintenant qu'aucun des k_i ne soit nul. On a :

$$S(X_1^{k_1} \cdots X_n^{k_n}) = \prod_{i=1}^{n} S(X_i^{k_i})$$

Par hypothèse, $d^\circ P < (q-1)n$, donc il existe $j \in I$ tel que $k_i < (q-1)$, d'après la question 5.c., $S(X_j^{k_j}) = 0$ et donc $S(X_1^{k_1} \cdots X_n^{k_n}) = 0$.

En conclusion, $S(P) = 0$. On vient de démontrer le théorème de Chevalley :

$$\text{Si } \sum_{i \in I} d^\circ f_i < n \text{ alors } \sharp V \equiv 0[p]$$

5.e.— Si les f_i sont sans terme constant alors $(0, \cdots, 0) \in V$. Donc $\sharp V \neq 0$ et comme $\sharp V \equiv 0[p]$ on en déduit que $\sharp V \geq p$. Donc les f_i partagent au moins $p - 1$ zéros non triviaux en commun.

Problème 3.— L'arithmétique de $\mathbb{F}_{p^2}$ pour $p \equiv -1(4)$

On veut décrire simplement l'arithmétique de $\mathbb{F}_{p^2}$ pour $p \equiv -1(4)$, c'est à dire donner un moyen simple d'additionner et de multiplier dans $\mathbb{F}_{p^2}$. Pour ce faire, on tente de généraliser la construction de $\mathbb{C}$ (à partir de $\mathbb{R}$) à un corps K commutatif quelconque.

1.— *On considère un corps K commutatif et dans K^2 on définit deux lois de composition interne "+" et "." : pour tous couples $(x, y) \in K^2$ et $(x^{'}, y^{'}) \in K^2$, on pose*

$$\begin{aligned}(x, y) + (x' + y') &= (x + x', y + y') \\ (x, y).(x', y') &= (xx' - yy', xy' + yx')\end{aligned}$$

On note alors L_K l'ensemble K^2 muni de ces deux lois.

1.a.— *Montrer que L_K est un anneau commutatif et unitaire.*

1.b.— *On suppose qu'il existe $\epsilon \in K$ tel que $\epsilon^2 = -1$. Trouver les diviseurs de 0 dans L_K. L_K est-il un corps ?*

1.c.— *Montrer que si X^2+1 n'a pas de racine dans K, L_K est un corps.*

1.d.— *Appliquer ce résultat à $K = \mathbb{R}$.*

2.— *On s'occupe maintenant du cas $K = \mathbb{F}_p = \mathbb{Z}/p\mathbb{Z}$ où p est un nombre premier.*

2.a.— *On suppose que p est impair. Montrer que si un élément $\alpha \in K^*$ est le carré d'un élément de K^*, alors $\alpha^{\frac{p-1}{2}} = 1$.*

En déduire que si $p + 1$ est divisible par 4, alors $L_{\mathbb{F}_p}$ est un corps.

2.b.— *Si $p = 2$, montrer que $L_{\mathbb{F}_2}$ n'est pas un corps.*

2.c.— *Montrer que si p est premier, alors $(p-1)! + 1$ est divisible par p (théorème de Wilson).*

2.d.— *Si $p = 4m+1$, montrer que $\overline{(2m)!}$ est racine de X^2+1, en déduire que $L_{\mathbb{F}_p}$ n'est pas un corps.*

2.e.— *Soit p un nombre premier tel que $p \equiv -1(4)$. A quel corps est naturellement isomorphe $L_{\mathbb{F}_p}$? Ecrire alors les tables des lois de $\mathbb{F}_9$.*

Solution du problème.

1.a.— On vérifie comme pour $\mathbb{C}$ que L_K est un anneau :

$(L_K, +)$ est un groupe abélien (c'est le produit cartésien de $(K, +)$ avec lui-même).

Soit $(x, y) \in K^2$, $(x', y') \in K^2$ et $(x'', y'') \in K^2$. On a :

$$
\begin{aligned}
&\left[(x,y).(x',y')\right].(x'',y'') \\
&= \left[\left((xx'-yy')x''-(xy'+yx')y''\right), \left((xx'-yy')y''+(xy'+yx')x''\right)\right] \\
&= \left[\left(xx'x''-yy'x''-xy'y''-x'yy''\right), \left(xx'y''-yy'y''+xy'x''+yx'x''\right)\right] \\
&= \left[\left(x(x'x''-y'y'')-y(x'y''+y'x'')\right), \left(x(x'y''+y'x'')+y(x'x''-y'y'')\right)\right] \\
&= (x,y).\left[(x',y').(x'',y'')\right]
\end{aligned}
$$

La multiplication est donc bien une loi de composition interne associative. Maintenant calculons $(x, y).((x', y') + (x'', y''))$:

$$
\begin{aligned}
&(x,y).\left[(x',y')+(x'',y'')\right] \\
&= \left[(x,y).(x'+x'',y'+y'')\right] \\
&= \left[\left(xx'+xx''-yy'-yy''\right), \left(xy'+xy''+yx'+yx''\right)\right] \\
&= \left[\left((xx'-yy')+(xx''-yy'')\right), \left((xy'+yx')+(xy''+yx'')\right)\right] \\
&= (x,y).(x',y')+(x,y).(x'',y'')
\end{aligned}
$$

La multiplication est distributive sur l'addition, $(L_K, +, .)$ est bien un anneau. Il est clairement commutatif et $(1, 0)$ est un neutre pour la multiplication.

1.b.— $(x, y) \neq (0, 0)$ est diviseur de 0 ssi il existe $(x', y') \neq (0, 0)$ tel que $(x, y)(x', y') = (0, 0)$. Ceci équivaut au système :

$$
\begin{cases} xx' - yy' &= 0 \\ xy' + yx' &= 0 \end{cases}
$$

Ce système possède une autre solution que $(0, 0)$ ssi son déterminant est nul. C'est à dire si $x^2 + y^2 = 0$. Donc tous les couples $(x, \epsilon x)$ avec $x \in K$ sont diviseurs de 0. Ainsi s'il existe $\epsilon \in K$ tel que $\epsilon^2 = -1$ alors L_K n'est pas un corps.

1.c.— Si $X^2 + 1$ n'a pas de racine, alors $\forall (x, y) \in K^2, (x, y) \neq (0, 0)$ on a $x^2 + y^2 \neq 0$. Et donc le couple (x', y') défini par

$$
\begin{cases} x' &= \dfrac{x}{x^2+y^2} \\ y' &= -\dfrac{y}{x^2+y^2} \end{cases}
$$

est bien l'inverse de (x, y). Ainsi L_K est un corps.

1.d.— Pour $K = \mathbb{R}$ on trouve alors que $L_{\mathbb{R}} = \mathbb{C}$.

2.a.— $\mathbb{F}_p{}^*$ est un groupe d'ordre $p-1$ donc pour tout $\beta \in F_p{}^*$ on a $\beta^{p-1} = 1$. Si α est un carré dans $\mathbb{F}_p{}^*$, par exemple $\alpha = \beta^2$ alors $\alpha^{\frac{p-1}{2}} = \beta^{p-1} = 1$.

Si $p + 1 = 4k$ alors $(-1)^{\frac{p-1}{2}} = (-1)^{2k-1} = -1$. Donc -1 n'est pas un carré et $L_{\mathbb{Z}/p\mathbb{Z}}$ est un corps.

2.b.— Si $p = 2$ alors $\overline{1}^2 = \overline{1} = -\overline{1}$ et donc $L_{\mathbb{Z}/2\mathbb{Z}}$ n'est pas un corps.

2.c.— Soient les polynômes

$$P(X) = \prod_{x \in \mathbb{Z}/p\mathbb{Z}} (X - x) \text{ et } Q(X) = X^p - X$$

Pour tout $x \in \mathbb{F}_p$, on a $Q(x) = P(x) = 0$, le degré de P est le même que Q (c'est p) de même pour le coefficient dominant (qui vaut 1). Soit $H(X) = P(X) - Q(X)$. C'est donc un polynôme de degré au plus $p-1$. Mais $H(X)$ possède p racines distinctes, donc $H(X)$ est le polynôme nul et donc $P(X) = Q(X)$. Le coefficient du monôme (X) dans $P(X)$ est $\overline{(p-1)!}$ celui de $Q(X)$ est -1. Donc $\overline{(p-1)!} = -1$ c'est à dire que p divise $(p-1)! + 1$.

2.d.— Soit $p = 4m + 1$. On a :

$$\overline{(p-1)!} = \prod_{x=1}^{p-1} \overline{x} = \prod_{x=1}^{2m} \overline{x}.\overline{4m+1-x} = \prod_{x=1}^{2m} -\overline{x}^2 = \overline{(2m)!}^2 = \overline{-1}$$

Il existe donc $\epsilon \in \mathbb{Z}/p\mathbb{Z}$ tel que $\epsilon^2 = -1$ et donc $L_{\mathbb{Z}/p\mathbb{Z}}$ n'est pas un corps.

2.e.— $L_{\mathbb{F}_p}$ est un corps qui contient $\mathbb{F}_p$, son cardinal est p^2, on en déduit alors (voir le problème sur les corps finis) que $L_{\mathbb{F}_p}$ est isomorphe à $\mathbb{F}_{p^2}$.

Soient $(0, 1, 2)$ les éléments de $\mathbb{F}_3$. On considère $\mathbb{F}_9$ comme $\mathbb{F}_3^2$ muni des deux lois précédemment décrites. Les tables de lois pour $\mathbb{F}_9$ s'écrivent alors, si l'on pose $x_0 = (0,0), x_1 = (0,1), x_2 = (0,2), x_3 = (1,0), x_4 = (1,1), x_5 = (1,2), x_6 = (2,0), x_7 = (2,1), x_8 = (2,2)$:

Addition :

$+$	x_0	x_1	x_2	x_3	x_4	x_5	x_6	x_7	x_8
x_0	x_0	x_1	x_2	x_3	x_4	x_5	x_6	x_7	x_8
x_1	x_1	x_2	x_0	x_4	x_5	x_3	x_7	x_8	x_6
x_2	x_2	x_0	x_1	x_5	x_3	x_4	x_8	x_6	x_7
x_3	x_3	x_4	x_5	x_6	x_7	x_8	x_0	x_1	x_2
x_4	x_4	x_5	x_3	x_7	x_8	x_6	x_1	x_2	x_0
x_5	x_5	x_3	x_4	x_8	x_6	x_7	x_2	x_0	x_1
x_6	x_6	x_7	x_8	x_0	x_1	x_2	x_3	x_4	x_5
x_7	x_7	x_8	x_6	x_1	x_2	x_0	x_4	x_5	x_3
x_8	x_8	x_6	x_7	x_2	x_0	x_1	x_5	x_3	x_4

Multiplication :

$\cdot$	x_0	x_1	x_2	x_3	x_4	x_5	x_6	x_7	x_8
x_0	x_0	x_0	x_0	x_0	x_0	x_0	x_0	x_0	x_0
x_1	x_0	x_6	x_3	x_1	x_7	x_4	x_2	x_8	x_5
x_2	x_0	x_3	x_6	x_2	x_5	x_8	x_1	x_4	x_7
x_3	x_0	x_1	x_2	x_3	x_4	x_5	x_6	x_7	x_8
x_4	x_0	x_7	x_5	x_4	x_2	x_6	x_8	x_3	x_1
x_5	x_0	x_4	x_8	x_5	x_6	x_1	x_7	x_2	x_3
x_6	x_0	x_2	x_1	x_6	x_8	x_7	x_3	x_5	x_4
x_7	x_0	x_8	x_4	x_7	x_3	x_2	x_5	x_2	x_6
x_8	x_0	x_5	x_7	x_8	x_1	x_3	x_4	x_6	x_2

Problème 4.— Symbole de Legendre, loi de réciprocité quadratique

L'objectif de ce problème est d'introduire le symbole de Legendre et de démontrer de deux manières différentes la loi de réciprocité quadratique.

1.— *Soit p un nombre premier impair et n un entier naturel. On définit le symbole de Legendre* $\left(\frac{n}{p}\right)$ *de la manière suivante :*

$\left(\frac{n}{p}\right) = 0$ *si* $p|n$

$\left(\frac{n}{p}\right) = 1$ *si* $p \not| n$ *et si n est un carré modulo p (i.e.* $\exists x \in \mathbb{F}_p,\ n \equiv x^2[p]$*)*

$\left(\frac{n}{p}\right) = -1$ *sinon.*

1.a.— *Dans* $\mathbb{F}_p^*$, *on considère l'application φ définie par* $\varphi(x) = x^{\frac{p-1}{2}}$ *pour tout* $x \in \mathbb{F}_p^*$. *Montrer que φ est un endomorphisme de groupe. Calculer* $Im(\varphi)$ *et* $Ker(\varphi)$.

1.b.— *En déduire que si $x \neq 0$ représente la classe de n modulo p, alors*

$$\left(\frac{n}{p}\right) = \varphi(x)$$

Prouver alors que le symbole de Legendre est multiplicatif, c'est à dire que pour tout $n \in \mathbb{N}$ *et tout* $m \in \mathbb{N}$, *on a :*

$$\left(\frac{nm}{p}\right) = \left(\frac{n}{p}\right)\left(\frac{m}{p}\right)$$

2.— *On calcule ici, dans quelques cas simples, le symbole de Legendre.*

2.a.— *Pour q un nombre entier impair, on pose $\alpha(q)$, la classe modulo 2 de l'entier* $\frac{q-1}{2}$ *et $\beta(q)$, la classe modulo 2 de l'entier* $\frac{q^2-1}{8}$.

2.a.i.— *Calculer $\alpha(q)$ en fonction de la congruence modulo 4 de q.*

2.a.ii.— *Calculer $\beta(q)$ en fonction de la congruence modulo 8 de q.*

2.b.— *Calculer $\left(\frac{1}{p}\right)$ et $\left(\frac{-1}{p}\right)$.*

2.c.— *On veut prouver ici que*

$$\left(\frac{2}{p}\right) = (-1)^{\beta(p)}$$

On considère dans $\overline{\mathbb{F}}_p$, ω, une racine primitive 8-ième de l'unité. Soit $y = \omega + \omega^{-1} \in \overline{\mathbb{F}}_p$.

2.c.i.— *Montrer que y et $-y$ sont les racines carrées de 2 dans $\overline{\mathbb{F}}_p$. Calculer y^p en fonction de ω^p.*

2.c.ii.— *Déduire de ce qui précède que :*

Si $p \equiv \pm 1[8]$ alors $y \in \mathbb{F}_p$.

Si $p \equiv \pm 5[8]$ alors $y \notin \mathbb{F}_p$.

Conclure.

2.d.— *(Application) Calculer $\left(\frac{2}{7}\right)$ et $\left(\frac{2}{17}\right)$. Retrouver explicitement ce résultat en n'utilisant que la définition du symbole de Legendre.*

3.— *On veut prouver ici la loi de réciprocité quadratique de Gauss : Si p et q sont deux nombres premiers impairs et distincts, alors :*

$$\left(\frac{p}{q}\right) = (-1)^{\alpha(p)\alpha(q)} \left(\frac{q}{p}\right)$$

3.a.— *Prouver le lemme trigonométrique suivant : Si $m \geq 3$ est un entier impair et x un réel non congru à 0 modulo π, on a*

$$\frac{\sin mx}{\sin x} = (-4)^{\frac{m-1}{2}} \prod_{j=1}^{\frac{m-1}{2}} \left(\sin^2 x - \sin^2 \frac{2j\pi}{m}\right)$$

(Ind. On pourra montrer que chaque terme de l'égalité est en fait un polynôme en $\sin^2 x$.)

3.b.— *Soit* $S = \{1, \cdots, \frac{p-1}{2}\} \subset \mathbb{F}_p^*$.

3.b.i.— *Montrer que pour tout* $s \in S$ *et tout* $a \in \mathbb{F}_p^*$, *il existe un unique couple* $(s_a, e_s(a)) \in S \times \{-1, 1\}$ *tel que* $as = e_s(a)s_a$. *Montrer que l'application (pour* $a \in \mathbb{F}_p^*$ *fixé) qui à* $s \in S$ *associe* s_a *est une bijection de* S *sur lui-même.*

3.b.ii.— *En faisant le produit des égalités* $as = e_s(a)s_a$, *montrer que :*

$$\left(\frac{a}{p}\right) = \prod_{s \in S} e_s(a)$$

3.b.iii.— *Dans le cas particulier* $a = 2$, *montrer qu'en vertu de ce qui précède, on a :*

$$\left(\frac{2}{p}\right) = (-1)^{\gamma(p)}$$

où $\gamma(p)$ *représente le nombre d'entiers compris strictement entre* $\dfrac{p-1}{4}$ *et* $\dfrac{p+1}{2}$.
Retrouver alors le résultat de la partie 2.c.

3.c.— *En appliquant les résultats de la partie 3.a. et 3.b., prouver la loi de réciprocité quadratique de Gauss.*

3.d.— *(Application) Calculer* $\left(\dfrac{37}{97}\right)$ *et* $\left(\dfrac{29}{43}\right)$.

4.— *On veut donner une autre démonstration de la loi de réciprocité quadratique. On note abusivement* $q \in \mathbb{F}_p$ *pour désigner la classe de l'entier* q *modulo* p, *on confond ainsi* q *et sa classe résiduelle modulo* p. *De même,* $p \in \mathbb{F}_q$ *désignera la classe de l'entier* p *modulo* q.

Soit $\omega \in \overline{\mathbb{F}}_p$ *une racine primitive* q*-ième de l'unité. On définit la somme suivante :*

$$y = \sum_{x \in \mathbb{F}_q} \left(\frac{x}{q}\right) \omega^x$$

4.a.— *Montrer que* $y^2 = (-1)^{\alpha(q)} q$.

4.b.— *Montrer que* $y^{p-1} = \left(\dfrac{p}{q}\right)$ *et conclure.*

Solution du problème.

1.a.— φ est clairement un endomorphisme du groupe multiplicatif $\mathbb{F}_p^*$. Etudions son image : soit $x \in \mathbb{F}_p^*$ et $y = x^{\frac{p-1}{2}}$. Alors $y^2 = x^{p-1} = 1$ donc $y = \pm 1$ et ainsi $Im(\varphi) \subset \{-1, 1\}$. Si x est un carré dans $\mathbb{F}_p^*$ (i.e. $x = w^2$ avec $w \in \mathbb{F}_p^*$) alors $\varphi(x) = w^{p-1} = 1$.

Réciproquement si $\varphi(x) = 1$, soit w une racine carrée de x dans $\overline{\mathbb{F}}_p$. Alors $\varphi(x) = 1 = w^{p-1}$ donc $w \in \mathbb{F}_p$ et par suite x est un carré dans $\mathbb{F}_p^*$. Donc $Ker(\varphi)$ est égal à l'ensemble des carrés de $\mathbb{F}_p^*$, ensemble que l'on note $\mathbb{F}_p^{*2}$.

Calculons $\sharp\mathbb{F}_p^{*2}$. Pour cela regardons l'endomorphisme ψ de $\mathbb{F}_p^*$, défini par $\psi(x) = x^2$. Le noyau de ψ est égal à $\{-1, 1\}$ (puisque $p \neq 2$, il y a bien deux racines dans $\mathbb{F}_p$ à l'équation $X^2 = 1$). Donc $\mathbb{F}_p^{*2} = Im(\psi) \simeq \mathbb{F}_p^*/\{-1, 1\}$, on en déduit que

$$\sharp\mathbb{F}_p^{*2} = \sharp\mathbb{F}_p^*/\sharp\{-1, 1\} = \frac{p-1}{2}$$

En particulier, $\sharp\mathbb{F}_p^* - \mathbb{F}_p^{*2} = \dfrac{p-1}{2}$ et donc $Im(\varphi) = \{-1, 1\}$.

1.b.— Si $x \neq 0$ est la classe de n modulo p, alors $\left(\dfrac{n}{p}\right) = \left(\dfrac{x}{p}\right)$. Or x est un carré dans $\mathbb{F}_p$ ssi $\varphi(x) = 1$, d'où le résultat.

Si n et m sont tous deux non congrus à 0 modulo p, alors si x désigne la classe de n modulo p et y la classe de m modulo p, alors x et y sont non nuls. Alors

$$\left(\frac{nm}{p}\right) = \left(\frac{xy}{p}\right) = \varphi(xy) = \varphi(x)\varphi(y) = \left(\frac{x}{p}\right)\left(\frac{y}{p}\right) = \left(\frac{n}{p}\right)\left(\frac{m}{p}\right)$$

Si $n \equiv 0[p]$ ou $m \equiv 0[p]$ alors $nm \equiv 0[p]$ et la formule est alors évidente.

2.a.i.— q étant impair, il est congru soit à 1 soit à -1 modulo 4. Si q est congru à 1 modulo 4, alors $q-1$ est congru à 0 modulo 4, donc $\alpha(q) = 0$. Si q est congru à -1 modulo 4, alors $q - 1$ est congru à -2 modulo 4, donc $\alpha(q) = 1$. En résumé :

$$\alpha(q) = \begin{cases} 0 & si \quad q \equiv 1 \quad [4] \\ 1 & si \quad q \equiv -1 \quad [4] \end{cases}$$

2.a.ii.— q étant impair, il est congru à ± 1 ou ± 5 modulo 8. Donc q^2 est toujours congru à 1 modulo 8 ce qui assure bien que $\frac{q^2-1}{8}$ est un entier.

On $q \equiv \pm 1, \pm 7[16]$ (ce qui implique $q \equiv \pm 1[8]$) ou $q \equiv \pm 3, \pm 5[16]$ (ce qui implique $q \equiv \pm 5[8]$). Dans le premier cas on a $q^2 \equiv 1[16]$ et donc $\beta(q) = 0$, dans le deuxième cas on a $q^2 \equiv 9[16]$ et donc $\beta(q) = 1$. En résumé :

$$\beta(q) = \begin{cases} 0 & si \quad q \equiv \pm 1 \quad [8] \\ 1 & si \quad q \equiv \pm 5 \quad [8] \end{cases}$$

2.b.— Il est clair que 1 est toujours un carré dans $\mathbb{F}_p$, donc $\left(\frac{1}{p}\right) = 1$.

On a $\left(\frac{-1}{p}\right) = (-1)^{\frac{p-1}{2}}$. Donc,

$$\left(\frac{-1}{p}\right) = (-1)^{\alpha(p)}$$

C'est à dire que -1 est un carré dans $\mathbb{F}_p$ ssi $p \equiv 1[4]$.

2.c.i.— On a $y^2 = \omega^2 + \omega^{-2} + 2$. Maintenant, par définition, $\omega^8 = 1$ et $\omega^n \neq 1$ pour $n = 1, \cdots, 7$. Donc $\omega^4 = -1$, car $(\omega^4)^2 = 1$ et $\omega^4 \neq 1$. Il s'ensuit que $(\omega^2 + \omega^{-2})^2 = -1 - 1 + 2 = 0$ et donc que $\omega^2 + \omega^{-2} = 0$, c'est à dire $y^2 = 2$.
Comme nous sommes en caractéristique p, $y^p = \omega^p + \omega^{-p}$.

2.c.ii.— Si $p \equiv 1[8]$, alors

$$y^p = \omega^p + \omega^{-p} = \omega + \omega^{-1} = y$$

donc $y \in \mathbb{F}_p$.
Si $p \equiv -1[8]$, alors

$$y^p = \omega^p + \omega^{-p} = \omega^{-1} + \omega = y$$

donc $y \in \mathbb{F}_p$.
Si $p \equiv 5[8]$, alors $y^p = \omega^5 + \omega^{-5}$. Mais $\omega^5 = \omega^4\omega = -\omega$, donc

$$\omega^5 + \omega^{-5} = -(\omega + \omega^{-1}) = -y$$

et ainsi $y \notin \mathbb{F}_p$.
Si $p \equiv -5[8]$, alors

$$y^p = \omega^p + \omega^{-p} = \omega^{-5} + \omega^5 = -y$$

donc $y \notin \mathbb{F}_p$.
Donc 2 est un carré dans $\mathbb{F}_p$ ssi $p \equiv \pm 1[8]$. On a donc :

$$\left(\frac{2}{p}\right) = (-1)^{\beta(p)}$$

2.d.— $7 \equiv -1[8]$ et $17 \equiv 1[8]$ donc $\left(\frac{2}{7}\right) = \left(\frac{2}{17}\right) = 1$. C'est à dire que 2 est un carré modulo 7 et 17. Pour s'en persuader, il suffit de constater que dans $\mathbb{F}_7$, $4^2 = 2$ et que dans $\mathbb{F}_{17}$, $11^2 = 2$.

3.a.— Montrons par récurrence sur m impair, qu'il existe un polynôme $P_m(X) \in \mathbb{R}(X)$ de degré $\frac{m-1}{2}$ tel que

$$\frac{\sin mx}{\sin x} = P_m(\sin^2 x)$$

La proposition est clairement vérifiée au rang $m = 1$ avec $P_1(X) = 1$. Supposons-la vérifiée au rang impair m. Alors, au rang $m+2$, on a :

$$\begin{aligned}
\frac{\sin(m+2)x}{\sin x} &= \frac{\sin mx \cos 2x}{\sin x} + \frac{\sin 2x \cos mx}{\sin x} \\
&= (1 - 2\sin^2 x)\frac{\sin mx}{\sin x} + 2(1 - \sin^2 x)\frac{\cos mx}{\cos x}
\end{aligned}$$

C'est à dire que :

$$\frac{\sin(m+2)x}{\sin x} = ((1-2X)P_m(X))(\sin^2 x) + (2(1-X))(\sin^2 x)\frac{\cos mx}{\cos x}$$

Maintenant, en dérivant, il vient :

$$\left(\frac{\sin mx}{\sin x}\right)' = \frac{m \cos mx \sin x - \cos x \sin mx}{\sin^2 x} = \sin 2x P_m'(\sin^2 x)$$

Par conséquent,

$$\begin{aligned}
\frac{\cos mx}{\cos x} &= \frac{1}{m}\left(\frac{\sin mx}{\sin x} + 2\sin^2 x P_m'(\sin^2 x)\right) \\
&= \frac{1}{m}\left(P_m(X) + 2X P_m'(X)\right)(\sin^2 x)
\end{aligned}$$

En posant

$$P_{m+2}(X) = \left(\frac{m+2}{m} - 2\frac{m+1}{m}X\right) P_m(X) + \frac{4}{m}X(1-X)P_m'(X)$$

on a bien :
$$\frac{\sin(m+2)x}{\sin x} = P_{m+2}(\sin^2 x)$$

Il est clair que P_{m+2} est bien un polynôme, reste à regarder son degré pour conclure la récurrence.

On peut déjà affirmer que

$$d^\circ P_{m+2} \leq d^\circ P_m + 1 = \frac{m-1}{2} + 1 = \frac{(m+2)-1}{2}$$

Montrons qu'il est vraiment égal à cet entier. Les réels

$$X_j = \sin^2 \frac{2j\pi}{m+2},\ j = 1, \cdots, \frac{m+1}{2}$$

sont distincts deux à deux et sont racines de P_{m+1}.

Donc $d^\circ P_{m+2} \geq \frac{m+1}{2}$, par conséquent $d^\circ P_{m+2} = \frac{m+1}{2}$. La récurrence est achevée.

On vient de donner les racines de P_m. Donc, il existe $\Omega_m \in \mathbb{R}$ tel que :

$$P_m(X) = \Omega_m \prod_{j=1}^{\frac{m-1}{2}} (X - \sin^2 \frac{2j\pi}{m})$$

Pour calculer Ω_m, il suffit de remarquer que Ω_m est le coefficient dominant de P_m. En utilisant la relation de récurrence entre P_{m+2} et P_m, on trouve :

$$\Omega_{m+2} = -2\frac{m+1}{m}\Omega_m - \frac{4}{m}\frac{m-1}{2}\Omega_m = (-4)\Omega_m$$

On en déduit que $\Omega_m = (-4)^{\frac{m-1}{2}}$ et donc pour tout $m \geq 3$ impair

$$\frac{\sin mx}{\sin x} = (-4)^{\frac{m-1}{2}} \prod_{j=1}^{\frac{m-1}{2}} (X - \sin^2 \frac{2j\pi}{m})$$

3.b.i.— Remarquons, pour commencer, que si l'application qui à $s \in S$ associe $-s$ est une bijection de S sur $-S = \{\frac{p+1}{2}, \cdots, p-1\}$.

Comme $S \cap -S = \emptyset$ on en déduit que si $(s, \epsilon) \in S \times \{-1, 1\}$ et $(s', \epsilon') \in S \times \{-1, 1\}$ sont deux couples tels que $\epsilon s = \epsilon' s'$, alors $(s, \epsilon) = (s', \epsilon')$.

Si $s \in S$ et $a \in \mathbb{F}_p^*$, alors $as \in \mathbb{F}_p^*$, mais comme $\mathbb{F}_p^* = S \cup -S$, il existe donc $(s_a, e_s(a)) \in S \times \{-1, 1\}$ tel que $as = e_s(a)s_a$. En vertu de ce qui précède, ce couple est bien unique.

Si $s_a = s'_a$ pour un couple $(s, s') \in S^2$, alors soit $as = as'$ ce qui implique $s = s'$, soit $as = -as'$ ce qui implique que $s = -s'$, mais comme $s \in S$, alors $s' \in -S$ ce qui est absurde puisque $s' \in S$. L'application est injective.

Montrons maintenant qu'elle est surjective. Soit $y \in S$, considérons $s = a^{-1}y$. De deux choses l'une, soit $s \in S$, alors $s_a = y$, soit $s \in -S$ et alors $(-s)_a = y$.

3.b.ii.— En effectuant les produits, on a

$$a^{\frac{p-1}{2}} \prod_{s \in S} s = \prod_{s \in S} e_s(a) \prod_{s \in S} s_a = \prod_{s \in S} e_s(a) \prod_{s \in S} s$$

Donc

$$\left(\frac{a}{p}\right) = \prod_{s \in S} e_s(a)$$

3.b.iii.— On a $e_s(2) = 1$ ssi $2s \leq \dfrac{p-1}{2}$. Dans le cas contraire, on a $e_s(2) = -1$. Ainsi, dans le produit $\prod_{s \in S} e_s(2)$ les facteurs égaux à -1 sont ceux pour lesquels $\dfrac{p-1}{4} < s \leq \dfrac{p-1}{2}$. Donc

$$\left(\frac{2}{p}\right) = (-1)^{\gamma(p)}$$

Si $p = 4k + 1$, alors $\gamma(p) = k + 1$ et si $p = 4k + 3$, alors $\gamma(p) = k + 1$ aussi. On retrouve ainsi le fait que $\left(\dfrac{2}{p}\right) = 1$ ssi $p \equiv \pm 1[8]$.

3.c.— Posons $S = \{1, \cdots, \frac{p-1}{2}\} \subset \mathbb{F}_p^*$ et $T = \{1, \cdots, \frac{q-1}{2}\} \subset \mathbb{F}_q^*$. On a donc $\left(\dfrac{q}{p}\right) = \prod_{s \in S} e_s(q)$, or l'égalité $qs = e_s(q)s_q$ donne

$$\sin \frac{2\pi}{p} qs = e_s(q) \sin \frac{2\pi}{p} s_q$$

En faisant le produit de ces quantités, on trouve :

$$\left(\frac{q}{p}\right) = \prod_{s \in S} e_s(q) = \prod_{s \in S} \frac{\sin \frac{2\pi}{p} qs}{\sin \frac{2\pi}{p} s}$$

(car l'application $s \mapsto s_q$ est une bijection de S.)
En appliquant notre lemme trigonométrique pour $x = \dfrac{2\pi s}{p}$ et $m = q$, on trouve :

$$\begin{aligned}\left(\frac{q}{p}\right) &= \prod_{s\in S}(-4)^{\frac{q-1}{2}}\prod_{t\in T}(\sin^2\frac{2\pi s}{p} - \sin^2\frac{2\pi t}{q})\\ &= (-4)^{\frac{q-1}{2}\frac{p-1}{2}}\prod_{s\in S, t\in T}(\sin^2\frac{2\pi s}{p} - \sin^2\frac{2\pi t}{q})\end{aligned}$$

De même, en permutant le rôle de p et q, on trouve :

$$\begin{aligned}\left(\frac{p}{q}\right) &= \prod_{t\in T}(-4)^{\frac{p-1}{2}}\prod_{s\in S}(\sin^2\frac{2\pi t}{q} - \sin^2\frac{2\pi s}{p})\\ &= (-4)^{\frac{p-1}{2}\frac{q-1}{2}}\prod_{t\in T, s\in S}(\sin^2\frac{2\pi t}{q} - \sin^2\frac{2\pi s}{p})\end{aligned}$$

Enfin, il est clair que :

$$\prod_{t\in T, s\in S}(\sin^2\frac{2\pi t}{q} - \sin^2\frac{2\pi s}{p}) = (-1)^{\frac{p-1}{2}\frac{q-1}{2}}\prod_{s\in S, t\in T}(\sin^2\frac{2\pi s}{p} - \sin^2\frac{2\pi t}{q})$$

Donc

$$\left(\frac{q}{p}\right) = (-1)^{\alpha(p)\alpha(q)}\left(\frac{p}{q}\right)$$

3.d.— On a

$$\left(\frac{37}{97}\right) = \left(\frac{97}{37}\right) = \left(\frac{23}{37}\right) = \left(\frac{37}{23}\right) = \left(\frac{14}{23}\right) = \left(\frac{2}{23}\right)\left(\frac{7}{23}\right) = \left(\frac{7}{23}\right) = -\left(\frac{23}{7}\right) = -\left(\frac{2}{7}\right) = -1$$

De même

$$\left(\frac{29}{43}\right) = \left(\frac{43}{29}\right) = \left(\frac{14}{29}\right) = \left(\frac{2}{29}\right)\left(\frac{7}{29}\right) = -\left(\frac{7}{29}\right) = -\left(\frac{29}{7}\right) = -\left(\frac{1}{7}\right) = -1$$

4.a.— On a :

$$y^2 = \left(\sum_{s\in\mathbb{F}_q}\left(\frac{s}{q}\omega^s\right)\right)\left(\sum_{t\in\mathbb{F}_q}\left(\frac{t}{q}\omega^t\right)\right) = \sum_{(s,t)\in\mathbb{F}_q^2}\left(\frac{st}{q}\omega^{s+t}\right)$$

Quand s et t parcourent $\mathbb{F}_q$, $s+t$ parcourt aussi $\mathbb{F}_q$. Pour $u \in \mathbb{F}_q$ fixé, les couples d'indices (s,t) tels que $s+t=u$, sont exactement de la forme $(t, u-t)$. Donc :

$$y^2 = \sum_{u\in\mathbb{F}_q} \omega^u \left(\sum_{t\in\mathbb{F}_q} \left(\frac{t(u-t)}{q}\right)\right)$$

Si $t \neq 0$ alors

$$\left(\frac{t(u-t)}{q}\right) = \left(\frac{-t^2}{q}\right)\left(\frac{1-ut^{-1}}{q}\right) = (-1)^{\alpha(q)}\left(\frac{1-ut^{-1}}{q}\right)$$

Par conséquent, on a :

$$(-1)^{\alpha(q)}y^2 = \sum_{u\in\mathbb{F}_q} W_u\omega^u$$

avec

$$W_u = \sum_{t\in\mathbb{F}_q^*} \left(\frac{1-ut^{-1}}{q}\right)$$

Si $u=0$ alors

$$W_0 = \sum_{t\in\mathbb{F}_q^*} \left(\frac{1}{q}\right) = q-1$$

Si $u \neq 0$, quand t décrit $\mathbb{F}_q^*$, alors $s = 1-ut^{-1}$ décrit $\mathbb{F}_q - \{1\}$ et l'on a alors :

$$W_u = \sum_{s\in\mathbb{F}_q} \left(\frac{s}{q}\right) - \left(\frac{1}{q}\right)$$

Comme nous l'avons vu précédemment, dans $\mathbb{F}_q^*$ il y a exactement $\dfrac{q-1}{2}$ carrés donc

$$\sum_{s\in\mathbb{F}_q} \left(\frac{s}{q}\right) = 0$$

et ainsi $W_u = -1$. Donc :

$$(-1)^{\alpha(q)}y^2 = \sum_{u\in\mathbb{F}_q} W_u\omega^u = q-1-\sum_{u\in\mathbb{F}_q^*}\omega^u = q$$

(La dernière égalité vient du fait que $1+\omega+\cdots+\omega^{q-1} = \dfrac{\omega^q-1}{\omega-1} = 0$.)

4.b.— Puisque nous sommes en caractéristique p, on a

$$y^p = \sum_{x \in \mathbb{F}_q} \left(\frac{x}{q}\right)^p \omega^{xp}$$

mais comme $\left(\frac{x}{q}\right) = 0, 1, -1$ et que p est impair on a $\left(\frac{x}{q}\right)^p = \left(\frac{x}{q}\right)$ et donc

$$y^p = \sum_{x \in \mathbb{F}_q} \left(\frac{x}{q}\right) \omega^{xp}$$

Si on pose $t = xp$ alors quand x parcourt $\mathbb{F}_q$, t parcourt tout $\mathbb{F}_q$ (car q et p sont distincts). Donc

$$y^p = \sum_{t \in \mathbb{F}_q} \left(\frac{tp^{-1}}{q}\right) \omega^t = \sum_{t \in \mathbb{F}_q} \left(\frac{t}{q}\right) \left(\frac{p^{-1}}{q}\right) \omega^t = \left(\frac{p^{-1}}{q}\right) y = \left(\frac{p}{q}\right) y$$

Ainsi $y^{p-1} = \left(\frac{p}{q}\right)$.

D'après le 4.a. et ce que l'on vient d'établir, on a

$$\left(\frac{p}{q}\right) = y^{p-1} = (y^2)^{\alpha(p)} = (-1)^{\alpha(q)\alpha(p)} q^{\alpha(p)} = (-1)^{\alpha(p)\alpha(q)} \left(\frac{q}{p}\right)$$

Problème 5.— Finitude des sous-extensions

On considère une extension finie de corps, L/K et on s'intéresse au cardinal de l'ensemble des extensions intermédiaires de cette extension : soit $\mathcal{E} = \{M \text{ corps } / \ K \subset M \subset L\}$, à quelles conditions $\sharp\mathcal{E}$ est-il fini ?

1.— *On suppose dans cette question que l'extension L/K est séparable.*

1.a.— *Montrer que si L/K est galoisienne, alors $\sharp\mathcal{E}$ est fini. Que vaut exactement $\sharp\mathcal{E}$? Prouver que si $n = [L : K]$, alors $\sharp\mathcal{E} \leq \sum\limits_{d|n,\ 1\leq d\leq n} C_{n-1}^{d-1}$.*

1.b.— *Montrer que si L/K est juste supposée séparable, alors il existe une plus petite extension algébrique L^{gal} de L (pour l'inclusion) telle que L^{gal}/K soit une extension galoisienne. On appelle L^{gal}, la clôture galoisienne de L/K. Montrer que si $n = [L : K]$, alors $[L^{gal} : K] \leq n!$.*

1.c.— *Montrer, grâce à la question précédente, que $\sharp\mathcal{E}$ est fini, même si L/K n'est pas une extension normale. En s'inspirant du 1.a., montrer que $\sharp\mathcal{E} \leq \sum\limits_{d|n!,\ n\leq d\leq n!} C_{n!-n}^{d-n}$.*

2.— *On veut montrer que si L/K n'est plus supposée séparable, alors $\sharp\mathcal{E}$ peut très bien être infini. Pour cela on considère $\overline{\mathbb{F}}_p$ la clôture algébrique de $\mathbb{F}_p = \mathbb{Z}/p\mathbb{Z}$ et le corps $K = \overline{\mathbb{F}}_p(T_1, T_2)$ des fractions rationnelles à deux indéterminées et à coefficients dans $\overline{\mathbb{F}}_p$.*

2.a.— *Montrer que $\overline{\mathbb{F}}_p$ est un corps infini. (Plus généralement on montrera qu'un corps fini n'est pas algébriquement clos.)*

2.b.— *Montrer que les polynômes $X^p - T_1$ et $X^p - T_2$ sont irréductibles sur $K[X]$. Exprimer la décomposition de ces deux polynômes dans $\overline{K}[X]$. On note $\sqrt[p]{T_1}$ la racine de $X^p - T_1$ et de même $\sqrt[p]{T_2}$ la racine de $X^p - T_2$.*

On pose $L = K(\sqrt[p]{T_1}, \sqrt[p]{T_2})$ et pour tout couple $(\alpha, \beta) \in \overline{\mathbb{F}}_p^{\,2}$, $K_{(\alpha,\beta)} = K(\alpha\sqrt[p]{T_1} + \beta\sqrt[p]{T_2})$.

2.c.— *Calculer $[L : K]$, $[L : K_{(\alpha,\beta)}]$ et $[K_{(\alpha,\beta)} : K]$.*

2.d.— *Montrer que si (α, β) et (α', β') sont deux couples d'éléments de*

$\overline{\mathbb{F}}_p$ *tels que*

$$\begin{vmatrix} \alpha & \alpha' \\ \beta & \beta' \end{vmatrix} = (\alpha\beta' - \beta\alpha') \neq 0$$

alors les corps $K_{(\alpha,\beta)}$ *et* $K_{(\alpha',\beta')}$ *sont distincts (plus exactement, on montrera que* $K_{(\alpha,\beta)} \not\subset K_{(\alpha',\beta')}$ *et* $K_{(\alpha',\beta')} \not\subset K_{(\alpha,\beta)}$*).*

2.e.— *Conclure.*

3.— *On veut montrer, dans cette partie, que si* L/K *admet un élément primitif (i.e.* L/K *est monogène) alors* $\mathcal{E}$ *est de cardinal fini. On suppose donc que* $L = K(\alpha)$ *avec* $\alpha \in \overline{K}$*. On considère* $f \in K[X]$ *le polynôme minimal de* α*. Soit* $g \in L[X]$ *un polynôme qui divise (dans* $L[X]$*) le polynôme* f*. On considère le corps* E_g *engendré sur* K *par les coefficients de* g*.*

3.a.— *Montrer que les corps* E_g *sont en nombre fini. Donner un majorant de ce nombre en fonction du degré de* f*.*

3.b.— *Prouver que si* E *est un corps tel que* $K \subset E \subset L$ *alors il existe* $g \in L[X]$ *(avec* g *divisant* f*) tel que* $E = E_g$*. Conclure.*

4.— *On s'intéresse maintenant à la réciproque de la propriété précédente. On suppose donc que* $\mathcal{E}$ *est de cardinal fini.*

Montrer que si K *est un corps fini, alors* L/K *est monogène. On suppose maintenant que* K *est infini.*

4.a.— *On veut montrer, préliminairement, la propriété générale suivante : Si* V *désigne un espace vectoriel de dimension* m *sur un corps commutatif* k *infini et si* $V_1, \cdots, V_n$ *est une famille finie de sous-espaces vectoriels de* V *différents de* V*, alors* $\bigcup_{i=1}^{n} V_i \neq V$*.*

4.a.i.— *Soit* K *un corps infini,* n *un entier non nul et* P *un polynôme de* $K[X_1, \cdots, X_m]$*. On suppose que pour tout* $i = 1, \cdots, m$*, il existe un sous-ensemble* $K_i \subset K$ *infini tel que :*

$$\forall (x_1, \cdots, x_m) \in K_1 \times \cdots \times K_m \subset K^m, \ P(x_1, \cdots, x_m) = 0$$

Montrer que P *est nul. En déduire que si* P *n'est pas nul, alors il existe un sous-ensemble* $E \subset K^m$ *infini tel que* P *ne s'annule pas sur* E*.*

4.a.ii.— *Soit* V *un* K*-espace vectoriel de dimension* m *et* $H_1, \cdots, H_n$

des hyperplans de V. Montrer que $\bigcup_{i=1}^{n} H_i \neq V$.

(Ind. On pourra regarder l'hyperplan H_i comme le noyau d'une forme linéaire $f_i \in K[X_1, \cdots, X_n]$. On fera alors le lien entre $\bigcup_{i=1}^{n} H_i$ et les f_i et on conclura grâce à la question précédente.)

4.a.iii.— *Montrer la propriété précédente dans l'hypothèse où l'on remplace les hyperplans H_i par des sous-espaces vectoriels V_i inclus strictement dans V.*

4.b.— *Soient $K_1, \cdots, K_n$ les extensions intermédiaires strictes de L/K (i.e. les éléments de $\mathcal{E}$ différents de L). Montrer que si $\alpha \in L$ tel que $\alpha \notin \bigcup_{i=1}^{n} K_i$, alors $L = K(\alpha)$.*

4.c.— *Prouver que L/K est monogène.*

5.— *Retrouver les conclusions des parties 1. et 2. grâce aux résultats établis dans les parties 3. et 4.*

Solution du problème.

1.a.— La théorie de Galois affirme qu'il y a une bijection (renversant l'inclusion) entre les éléments de $\mathcal{E}$ et les sous-groupes de $Gal(L/K)$. Comme $\sharp Gal(L/K) = n$ est fini, il n'y a qu'un nombre fini de sous-groupes. Donc $\mathcal{E}$ est fini.

Cherchons à majorer le nombre de sous-groupes de $G = Gal(L/K)$. Soit H un sous-groupe de G, alors d'après le théorème de Lagrange, $\sharp H$ divise $\sharp G$. De plus le neutre e de G appartient nécessairement à H. Par conséquent si $d|n$, il y a au maximum C_{n-1}^{d-1} (nombre de façons d'ajouter à e, $d-1$ éléments dans $G/\{e\}$) sous-groupes de G de cardinal d. Donc

$$\sum_{d|n,\ 1\leq d\leq n} C_{n-1}^{d-1}$$

est un majorant du nombre de sous-groupes de G donc de $\sharp\mathcal{E}$.

1.b.— L'extension L/K étant séparable, elle est monogène. Soit $\alpha \in \overline{K}$ tel que $L = K(\alpha)$, α est séparable, soit $\alpha = \alpha_1, \cdots, \alpha_n$ ses conjugués. Le corps $K(\alpha_1, \cdots, \alpha_n)$ est séparable (car chaque α_i pour $i = 1, \cdots, n$ est séparable). Il est clair que $K(\alpha_1, \cdots, \alpha_n)/K$ est normale. Maintenant si L'/K est une extension galoisienne de K contenant L, elle contient α et donc α_i pour $i = 1, \cdots, n$. Donc $K(\alpha_1, \cdots, \alpha_n) \subset L'$. Par suite $L^{gal} = K(\alpha_1, \cdots, \alpha_n)$.

Remarquons au passage que si $P(X) = \sum_{i=0}^{n} a_i X^i$ désigne le polynôme minimal de α (P est de degré n car $L = K(\alpha)$ et $[L : K] = n$), alors L^{gal} est en fait égal au corps de décomposition de P.

Considérons la suite de corps

$$\begin{array}{lllll}
K_0 & = & K & & \\
K_1 & = & K_0(\alpha_1) & & \\
K_2 & = & K_1(\alpha_2) & = & K(\alpha_1, \alpha_2) \\
\vdots & & & & \vdots \\
K_n & = & K_{n-1}(\alpha_n) & = & K(\alpha_1, \cdots, \alpha_n)
\end{array}$$

Dans $K_1[X]$, le polynôme P s'écrit $(X - \alpha_1)P_1(X)$. Comme P_1 est de degré $\leq n-1$, alors $[K_1 : K_0] \leq n-1$. Par récurrence immédiate, dans K_i ($i = 1, \cdots, n$) le polynôme P s'écrit $P(X) = (X - \alpha_1) \cdots (X - \alpha_i)P_i$ avec P_i de degré $\leq n - i$. Donc $[K_i : K_{i-1}] \leq n - i$, et par conséquent $[L^{gal} = K_n : K] \leq n.(n-1) \cdots 2.1 = n!$.

1.c.— L/K est séparable. Soit L^{gal} la "clôture galoisienne" de L/K. Considérons $\mathcal{F} = \{M \text{ corps } / \ K \subset M \subset L^{gal}\}$. Il est clair que $\mathcal{E} \subset \mathcal{F}$. On a montré au 1.a. que $\mathcal{F}$ est fini, donc $\mathcal{E}$ est fini.

On a l'extension $K \subset L \subset L^{gal}$. L'extension (galoisienne) L^{gal}/L correspond (par la théorie de Galois) au sous-groupe $H = Gal(L^{gal}/L)$ de $G = Gal(L^{gal}/K)$. Les éléments de $\mathcal{E}$ correspondent donc aux sous-groupes S de G qui contiennent H. Ces sous-groupes S ont donc un cardinal d tel que $n \leq d \leq n!$ et $d|n!$. Pour d donné, il y en a au maximum $C_{n!-d}^{d-n}$ (majorant du nombre de façons d'ajouter aux n éléments de H, $d - n$ éléments de $G - H$ pour obtenir un ensemble à d éléments. On a ainsi :

$$\sharp\mathcal{E} \leq \sum_{d|n!,\ n\leq d\leq n!} C_{n!-n}^{d-n}$$

2.a.— Soit $\mathbb{F}$ un corps fini à n éléments $x_1, \cdots, x_n$. Considérons le polynôme

$$P(X) = (X - x_1)\cdots(X - x_n) + 1$$

Ce polynôme est de degré n. Maintenant pour tout $i = 1, \cdots, n$, $P(x_i) = 1$. Donc P n'a pas de racine dans $\mathbb{F}$ et donc $\mathbb{F}$ n'est pas algébriquement clos. Par suite, $\overline{\mathbb{F}_p}$, qui est algébriquement clos, ne peut pas être fini.

2.b.— Le polynôme $P(X) = X^p - T_1$ n'a visiblement pas de racine dans K. En effet, sinon soit $R(T_1, T_2) = \dfrac{Q_1(T_1, T_2)}{Q_2(T_1, T_2)} \in K$ une racine de P avec Q_1 et Q_2 deux polynômes de $\overline{\mathbb{F}_p}[T_1, T_2]$ premiers entres eux. On a donc

$$T_1 = \frac{Q_1^p(T_1, T_2)}{Q_2^p(T_1, T_2)}$$

ce qui implique que Q_2^p divise Q_1^p et par suite que Q_2 divise Q_1 et donc que $R(T_1, T_2) \in \overline{\mathbb{F}_p}[T_1, T_2]$. Mais alors T_1 qui est un élément irréductible de $\overline{\mathbb{F}_p}[T_1, T_2]$ est le produit de p termes de $\overline{\mathbb{F}_p}[T_1, T_2]$, ce qui est impossible puisque $\overline{\mathbb{F}_p}[T_1, T_2]$ est un anneau factoriel.

Soit $\alpha \in \overline{K}$ une racine de P, on a alors

$$(X - \alpha)^p = \sum_{k=0}^{p} C_p^k(-1)^k\alpha^k X^{p-k} = X^p - \alpha^p = X^p - T_1 = P(X)$$

(car C_p^k est divisible par p donc nul dans K pour $k = 1, \cdots, p - 1$). Par conséquent la décomposition de P dans $\overline{K}[X]$ est $P(X) = (X - \alpha)^p$.

En particulier, α est l'unique racine (d'ordre p) de P. Si P n'était pas irréductible dans $K[X]$, il existerait un entier q tel que $1 \leq q < p$ tel que $(X-\alpha)^q \in K[X]$. Or $(X-\alpha)^q = X^q - q\alpha X^{q-1} + \cdots + (-1)^q \alpha^q$, mais $q < p$ donc $p \not| q$ et donc $q\alpha \neq 0$ et ainsi $q\alpha \notin K$. Par conséquent

$$X^q - q\alpha X^{q-1} + \cdots + (-1)^q \alpha^q \notin K[X]$$

ce qui est absurde, donc P est irréductible sur K. On procède de la même façon pour prouver que $X^p - T_2$ ne possède qu'une seule racine dans $\overline{K}$ et est irréductible sur $K[X]$.

2.c.— D'après ce qui précéde, on a $[K(\sqrt[p]{T_1}) : K] = p$ et $[K(\sqrt[p]{T_2}) : K] = p$. Le corps $K(\sqrt[p]{T_1}, \sqrt[p]{T_2})$ est un surcorps de $K(\sqrt[p]{T_1})$ de degré $\leq p$. Comme p est premier, on a alors soit $K(\sqrt[p]{T_1}, \sqrt[p]{T_2}) = K(\sqrt[p]{T_1})$ soit $[K(\sqrt[p]{T_1}, \sqrt[p]{T_2}) : K(\sqrt[p]{T_1})] = p$. La première possibilité est visiblement impossible puisque $\sqrt[p]{T_2} \notin K(\sqrt[p]{T_1})$, on a alors

$$[K(\sqrt[p]{T_1}, \sqrt[p]{T_2}) : K(\sqrt[p]{T_1})] = p$$

et par suite $[L : K] = p^2$.

Si $(\alpha, \beta) = (0,0)$, alors $[L : K_{(\alpha,\beta)}] = p^2$ et $[K_{(\alpha,\beta)} : K] = 1$.

Si $(\alpha, \beta) \neq (0,0)$, alors

$$(X - (\alpha \sqrt[p]{T_1} + \beta \sqrt[p]{T_2}))^p = X^p - (\alpha^p T_1 + \beta^p T_2)$$

Comme précédemment, on vérifie que ce polynôme est irréductible sur $K[X]$, il s'ensuit que puisque p est premier :

$$[L : K_{(\alpha,\beta)}] = [K_{(\alpha,\beta)} : K] = p$$

2.d.— Prenons (α, β) et (α', β') deux couples d'éléments de $\overline{\mathbb{F}}_p$ tels que $\begin{vmatrix} \alpha & \alpha' \\ \beta & \beta' \end{vmatrix} \neq 0$ et supposons par exemple que $K_{(\alpha',\beta')} \subset K_{(\alpha,\beta)}$. Alors il existe ω_1 et ω_2 dans $K_{(\alpha,\beta)}$ tels que :

$$\begin{array}{rcrcl} \alpha \sqrt[p]{T_1} & + & \beta \sqrt[p]{T_2} & = & \omega_1 \\ \alpha' \sqrt[p]{T_1} & + & \beta' \sqrt[p]{T_2} & = & \omega_2 \end{array}$$

Ce système est un système de deux équations à deux inconnues ($\sqrt[p]{T_1}$ et $\sqrt[p]{T_2}$) à déterminant non nul. Donc $\sqrt[p]{T_1}$ et $\sqrt[p]{T_2}$ sont des éléments de $K_{(\alpha,\beta)}$ et par conséquent $K_{(\alpha,\beta)} = L$, ce qui est absurde puisque $(\alpha, \beta) \neq (0,0)$.

2.e.— Soit $t \in \overline{\mathbb{F}}_p$ (qui est infini). Considérons les corps $K_t = K_{(1,t)}$, alors d'après ce qui précède, si $t \neq t'$ on a $K_t \not\subset K_{t'}$ et $K_{t'} \not\subset K_t$. Le cardinal de $\mathcal{E}$ est donc au moins égal à celui de $\overline{\mathbb{F}}_p$ (qui est infini).

3.a.— Plaçons nous dans $\overline{K}$. On a $f(x) = \prod_{k=1}^{n}(X - \alpha_k)$. Si un polynôme g unitaire divise f alors il existe $J \subset \{1, \cdots, n\}$ tel que $g(x) = \prod_{j \in J}(X - \alpha_j)$. Il y a au plus 2^n parties J incluses dans $\{1, \cdots, n\}$. Donc au maximum 2^n polynômes unitaire $g \in \overline{K}[X]$ qui divisent f, donc au maximum 2^n qui divisent f dans $L[X]$. Soit g un polynôme de $L[X]$ divisant f, il existe un polynôme unitaire $\widetilde{g}$ de $L[X]$ et un un élément $a \in L$ tel que $q = a\widetilde{g}$. On a alors $E_g = E_{\widetilde{g}}$. Il y a, par conséquent, au maximum 2^n corps E_g.

3.b.— Soit E une sous-extension de L/K. L'extension L/E possède toujours α comme élément primitif. Soit $g \in E[X]$, le polynôme minimal de α.

En particulier, g divise (dans $E[X]$ donc dans $L[X]$) le polynôme f. On a clairement l'inclusion $E_g \subset E$, mais comme de plus $E_g(\alpha) = E(\alpha) = L$, il s'ensuit que g est irréductible sur $E[X]$, donc sur $E_g[X]$. Par conséquent $[L : E_g] = [L : E]$ et donc $E = E_g$.
Il y a donc au maximum 2^n extensions intermédiaires dans L/K.

4.— Si K est fini, alors L l'est aussi. On sait que dans ces conditions L/K est galoisienne, donc séparable, donc monogène.

4.a.i.— La démonstration se fait par récurrence sur m :

Pour $m = 1$, la proposition dit juste qu'un polynôme sur un corps commutatif qui admet une infinité de racines est nécessairement le polynôme nul.

Supposons la propriété démontrée au rang $m \geq 1$, alors :

Soit $P \in K[X_1, \cdots, X_{m+1}]$ et pour tout $i = 1, \cdots, m+1$, un ensemble infini $K_i \subset K$ tel que P s'annule sur $K_1 \times \cdots \times K_{m+1}$. On a l'isomorphisme

$$K[X_1, \cdots, X_{m+1}] \simeq K[X_1, \cdots, X_m][X_{m+1}]$$

Posons $X = X_{m+1}$ et $Q(X) = P(X_1, \cdots, X_m, X) \in A[X]$ où A désigne l'anneau $K[X_1, \cdots, X_m]$.

Soit $x_{m+1} \in K_{m+1}$, considérons alors le polynôme

$$P(X_1, \cdots X_m, x_{m+1}) \in K[X_1, \cdots, X_m]$$

Il s'annule sur $K_1 \times \cdots \times K_m$, il est donc nul par hypothèse de récurrence. On a alors $Q(x_{m+1}) = 0$, et comme il existe une infinité de $x_{m+1} \in A$ pour lesquels $Q(x_{m+1}) = 0$ (puisque $K_{m+1} \subset K \subset A$), on en déduit que Q est le polynôme nul. Donc P est nul.

Soit $P \in K[X_1, \cdots, X_m]$ tel que l'ensemble N des $(x_1, \cdots, x_m)$ vérifiant $P(x_1, \cdots, x_m) \neq 0$ soit fini. Posons

$$N_i = \{x_i \in K / \exists (x_1, \cdots, x_{i-1}, x_{i+1}, \cdots, x_m) \in K^{m-1}, (x_1, \cdots, x_m) \in N\}$$

Il est clair que N_i est fini puisque N est fini. Soit $K_i = K - N_i$, alors K_i est infini et P s'annule sur $K_1 \times \cdots \times K_m$ et d'après ce qui précède, P est nul. Ainsi si $P \neq 0$ alors N est infini.

4.a.ii.— Un hyperplan H de V est un sous-espace vectoriel de dimension $m-1$, ou de manière équivalente, le noyau d'une forme linéaire non nulle f. Une telle forme linéaire est en fait un polynôme linéaire non nul $f \in K[X_1, \cdots, X_m]$. Soient donc $H_1, \cdots, H_n$, n hyperplans de V. Soit $f_1, \cdots, f_n$ les formes linéaires non nulles associées à ces hyperplans. On a

$$H_i = \{(x_1, \cdots, x_m) \in K^m (\simeq V) \ / \ f_i(x_1, \cdots, x_m) = 0\}$$

par conséquent,

$$\bigcup_{i=1}^{n} H_i = \{(x_1, \cdots, x_m) \in K^m (\simeq V) \ / \ \prod_{i=1}^{n} f_i(x_1, \cdots, x_m) = 0\}$$

Soit $g = f_1 \cdots f_n$, comme aucun des f_i n'est nul, g n'est pas nul et par ce qui précède, il existe $(x_1, \cdots, x_n) \in K^n (\simeq V)$ tel que $g(x_1, \cdots, x_n) \neq 0$. En particulier,

$$\bigcup_{i=1}^{n} H_i \neq V$$

4.a.iii.— Soit $V_1, \cdots, V_n$ des sous-espaces stricts de V. En particulier, pour tout $i = 1, \cdots, n$, V_i est contenu dans un hyperplan H_i (théorème de la base incomplète). Ainsi

$$\bigcup_{i=1}^{n} V_i \subset \bigcup_{i=1}^{n} H_i$$

Cette dernière réunion n'est pas égale à V d'après ce qui précède.

4.b.— Soit $\alpha \in L$, $\alpha \notin \bigcup_{i=1}^n K_i$. $K(\alpha)$ est un élément de $\mathcal{E}$, mais il ne peut pas être égal à un K_i pour $i = 1, \cdots, n$ car $\alpha \in K(\alpha)$ et $\alpha \notin \bigcup_{i=1}^n K_i$. Donc nécessairement $L = K(\alpha)$.

4.c.— Regardons les corps K_i $(i = 1, \cdots, n)$ comme des sous-K-espaces vectoriels du K-espace vectoriel L. De deux choses l'une : Soit $\Omega = \bigcup_{i=1}^{n} K_i$ est un sous-espace vectoriel de L et dans ce cas (cf 4.a.), l'un au moins des K_i n'est pas un sous-espace strict, c'est à dire

$$\bigcup_{i=1}^{n} K_i = K_k \neq L$$

pour un certain k et donc il existe $\alpha \in L$, $\alpha \notin \bigcup_{i=1}^n K_i$, alors d'après 4.b. $L = K(\alpha)$. Soit $\bigcup_{i=1}^{n} K_i$ n'est pas un sous-espace vectoriel de L et donc $\bigcup_{i=1}^{n} K_i \neq L$, donc dans ce cas là aussi, il existe $\alpha \in L$, $\alpha \notin \bigcup_{i=1}^n K_i$.

5.— Dans la partie 1., on suppose que L/K est séparable. D'après le théorème de l'élément primitif, L/K est monogène. La partie 3. montre alors que $\mathcal{E}$ est fini.

Dans la partie 2., l'extension L/K n'est pas monogène (au moins deux générateurs sont nécessaires pour engendrer L sur K). La partie 4. assure alors que $\mathcal{E}$ ne peut pas être fini.

Problème 6.— L'équation $X^n - a = 0$

On s'intéresse dans ce problème à l'équation $X^n - a = 0$.

1.— *Soit K un corps commutatif, $a \in K^*$ et n un entier ≥ 2. On considère le polynôme $P(X) = X^n - a \in K[X]$.*

1.a.i.— *Montrer que si p est un nombre premier divisant n tel que $a = b^p$ pour un certain $b \in K$ alors P est réductible.*

1.a.ii.— *Montrer que si 4 divise n et que $a = -4b^4$ pour un certain $b \in K$ alors P est réductible.*

1.b.— *On veut montrer réciproquement que :*

- *si a ne s'écrit pas b^p avec $b \in K$ lorsque p est un nombre premier divisant n,*

- *si a ne s'écrit pas $a = -4b^4$ avec $b \in K$ lorsque 4 divise n,*

alors P est irréductible.

1.b.i.— *Montrer que si p est la caractéristique de K, si $n = p^r$ ($r \in \mathbb{N}^*$) et si a n'est pas la puissance p-ième d'un élément de K alors P est irréductible.*

1.b.ii.— *Si α désigne une racine de $P(X)$ dans $\overline{K}$, donner toutes les racines $P(X)$ en fonction de α.*

1.b.iii.— *En déduire que si $n = p$ est un nombre premier et si a n'est pas une puissance p-ième dans K alors P est irréductible.*

1.b.iv.— *Prouver alors par récurrence que si $n = p^r$ (p premier impair, $r \in \mathbb{N}^*$) et si a n'est pas une puissance p-ième dans K alors P est irréductible.*

1.b.v.— *Montrer que si $n = 2^r$ ($r \in \mathbb{N}^*$) et si a n'est ni de la forme b^2 ni de la forme $-4b^4$ (dans le cas $r \geq 2$) pour $b \in K$ alors P est irréductible.*

1.b.vi.— *Prouver alors la réciproque de la partie 1.a. pour tout $n \in \mathbb{N}^*$.*

2.— *On s'intéresse maintenant au corps de décomposition du polynôme $X^n - a$. On suppose que n n'est pas multiple de la caractéristique de K*

et que K contient les racines n-ièmes de l'unité. On note K_a un corps de rupture de $X^n - a$ pour tout $a \in K$.

2.a.i.— *Montrer que K_a est le corps de décomposition de $X^n - a$.*

2.a.ii.— *Prouver que K_a/K est une extension galoisienne.*

2.a.iii.— *Montrer qu'il existe un homomorphisme injectif*

$$\varphi : Gal(K_a/K) \to \mathbb{Z}/n\mathbb{Z}$$

En déduire que K_a/K est cyclique et que $d = [K_a : K]$ divise n.

2.a.iv.— *Montrer que $d = Inf\{e \in \mathbb{N}^* \,/\, \exists b \in K,\ a^e = b^n\}$. Expliciter $Gal(K_a/K)$.*

2.b.i.— *Montrer que si a et b sont deux éléments tels que $b = a^k c^n$ avec $c \in K^*$ et $k \in \mathbb{N}$ vérifiant p.g.c.d$(n, k) = 1$, alors $K_a = K_b$.*

2.b.ii.— *Prouver réciproquement que si a et b sont deux éléments de K tels que $K_a = K_b$ alors il existe $c \in K$ et $k \in \mathbb{N}$ vérifiant p.g.c.d$(n, k) = 1$, tels que $b = a^k c^n$.*

3.— *On dit qu'une extension L/K est kummérienne si*

- *L/K est galoisienne de degré $n \in \mathbb{N}$ et $Gal(L/K)$ est cyclique.*
- *n n'est pas multiple de la caractéristique de K.*
- *K contient les racines n-ièmes de l'unité.*

Nous avons prouvé dans la partie 2.a. que si K contenait les racines n-ièmes de l'unité et si n n'était pas un multiple de K alors pour tout $a \in K$, K_a/K était une extension kummérienne. On s'intéresse maintenant à la réciproque de cette propriété.

On considère donc une extension kummérienne L/K de degré n et on note σ un générateur de $Gal(L/K)$.

3.a.— *Pour tout $x \in L^*$, on note λ_x l'application de L dans lui-même définie, pour tout $t \in L$, par :*

$$\begin{aligned}\lambda_x(t) &= t + \sum_{i=1}^{n-1} \left(\prod_{j=0}^{i-1} \sigma^j(x) \right) \sigma^i(t) \\ &= t + x.\sigma(t) + \cdots + x.\sigma(x) \ldots \sigma^{n-2}(x).\sigma^{n-1}(t)\end{aligned}$$

Montrer que pour tout $x \in L^*$ il existe $t \in L$ tel que $\lambda_x(t) \neq 0$.

3.b.— *Soit $x \in L^*$, et $t_0 \in L$ tel que $\lambda_x(t_0) \neq 0$. Calculer $\sigma(\lambda_x(t_0))$ en fonction de $N_{L/K}(x)$ où $N_{L/K}$ désigne la norme du corps L sur K. En déduire une condition nécessaire sur $\sigma(\lambda_x(t_0))$ pour que $N_{L/K} = 1$.*

3.c.i.— *Montrer alors que pour tout $x \in L$, $N_{L/K}(x) = 1$ si et seulement s'il existe $y \in L^*$ tel que $x = \dfrac{y}{\sigma(y)}$.*

3.c.ii.— *Dans le cadre de la question précédente, donner une condition nécessaire et suffisante sur y et $z \in L^*$ pour que $x = \dfrac{z}{\sigma(z)}$.*

3.d.— *(Application.) Soit q la puissance d'un nombre premier et m un entier. Montrer que l'application $N_{\mathbb{F}_{q^m}/\mathbb{F}_q} : \mathbb{F}_{q^m}^* \to \mathbb{F}_q^*$ est surjective.*

3.e.— *Montrer que si L/K est une extension kummérienne de degré n alors il existe $a \in K$ tel que $L = K_a$.*

Solution du problème.

1.a.i.— Si $p|n$ et $a = b^p$ alors

$$(X^n - a) = \left((X^{\frac{n}{p}})^p - b^p\right) = (X^{\frac{n}{p}} - b)(X^{(p-1)\frac{n}{p}} + bX^{(p-2)\frac{n}{p}} + \cdots + b^{(p-1)})$$

$X^n - a$ est par conséquent réductible.

1.a.ii.— On écrit $n = 4k$ et alors

$$X^n - a = X^{4k} + 4b^4 = (X^{2k} + 2bX^k + 2b^2)(X^{2k} - 2bX^k + 2b^2)$$

et donc P est réductible dans $K[X]$.

1.b.i.— Si p est la caractéristique de K, alors soit α une racine de P dans $\overline{K}$. On a

$$P(X) = X^n - a = X^{p^r} - \alpha^{p^r} = (X - \alpha)^{p^r}$$

Le polynôme minimal de α sur K est donc de la forme

$$M_\alpha(X) = (X - \alpha)^{p^g u} \textit{ avec } g \leq r \textit{ et } pgcd(u, p) = 1$$

Comme u est premier avec p, d'après Bezout, il existe deux entiers x et y tel que $xu + yp^{r-g} = 1$. On a alors $\alpha = \alpha^{xu}\alpha^{yp^{r-g}}$ et en élevant à la puissance p^g on a $\alpha^{p^g} = (\alpha^{p^g u})^x \alpha^{yp^r}$. Maintenant par hypothèse, $(\alpha^{p^g u}) \in K$ et comme $\alpha^{yp^r} = a^y \in K$, on en déduit $\alpha^{p^g} \in K$. Si $g < r$ alors $b = (\alpha^{p^g})^{p^{r-g-1}}$ est un élément de K tel que $a = b^p$ ce qui est contraire à l'hypothèse. Ainsi $g = r$ et pour des raison évidentes de degré, $u = 1$. On a donc $M_\alpha = P$, ce qui implique que P est irréductible.

1.b.ii.— Soit $x \in K$, alors

$$x^n - a = 0 \Longleftrightarrow x^n - \alpha^n = 0 \Longleftrightarrow \left(\frac{x}{\alpha}\right)^n - 1 = 0$$

Ainsi x est racine de P ssi $x = \xi\alpha$ où ξ est une racine du polynôme $X^n - 1$. Ainsi les racines de P sont les $(\xi_k\alpha)_{1\leq k\leq n}$ où les ξ_k sont les racines de $X^n - 1$ (éventuellement les ξ_k ne sont pas distincts deux à deux).

1.b.iii.— Posons $\alpha_k = \xi_k\alpha$ avec les notations précédentes. Dans $\overline{K}$ on a

$$P(X) = X^p - a = \prod_{k=1}^{p}(X - \alpha_k) = \prod_{k=1}^{p}(X - \xi_k\alpha)$$

Supposons que P soit réductible, quitte à réindéxer les α_k il existe donc $0 < l < k$ tel que P soit divisble par $Q(X) = \prod_{k=1}^{l}(X - \xi_k\alpha)$. Le coefficient constant de Q est $\prod_{k=1}^{l}(-\xi_k\alpha) = (-1)^l\xi\alpha^k \in K$ où ξ est une racine p-ième de l'unité.

Supposons p impair, alors comme $k < p$, k est premier avec p et donc $2k$ est premier avec p. Il existe donc, d'après Bezout, deux entiers d et d' tel que $2kd = 1 + d'p$ et par conséquent :

$$\left((-1)^l\xi\alpha^k\right)^{2d} = \xi^{2d}\alpha^{2kd} = a^{d'}\xi^{2d}\alpha \in K$$

Il s'ensuit que $\xi^{2d}\alpha \in K$ et donc qu'il existe $b \in K$ tel que $b^p = a$.

Supposons maintenant $p = 2$, alors $Q(X) = X - \alpha$ ou $Q(X) = X + \alpha$, dans les deux cas $\alpha \in K$ et donc a admet une racine carré dans K.

Ainsi, si a n'est pas la puissance p-ième d'un élément de K alors P est irréductible.

1.b.iv.— Grâce au résultat établi à la question 1.b.i., on peut supposer que p n'es pas la caractéristique de K. Etablissons la propriété par récurrence sur r. Pour $r = 1$, c'est la question 1.b.iii. Supposons la propriété établie pour $r \geq 1$ et posons $n = p^{r+1}$. Si a n'est pas la puissance p-ième d'un élément de K alors le polynôme $X^p - a$ est irréductible sur $K[X]$. Soit α une racine de ce polynôme et $\alpha = \alpha_1, \cdots, \alpha_p$ les conjugués de α dans $\overline{K}$ (il y en a p, puisque p n'est pas la caractéristique de K et que par conséquent il y a p racine p-ièmes de l'unité). On a

$$X^p - a = \prod_{k=1}^{p}(X - \alpha_k)$$

En substituant par X^{p^r}, on obtient :

$$X^{p^{r+1}} - a = \prod_{k=1}^{p}(X^{p^r} - \alpha_k)$$

Soit A une racine dans $\overline{K}$ de $(X^{p^r} - \alpha)$, c'est aussi une racine de $X^{p^{r+1}} - a$.

• Si α n'est pas la puissance p-ième d'un élément de $K(\alpha)$ alors par hypothèse de récurrence appliquée à $K[\alpha)$, $(X^{p^r} - \alpha)$ est irréductible dans $K(\alpha)[X]$ donc A est de degré p^r sur $K(\alpha)$. Puisque $X^p - a$ est irréductible sur K, on a $[K(\alpha) : K] = p$ et par suite A est de degré p^{r+1} sur K ce qui assure que P est irréductible (A est racine de $X^{p^{r+1}} - a$).

• Si $\alpha = \beta^p$ avec $\beta \in K(\alpha)$, alors notons pour tout $x \in K(\alpha)$, $N(x)$ la norme (du corps $K(\alpha)$ sur K) de x. On a :

$$-a = (-1)^p N(\alpha) = (-1)^p N(\beta)^p = -N(\beta)^p$$

Comme $N(\beta) \in K$, on en déduit que a est la puissance p-ième d'un élément de K ce qui est contraire à l'hypothèse. Donc P est bien irréductible.

1.b.v.— On reprend le même schéma de démonstration qu'à la question précédente, notamment on se place dans le cas ou 2 n'est pas la caractéristique de K. Soient $n = 2^r$ et $a \in K$ ni de la forme b^2 ni de la forme $-4b^4$ (dans le cas $r \geq 2$) pour $b \in K$. On a montré à la question 1.b.iii. que, pour $r = 1$, P est irréductible. Supposons cette propriété vérifiée au rang $r \geq 1$ et posons $n = 2^{r+1}$. Si a n'est pas la racine carrée d'un élément de K et ne s'écrit pas sous la forme $-4b^4$ avec $b \in K$ alors le polynôme $X^2 - a$ est irréductible sur K. Soit α une racine de ce polynôme et $\alpha = \alpha_1, \alpha_2$ les conjugués de α dans $\overline{K}$. On a

$$X^2 - a = \prod_{k=1}^{2} (X - \alpha_k)$$

En substituant par X^{2^r}, on obtient :

$$X^{2^{r+1}} - a = \prod_{k=1}^{2} (X^{2^r} - \alpha_k)$$

Soit A une racine dans $\overline{K}$ de $(X^{2^r} - \alpha)$, c'est aussi une racine de $X^{2^{r+1}} - a$.

• Si α n'est pas la racine carrée d'un élément de $K(\alpha)$ et ne s'écrit pas sous la forme $-4\beta^4$ avec $\beta \in K$ alors par hypothèse de récurrence, $(X^{2^r} - \alpha)$ est irréductible sur $K(\alpha)$ donc A est de degré 2^r sur $K(\alpha)$ et donc de degré 2^{r+1} sur K ce qui assure que P est irréductible.

• Si $\alpha = \beta^2$ avec $\beta \in K(\alpha)$, alors $-a = N(\beta)^2 = b^2$ avec $b \in K$. Comme par hypothèse, a n'est pas un carré dans K, on en déduit que

-1 n'est pas un carré dans K. Posons $i = \sqrt{-1}$, dans $K(i)$ on a alors la factorisation :

$$X^{2^{r+1}} - a = X^{2^{r+1}} + b^2 = (X^{2^r} + ib)(X^{2^r} - ib)$$

Si un des deux polynômes $(X^{2^r} \pm ib)$ est réductible sur $K(i)$ alors par hypothèse de récurrence appliquée à $K(i)$, c'est soit que $\pm ib$ est un carré dans $K(i)$, soit que $\pm ib = -4\omega^4$ avec $\omega \in K(i)$. Dans les deux cas, cela implique que $\pm ib$ est un carré dans $K(i)$, posons alors

$$\pm ib = (c + id)^2 = c^2 + 2cdi - d^2$$

avec $c, d \in K$. On en déduit $c^2 = d^2$ (c'est à dire $c = \pm d$) et $\pm ib = 2cdi = \pm 2ic^2$. En élevant au carré cette dernière égalité, on trouve

$$a = -b^2 = -4c^4$$

ce qui est contraire aux hypothèses. Ainsi $X^{2^r} + ib$ est irréductible sur $K(i)[X]$, comme précédemment cela implique que P l'est sur $K[X]$.

• Si $\alpha = -4\beta^4$ avec $\beta \in K(\alpha)$, alors notons pour tout $x \in K(\alpha)$, $N(x)$ la norme (du corps $K(\alpha)$ sur K) de x. On a :

$$-a = N(\alpha) = 16N(\beta)^4$$

D'autre part $N(\alpha) = -\alpha^2$, donc on a :

$$-1 = 16\frac{N(\beta)^4}{\alpha^2}$$

comme $N(\beta) \in K$, on a alors que -1 est un carré dans $K(\alpha)$ c'est à dire que α est un carré dans $K(\alpha)$. On est alors ramené au cas précédent.

1.b.vi.— Ecrivons n sous la forme

$$n = p_1^{\alpha_1} \cdots p_k^{\alpha_k}$$

avec $p_1, \cdots, p_k$ des nombres premiers distincts deux à deux et $\alpha_1, \cdots, \alpha_k$ des entiers tous au moins égaux à 1. Montrons par récurrence sur k la réciproque de la propriété.
Pour $k = 1$ c'est l'objet des questions précédentes. Supposons la propriété vraie pour $k \geq 1$ et regardons la au rang $k + 1$. On écrit alors $n = p^r.m$ avec p un premier, $r \geq 1$ et m un entier premier avec p dont la décomposition en nombres premiers admet k facteurs premiers. On

choisit m impair, ce qui est toujours possible puisque il y a au moins deux nombres premiers distincts dans la décomposition de n. On écrit :

$$X^n - a = X^{p^r m} - a = \prod_{i=1}^{m} (X^{p^r} - \alpha_i)$$

où les α_i sont les racines dans $\overline{K}$ du polynôme $X^m - a$. Soit $\alpha = \alpha_1$, par hypothèse sur a, $X^m - a$ est irréductible donc $[K(\alpha) : K] = m$. Soit A une racine dans $\overline{K}$ de $X^{p^r} - \alpha$. α n'est pas de la forme β^p avec $\beta \in K(\alpha)$ sinon, si $N(x)$ désigne la norme d'un élément x de $K(\alpha)$ sur K on a :

$$-a = (-1)^m N(\alpha) = (-1)^m N(\beta^p) = (-1)^m N(\beta)^p = -N(\beta)^p$$

et donc a est la puissance p-ième d'un élément de K ce qui est contraire aux hypothèses.

De même, si $p = 2$ et $r \geq 2$ alors α ne s'écrit pas sous la forme $-4\beta^4$ avec $\beta \in K(\alpha)$ sinon

$$a = N(\alpha) = N(-4\beta^4) = -4^m N(\beta)^4$$

ce qui implique que $a = -4b^4$ avec $b = 2^{\frac{m-1}{2}} N(\beta) \in K$ ce qui est contraire aux hypothèses.

Ainsi on peut appliquer les parties 1.b.iv. et 1.b.v. au polynôme $X^{p^r} - \alpha$ qui est donc irréductible sur $K(\alpha)[X]$. Ainsi $[K(A) : K(\alpha)] = p^r$ et par suite A est de degré n sur K, donc P est irréductible sur $K[X]$.

2.a.i.— $K_a = K(\alpha)$ où α est une des racines de $X^n - a$. Les autres racines de $X^n - a$ étant de la forme $\xi\alpha$ avec ξ racine n-ième de l'unité, elles appartiennent par conséquent toutes à $K(\alpha)$.

2.a.ii.— Comme la caractéristique de K ne divise pas n, alors $(X^n - 1)' = nX^{n-1}$ n'admet que 0 pour racine. Donc il y a exactement n racines de l'unité dans K et donc d'après ce qui précède, il y a exactement n racines pour $X^n - a = 0$. Ainsi K_a/K est séparable et donc galoisienne.

2.a.iii.— Soit α une racine quelconque de $X^n - a$. Les racines de ce polynôme sont donc les $\xi^r \alpha$ ($r = 0, \cdots, n-1$) avec ξ racine primitive n-ième de l'unité.

Soit $\sigma \in Gal(K_a/K)$. Il existe $r_\sigma \in \{0, \cdots, n-1\}$ tel que $\sigma(\alpha) = \xi^{r_\sigma} \alpha$. Considérons l'application $\varphi : Gal(K_a/K) \to \mathbb{Z}/n\mathbb{Z}$ définie par $\varphi(\sigma) = r_\sigma$. On vérifie sans peine (puisque le groupe des racines n-ièmes de l'unité dans K est isomorphe à $\mathbb{Z}/n\mathbb{Z}$) que φ est un hommorphisme de groupe. Si σ et σ' sont tels que $\varphi(\sigma) = \varphi(\sigma')$ alors $\sigma(\alpha) = \sigma'(\alpha)$. Mais comme α est un élément primitif de $K(\alpha)/K$ on en déduit que $\sigma = \sigma'$ et par suite φ est injectif.

Donc $Gal(K_a/K)$ est un sous-groupe de $\mathbb{Z}/n\mathbb{Z}$, il est donc isomorphe à $\mathbb{Z}/d\mathbb{Z}$ pour un certain entier d divisant n. Ainsi K_a/K est bien cyclique. Comme K_a/K est galoisienne, on a alors $[K_a : K] = \sharp Gal(K_a/K) = d$ qui divise bien n.

2.a.iv.— Soit $\alpha = \alpha_1, \cdots, \alpha_d$ les conjugués de α. On a

$$\prod_{i=1}^{d} \alpha_i \in K$$

comme $\alpha_i = \alpha\xi^{r_i}$, on en déduit qu'il existe une racine n-ième de l'unité, ψ, telle que $\psi\alpha^d \in K$. Mais comme $\psi \in K$, on a alors $\alpha^d = b \in K$. Ainsi

$$a^d = (\alpha^n)^d = b^n$$

S'il existe un entier $e \geq 1$ tel que $a^e = b^n$ pour un certain $b \in K$, alors $\alpha^{ne} = b^n$ donc $\alpha^e = \psi b$ pour ψ une certaine racine n-ième de l'unité. Ainsi α est racine de $X^e - \psi b \in K[X]$ et donc $e \geq d$ puisque d est le degré du polynôme minimal de α. Donc $d = Inf\{e \in \mathbb{N}^* \,/\, \exists b \in K,\ a^e = b^n\}$ et

$$Gal(K_a/K) \simeq \mathbb{Z}/Inf\{e \in \mathbb{N}^* \,/\, \exists b \in K,\ a^e = b^n\}\mathbb{Z}$$

2.b.i.— Posons $P(X) = X^n - a$ et $Q(X) = X^n - b$. Si $b = a^k c^n$ avec $c \in K^*$ et $k \in \mathbb{N}$ vérifiant $p.g.c.d(n,k) = 1$ alors si α désigne une racine de P, $\beta = \alpha^k c\xi$ est une racine de Q pour toute racine n-ième de l'unité ξ. Comme α et β engendrent respectivement K_a et K_b, on en déduit que $K_b \subset K_a$.

Maintenant, comme k et n sont premiers entre eux, il existe deux entiers u et v tels que $uk + vn = 1$, alors :

$$b^u = a^{ku}c^{nu} = a^{1-nv}c^{nu}$$

et donc $a = b^u(a^v c^{-u})^n$ avec $p.g.c.d(u,n) = 1$. En appliquant le même raisonnement que précédemment, on a alors $K_b \subset K_a$ et par conséquent $K_a = K_b$.

2.b.ii.— On garde les mêmes notations qu'à la question précédente, on note d le degré de l'extension K_a/K et σ un générateur de $Gal(K_a/K)$ (qui est cyclique d'après ce qui précède).

Les racines de P et de Q sont respectivement $\alpha, \xi\alpha, \cdots, \xi^{n-1}\alpha$ et $\beta, \psi\beta, \cdots, \psi^{n-1}\beta$ où ξ et ψ sont deux racines primitives n-ièmes de l'unité. Il existe un entier $k \in \{0, \cdots, n-1\}$ premier avec n tel que $\psi = \xi^k$, et comme σ est d'ordre d, il vient $\sigma(\alpha) = \xi^e\alpha$ et $\sigma(\beta) = \psi^f\beta$ où e et f sont des entiers tels que $ed = n$ et $fd = n$ (on a en particulier $e = f$).

Ainsi, $\sigma(\alpha^k) = \xi^{ke}\alpha^k = \psi^e\alpha^k$ et donc :

$$\sigma\left(\frac{\beta}{\alpha^k}\right) = \frac{\beta}{\alpha^k}$$

L'élément $c = \dfrac{\beta}{\alpha^k}$ est invariant par σ il est donc invariant sous l'action de $Gal(K_a/K)$. Il appartient alors à K et ainsi $\beta = c\alpha^k$; par suite :

$$b = \beta^n = c^n\alpha^{kn} = c^n a^k$$

3.a.— Le théorème de Dedekind affirme, entre autres, que si L/K est une extension galoisienne alors les K-automorphismes de cette extension sont linéairement indépendants sur L. S'il n'existait pas de $t \in L^*$ tel que $\lambda_x(t) \neq 0$ alors la famille $\{Id, \sigma, \cdots, \sigma^{n-1}\}$ serait liée sur L ce qui est absurde puisque $Gal(L/K) = \{Id, \sigma, \cdots, \sigma^{n-1}\}$.

3.b.— On a

$$\begin{aligned}
\sigma(\lambda_x(t_0)) &= \sigma\left(t_0 + \sum_{i=1}^{n-1}\left(\prod_{j=0}^{i-1}\sigma^j(x)\right)\sigma^i(t_0)\right) \\
&= \sigma(t_0) + \sum_{i=1}^{n-1}\left(\prod_{j=0}^{i-1}\sigma^{j+1}(x)\right)\sigma^{i+1}(t_0) \\
&= \sigma(t_0) + \sum_{i=1}^{n-1}\left(\prod_{j=1}^{i}\sigma^j(x)\right)\sigma^{i+1}(t_0) \\
&= \sigma(t_0) + \sigma(x)\sigma^2(t_0) + \cdots + \sigma(x)\sigma^2(x)\cdots\sigma^{n-1}(x)t_0
\end{aligned}$$

En multipliant par x, on trouve :

$$x\sigma(\lambda_x(t_0)) = \lambda_x(t_0) - t_0 + N_{L/K}(x).t_0$$

Donc

$$N_{L/K}(x) = 1 \Longrightarrow \sigma(\lambda_x(t_0)) = x^{-1}\lambda_x(t_0)$$

3.c.i.— Si $N_{L/K}(x) = 1$, posons alors

$$y = \lambda_x(t_0) \neq 0$$

En vertu de ce qui précède, on a alors

$$x = \frac{y}{\sigma(y)}$$

Réciproquement, si $x = \dfrac{y}{\sigma(y)}$ pour un certain $y \in L^*$ alors :

$$N_{L/K}(x) = \frac{y.\sigma(y)\ldots\sigma^{n-1}(y)}{\sigma(y)\ldots\sigma^n(y)} = 1$$

3.c.ii.— Si y et z sont tels que

$$x = \frac{y}{\sigma(y)} = \frac{z}{\sigma(z)}$$

alors $\sigma\left(\dfrac{y}{z}\right) = \dfrac{y}{z}$ et par suite $a = \dfrac{y}{z}$ est invariant sous l'action de $Gal(L/K)$. On a donc $a \in K^*$ et $y = az$.

Réciproquement, si $y = az$ avec $a \in K$, il est clair que

$$x = \frac{z}{\sigma(z)}$$

3.d.— $N = N_{\mathbb{F}_{q^m}/\mathbb{F}_q} : \mathbb{F}_{q^m}^* \to \mathbb{F}_q^*$ est bien évidemment un homomorphisme de groupe multiplicatif. Notons H son noyau, par définition on a :

$$H = \left\{x \in \mathbb{F}_{q^m}^* \,/\, N(x) = 1\right\}$$

L'extension $\mathbb{F}_{q^m}/\mathbb{F}_q$ est cyclique d'ordre m, l'automorphisme de Frobenius $\sigma : x \mapsto x^q$ est alors un générateur de $Gal(\mathbb{F}_{q^m}/\mathbb{F}_q)$ (voir problème sur les corps finis). Ainsi

$$\begin{aligned} H &= \left\{x \in \mathbb{F}_{q^m}^* \,/\, \exists z \in \mathbb{F}_{q^m}^*,\ x = \frac{z}{\sigma(z)}\right\} \\ &= \left\{\frac{z}{\sigma(z)},\ z \in \mathbb{F}_{q^m}^*\right\} \\ &= \left\{z^{1-q},\ z \in \mathbb{F}_{q^m}^*\right\} \end{aligned}$$

Considérons l'homomorphisme $\varphi : \mathbb{F}_{q^m}^* \to \mathbb{F}_{q^m}^*$ défini par :

$$\forall x \in \mathbb{F}_{q^m}^*,\ \varphi(x) = x^{1-q}$$

On a $H = Im(\varphi)$. Considérons le noyau H' de φ :

$$\begin{aligned} H' &= \{x \in \mathbb{F}_{q^m}^* \,/\, x^{1-q} = 1\} \\ &= \{x \in \mathbb{F}_{q^m}^* \,/\, x^q = x\} \\ &= \mathbb{F}_q^* \end{aligned}$$

On en déduit que $H \simeq \mathbb{F}_{q^m}^*/H' = \mathbb{F}_{q^m}^*/\mathbb{F}_q^*$. Comme d'autre part $Im(N) \simeq \mathbb{F}_{q^m}^*/H$, on obtient $\sharp Im(N) = \sharp \mathbb{F}_q^*$ ce qui revient à dire que N est surjectif puisque $Im(N) \subset \mathbb{F}_q^*$.

Note : Cette propriété peut sembler de prime abord un peu anecdotique. Elle est pourtant extrêmement profonde. En effet, on peut par exemple, retrouver à partir de ce fait le théorème de Wedderburn. On montre (voir par exemple "Cohomologie Galoisienne" de J.P. Serre) qu'un corps K qui vérifie que pour toute extension galoisienne finie L/K, $N_{L/K}$ est surjective, possède alors la propriété suivante : Il n'existe pas de corps non commutatif C tel que $[C : K]$ soit fini et tel que C contienne K dans son centre. La question 3.d. montre alors que tout corps fini vérifie cette propriété. En effet, supposons qu'il existe un corps fini non commutatif C. Son centre est un sous-corps commutatif fini, il est donc de la forme $\mathbb{F}_q$ pour q la puissance d'un certain premier. Mais alors $[C : \mathbb{F}_q]$ est fini et donc il existe un corps non commutatif C de dimension finie sur $\mathbb{F}_q$ et possédant $\mathbb{F}_q$ pour centre. Cela est impossible en vertu de ce qui précède, d'où le théorème de Wedderburn.

3.e.— On garde les notations des parties précédentes et on note σ un générateur de $Gal(L/K)$. Soit ξ une racine primitive n-ième de l'unité dans K. Soit $t \in L$ tel que $\lambda_\xi(t) \neq 0$, comme $N_{L/K}(\xi) = \xi^n = 1$, on en déduit que

$$\sigma(\lambda_\xi(t)) = \xi^{-1}\lambda_\xi(t)$$

en prenant $a = (\lambda_\xi(t))^n \in L$, on a en particulier

$$\sigma(a) = \sigma((\lambda_\xi(t))^n) = (\sigma(\lambda_\xi(t)))^n = a$$

donc $a \in K$. Maintenant les conjugués de $\alpha = \lambda_\xi(t)$ sont les $\alpha_k = \sigma^k(\alpha) = \xi^{-k}\alpha$ $(0 \leq k \leq n-1)$. Ils sont visiblement distincts deux à deux, donc $K(\alpha)/K$ est le corps de décomposition du polynôme $X^n - a$, qui est irréductible puisque $[K(\alpha) : K] = n$. D'autre part $K(\alpha) \subset L$, mais comme $[L : K] = n$, on en déduit que $L = K(\alpha)$. Ainsi toute extension kummérienne est le corps de décomposition d'un polynôme $X^n - a$ pour $a \in K$.

Problème 7.— Extensions cycliques en caractéristique p.

Dans ce problème k désigne un corps de caractéristique $p \neq 0$. L'objet de ce problème est de montrer qu'une extension finie K/k est cyclique d'ordre p (i.e. K/k est galoisienne et $Gal(K/k)$ est un groupe cyclique d'ordre p) si et seulement si K est le corps de décomposition sur k d'un polynôme irréductible de la forme $X^p - X - a$ avec $a \in k$.

1— *Soient $a \in k$ et $P(X) = X^p - X - a \in k[X]$. On s'intéresse dans cette partie à l'irréductibilité du polynôme $P(X)$ ainsi qu'au groupe de Galois de son corps de décomposition.*

1.a— *Soit $\alpha \in \overline{k}$ une racine de $P(X)$. Exprimer toutes les racines de $P(X)$ dans $\overline{k}$ en fonction de α et des éléments de $\mathbb{F}_p$. En déduire que P est un polynôme séparable.*

1.b— *On cherche maintenant un critère simple d'irréductibilité pour P sur $k[X]$.*

1.b.i.— *Soit $D(X) \in k[X]$ un polynôme de degré $d \geq 2$ qui divise $P(X)$ dans $k[X]$. Montrer qu'il existe $t \in \mathbb{F}_p^*$ tel que $D(X+t) = D(X)$.*

1.b.ii.— *En développant par la formule du binôme de newton le polynôme $D(X+t)$ et en le comparant à $D(X)$, montrer que $d = p$.*

1.b.iii.— *Donner alors une condition nécessaire et suffisante pour que $P(X)$ soit irréductible sur $k[X]$.*

1.c.— *On étudie maintenant le groupe de Galois de K/k où K désigne le corps de décomposition de $P(X)$ sur k.*

1.c.i.— *Si $P(X)$ n'est pas irréductible sur $k[X]$, que vaut K ?*

1.c.ii.— *Prouver que si $P(X)$ est irréductible sur $k[X]$, alors tout corps de rupture de P est égal au corps K.*

1.c.iii.— *Calculer dans cette situation $[K : k]$, en déduire que K/k est une extension cyclique (on précisera $Gal(K/k)$).*

2.— *On s'intéresse dans cette partie à la réciproque du résultat établi en 1. On considère donc une extension cyclique K/k d'ordre p. On note*

σ un génerateur de $Gal(K/k)(\simeq \mathbb{Z}/p\mathbb{Z})$ et $\alpha \in K$ un élément primitif de K/k (qui existe puisque K/k est galoisienne donc séparable).

2.a.— *Pour $i = 0, \cdots, p-1$, on pose $\alpha_i = \sigma^i(\alpha)$. Prouver que les α_i ($i = 0, \cdots, p-1$) sont distincts deux à deux.*

2.b.— *Pour tout entier $n = 1, \cdots, p-1$, on pose $S_n = \sum_{i=0}^{p-1} \alpha_i^n$.*

2.b.i.— *Montrer que les S_n ($n = 1, \cdots, p-1$) ne sont pas tous nuls. (Ind. On pourra considérer le déterminant de Van der Monde suivant :*

$$\begin{vmatrix} 1 & \alpha_0 & \alpha_0^2 & \cdots & \alpha_0^{p-1} \\ 1 & \alpha_1 & \alpha_1^2 & \cdots & \alpha_1^{p-1} \\ 1 & \alpha_2 & \alpha_2^2 & \cdots & \alpha_2^{p-1} \\ \vdots & \vdots & \vdots & & \vdots \\ 1 & \alpha_{p-1} & \alpha_{p-1}^2 & \cdots & \alpha_{p-1}^{p-1} \end{vmatrix}$$

on montrera que celui-ci n'est pas nul et on fera le lien avec les S_n.)

2.b.ii.— *Calculer $\sigma(S_n)$.*

2.c.— *Soit $m \in \{1, \cdots, n-1\}$ tel que $S_m \neq 0$. On pose*

$$\beta = \frac{\sum_{i=1}^{p-1} i\alpha_i^m}{S_m}$$

2.c.i.— *Montrer que $\beta^p - \beta \in k$.*

2.c.ii.— *Calculer $\sigma(\beta)$. Prouver que β est un élément primitif de K/k.*

2.c.iii.— *En déduire qu'il existe $a \in k$ tel que K soit le corps de décomposition d'un polynôme irréductible de la forme $P(X) = X^p - X - a$.*

3.— *On étudie maintenant une condition nécessaire et suffisante pour que les corps de décomposition sur k, D_a et D_b, des polynômes (supposés irréductibles) $P(X) = X^p - X - a$ et $Q(X) = X^p - X - b$ (a et b sont des éléments de k) soient k-isomorphes.*

3.a.— *Montrer que si $t \in \mathbb{F}_p^*$, alors le polynôme $P_t(X) = X^p - X - ta$ est irréductible.*

3.b.— *Prouver que s'il existe* $t \in \mathbb{F}_p^*$ *et* $c \in k$ *tel que* $Q(X) = P_t(X - c)$ *alors* D_a *et* D_b *sont* k*-isomorphes.*

3.c.— *Enoncer et démontrer la réciproque de la question précédente. (Ind. On pourra considérer un* k*-isomorphisme,* $\varphi : D_b \to D_a$ *et regarder l'image par* φ *d'une racine* β *de* Q*. Notamment, on cherchera à exprimer* $\varphi(\beta)$ *dans une bonne base du* k*-espace vectoriel* D_a *et en calculant* $\varphi(\beta)^p$*, on cherchera à prouver que* $\varphi(\beta)$ *est égal à* $\lambda + \mu\alpha$ *avec* $\lambda \in k$ *et* $\mu \in \mathbb{F}_p^*$*.)*

Solution du problème.

1.a.— Soit $x \in \mathbb{F}_p$, on a $x^p - x = 0$ et donc $\alpha^p + x^p - (\alpha + x) + a = 0$. Comme K est de caractéristique p, $(\alpha + x)^p = \alpha^p + x^p$ et donc

$$(\alpha + x)^p - (\alpha + x) + a = 0$$

Ainsi $\alpha + x$ est racine de P, pour tout $x \in \mathbb{F}_p$. Les éléments de $\overline{k}$, $\alpha, \alpha + 1, \cdots, \alpha + p - 1$ sont donc des racines de P. Ils sont distincts deux à deux, comme il y en a $p = d^\circ P$, ce sont exactement les racines de P dans $\overline{k}$. Ainsi P est séparable.

1.b.i.— D est de degré au moins égal à 2, donc il admet au moins deux racines dans $\overline{k}$, mais comme D divise P, ces racines sont des racines de P.

Donc il existe s_1 et s_2 dans $\mathbb{F}_p$ ($s_1 \neq s_2$) tels que $D(\alpha + s_1) = D(\alpha + s_2)$. Soit $t = s_2 - s_1 \in \mathbb{F}_p^*$, considérons le polynôme $D(X + t)$. Ce polynôme a même degré et même coefficient dominant que D, il est aussi irréductible sur $k[X]$.

Maintenant, $D(X)$ et $D(X + t)$ ont une racine en commun $(\alpha + s_1)$. Etant irréductibles, ils sont proportionnels, mais comme ils ont même coefficient dominant, ils sont égaux.

1.b.ii.— Ecrivons

$$D(X) = a_d X^d + a_{d-1} X^{d-1} + \cdots + a_0$$

avec $(a_0, \cdots, a_d) \in k^d$ et $a_d \neq 0$. On a alors :

$$D(X + t) = a_d (X + t)^d + a_{d-1} (X + t)^{d-1} + \cdots + a_0$$

Le terme de degré $d - 1$ de $D(X + t)$ vaut $dta_d + a_{d-1}$. Mais comme il est égal à celui de degré $d - 1$ de $D(X)$, on a $dta_d + a_{d-1} = a_{d-1}$ c'est à dire que $dta_d = 0$ donc $d \equiv 0[p]$, mais $d \leq p$, donc $d = p$.

1.b.iii.— D'après ce qui précède, si P possède une racine dans k, il est totalement décomposé dans k (par conséquent, il n'est pas irréductible sur $k[X]$).

Si P ne possède pas de racine dans k, alors il n'a pas de facteur premier de degré 1. S'il en possède un de degré ≥ 2, d'après ce qui précède, ce facteur est égal à P lui même. Donc P est irréductible sur $k[X]$ ssi il ne possède pas de racine dans k.

1.c.i.— Si P n'est pas irréductible, d'après ce qui précède, il est totalement décomposé dans $k[X]$. Donc $K = k$.

1.c.ii.— Si P est irréductible et si L désigne un corps de rupture de P, alors d'après le 1.a., toutes les racines de P sont dans L. Donc $L = K$.

1.c.iii.— K est un corps de rupture de P, donc $[K : k] = d^\circ P = p$. K/k est une extension galoisienne puisque c'est le corps de décomposition du polynôme P qui est séparable, et ainsi $\sharp Gal(K/k) = [K : k] = p$. Il n'y a qu'un groupe (à isomorphisme près) de cardinal p : c'est $\mathbb{Z}/p\mathbb{Z}$. Donc K/k est cyclique et

$$Gal(K/k) \simeq \mathbb{Z}/p\mathbb{Z}$$

2.a.— Si i et j sont deux entiers dans $\{1, \cdots, p-1\}$ tels que $\alpha_i = \alpha_j$, alors $\alpha = \sigma^{i-j}(\alpha)$. Si $i \neq j$, alors $\sigma^{i-j}(\neq Id)$ est un générateur de $Gal(K/k)$ (puisque ce groupe est cyclique d'ordre premier) et par suite pour tout $\tau \in Gal(K/k)$, $\tau(\alpha) = \alpha$ ce qui est absurde puisque $\alpha \notin k$.

2.b.i.— On considère

$$\begin{vmatrix} 1 & \alpha_0 & \alpha_0^2 & \cdots & \alpha_0^{p-1} \\ 1 & \alpha_1 & \alpha_1^2 & \cdots & \alpha_1^{p-1} \\ 1 & \alpha_2 & \alpha_2^2 & \cdots & \alpha_2^{p-1} \\ \vdots & \vdots & \vdots & & \vdots \\ 1 & \alpha_{p-1} & \alpha_{p-1}^2 & \cdots & \alpha_{p-1}^{p-1} \end{vmatrix} = \prod_{0 \leq j < i \leq p-1} (\alpha_i - \alpha_j)$$

Ce déterminant est non nul, puisque d'après la question précédente les α_i sont distincts deux à deux. Maintenant en sommant toutes les lignes à la première, on a :

$$\begin{vmatrix} 1 & \alpha_0 & \alpha_0^2 & \cdots & \alpha_0^{p-1} \\ 1 & \alpha_1 & \alpha_1^2 & \cdots & \alpha_1^{p-1} \\ 1 & \alpha_2 & \alpha_2^2 & \cdots & \alpha_2^{p-1} \\ \vdots & \vdots & \vdots & & \vdots \\ 1 & \alpha_{p-1} & \alpha_{p-1}^2 & \cdots & \alpha_{p-1}^{p-1} \end{vmatrix} = \begin{vmatrix} 0 & S_1 & S_2 & \cdots & S_{p-1} \\ 1 & \alpha_1 & \alpha_1^2 & \cdots & \alpha_1^{p-1} \\ 1 & \alpha_2 & \alpha_2^2 & \cdots & \alpha_2^{p-1} \\ \vdots & \vdots & \vdots & & \vdots \\ 1 & \alpha_{p-1} & \alpha_{p-1}^2 & \cdots & \alpha_{p-1}^{p-1} \end{vmatrix} \neq 0$$

Ainsi $S_1, \cdots, S_{p-1}$ ne peuvent pas être simultanément nuls.

2.b.ii.— Il est clair que $\sigma(\alpha_i) = \alpha_{i+1}$ pour $i = 0, \cdots, p-2$ et que

$\sigma(\alpha_{p-1}) = \alpha_0$. Donc

$$\sigma(S_n) = \sigma(\sum_{i=0}^{p-1} \alpha_i^n) = \sum_{i=0}^{p-1} \sigma(\alpha_i^n) = \sum_{i=0}^{p-1} (\sigma(\alpha_i))^n = \sum_{i=0}^{p-1} \alpha_i^n = S_n$$

2.c.i.— Calculons $\sigma(\beta)$:

$$\begin{aligned}
\sigma(\beta) &= \frac{\sum_{i=1}^{p-1} i\sigma(\alpha_i)^m}{S_m} &&= \frac{\sum_{i=1}^{p-2} i\alpha_{i+1}^m + (p-1)\alpha_0^m}{S_m} \\
&= \frac{\sum_{i=2}^{p-1} (i-1)\alpha_i^m - \alpha_0^m}{S_m} &&= \frac{\sum_{i=2}^{p-1} i\alpha_i^m - \sum_{i=2}^{p-1} \alpha_i^m - \alpha_0^m}{S_m} \\
&= \frac{\sum_{i=1}^{p-1} i\alpha_i^m - \sum_{i=0}^{p-1} \alpha_i^m}{S_m} &&= \beta - 1
\end{aligned}$$

Donc, on a :

$$\sigma(\beta^p - \beta) = \sigma(\beta)^p - \sigma(\beta) = (\beta-1)^p - (\beta-1) = \beta^p - 1 - \beta + 1 = \beta^p - \beta$$

et ainsi $\beta^p - \beta \in k$, puisque σ engendre $Gal(K/k)$.

2.c.ii.— On a montré que $\sigma(\beta) \neq \beta$, donc $k(\beta)/k$ est une extension non triviale. Or $k(\beta) \subset K$ mais $[k(\beta) : k]$ est un entier ≥ 2 qui divise $p = [K : k]$ qui est premier, donc $[k(\beta) : k] = [K : k]$ et par suite $k(\beta) = K$. β est bien un élément primitif de K/k.

2.c.iii.— Soit $a = \beta^p - \beta \in k$. Le polynôme $X^p - X - a$ admet $\beta \notin k$ comme racine. Donc d'après la partie 1. $X^p - X - a$ est irréductible sur $k[X]$. Il est clair (toujours d'après la partie 1.) qu'alors $K = k(\beta)$ est le corps de décomposition de $X^p - X - a$.

3.a.— D'après ce qui précède, $P(X)$ est irréductible ssi il n'a pas de racine dans k. On a :

$$P_t(X) = t(\frac{X^p}{t} - \frac{X}{t} - a) = t(\frac{X^p}{t^p} - \frac{X}{t} - a) = tP(\frac{X}{t})$$

Ce polynôme est donc irréductible, sinon $P(\frac{X}{t})$ serait réductible et donc $P(X)$ possèderait une racine dans k.

3.b.— Soit α une racine de $P(X)$ dans $\overline{k}$. D'après ce qui précède, $D_a = k(\alpha)$.

Soit $\beta = \alpha t + c$, on a

$$Q(\beta) = P_t(t\alpha) = tP(\alpha) = 0$$

Donc β est une racine de Q et donc $D_b = k(\beta)$. Mais t et c sont dans k, donc $k(\alpha) = k(\beta)$, c'est à dire que :

$$D_a = D_b$$

3.c.— La réciproque de la question précédente s'énonce ainsi :

Si D_a et D_b sont k-isomorphes, alors il existe $t \in \mathbb{F}_p^*$ et $c \in k$ tels que

$$Q(X) = P_t(X - c)$$

Soit α et β deux éléments de $\overline{k}$ tels que $P(\alpha) = 0$ et $Q(\beta) = 0$. On sait qu'alors $D_a = k(\alpha)$ et $D_b = k(\beta)$. On suppose donc que D_a et D_b soient k-isomorphes. Soit $\varphi : D_b \to D_a$ un k-isomorphisme.

L'élément $\varphi(\beta)$ est une racine de Q contenue dans D_a. Comme la famille $(\alpha^i)_{i=0,\cdots,p-1}$ forme une base du k-espace vectoriel D_a,

$$\exists(\lambda_0, \cdots, \lambda_{p-1}) \in k^p,\ \varphi(\beta) = \lambda_0 + \lambda_1\alpha + \cdots + \lambda_{p-1}\alpha^{p-1}$$

Puisque nous sommes en caractéristique p, en élevant à la puissance p, on trouve :

$$\varphi(\beta)^p = \lambda_0^p + \lambda_1^p\alpha^p + \cdots + \lambda_{p-1}^p\alpha^{p(p-1)}$$

Maintenant comme $\alpha^p = \alpha + a$ et que $\varphi(\beta)^p - \varphi(\beta) - b = 0$, on a :

$$0 = \varphi(\beta)^p - \varphi(\beta) - b = (\lambda_0^p - \lambda_0 - b) + \sum_{i=1}^{p-1}\left(\lambda_i^p(\alpha + a)^i - \lambda_i\alpha^i\right)$$

Soit k le plus petit entier dans $\{0, \cdots, p-1\}$ tel que $\lambda_k \neq 0$ et $\forall i > k,\ \lambda_i = 0$. Un tel k existe, sinon λ_i serait nul pour tout i et donc $\varphi(\beta)$ serait égal à 0, ce qui est absurde car $Q(0) = -b \neq 0$.

Remarquons que $k \geq 1$. En effet sinon, $\varphi(\beta) = \lambda_0 \in k$ et par suite, Q n'est plus irréductible sur k, car il possède une racine dans k.

Le seul terme en α^k qui apparait dans $\sum_{i=1}^{p-1}\left(\lambda_i^p(\alpha + a)^i - \lambda_i\alpha^i\right)$ est celui pour $i = k$. Il doit être nul car les α^i forment une base de D_a. Ainsi, il vient $\lambda_k^p - \lambda_k = 0$, donc $\lambda_k \in \mathbb{F}_p$.

Si $k \geq 2$, en examinant le terme de $\sum_{i=1}^{p-1} \left(\lambda_i^p(\alpha + a)^i - \lambda_i \alpha^i\right)$ de degré $k-1$, il vient

$$\lambda_{k-1}^p - \lambda_{k-1} + k\lambda_k^p a = 0$$

Comme $\lambda_k \neq 0$, le coefficient $k\lambda_k^p a$ est non nul, donc le polynôme $X^p - X + k\lambda_k^p a = P_{-k\lambda_k^p}(X)$ est irréductible d'après la question 3.a. Il ne possède donc pas de racine dans k, ce qui est absurde, puisque $\lambda_k \in k^*$ est solution de $x^p - x + k\lambda_k^p a = 0$. Donc $k = 1$ et ainsi $\varphi(\beta) = \lambda_0 + \lambda_1 \alpha$. Maintenant comme $\lambda_1 \in \mathbb{F}_p^*$, on a :

$$\begin{aligned} b &= \varphi(\beta)^p - \varphi(\beta) \\ &= (\lambda_0 + \lambda_1\alpha)^p - (\lambda_0 + \lambda_1\alpha) \\ &= \lambda_0^p + \lambda_1^p\alpha^p - \lambda_0 - \lambda_1\alpha \\ &= \lambda_1(\alpha^p - \alpha) + \lambda_0^p - \lambda_0 \\ &= \lambda_1 a + \lambda_0^p - \lambda_0 \end{aligned}$$

Donc, en prenant $c = \lambda_0 \in k$ et $t = \lambda_1 \in \mathbb{F}_p^*$, on obtient

$$Q(X) = P_t(X - c)$$

Problème 8.— $\mathbb{C}$ est algébriquement clos.

L'objet de ce problème est de montrer que le corps de nombres complexes $\mathbb{C}$ est algébriquement clos. On regarde $\mathbb{C}$ comme le corps de rupture du polynôme X^2+1 sur $\mathbb{R}$, on a alors $\mathbb{C} = \dfrac{\mathbb{R}[X]}{(X^2+1)} = \mathbb{R}(\sqrt{-1})$.

Pour ce faire, nous aurons besoin d'un théorème de Sylow sur les groupes finis, que nous rappelons ici sans démonstration : Soit G un groupe fini et p un nombre premier divisant $\sharp G$. Si $\sharp G = p^n s$ avec s et p premiers entre eux, alors pour tout entier $i = 1, \cdots, n$, il existe un sous-groupe de G d'ordre p^i.

1.— *On établit quelques propriétés élémentaires sur les extensions de $\mathbb{R}$ et de $\mathbb{C}$.*

1.a.— *Montrer, en utilisant l'analyse réelle, que tout polynôme réel de degré impair admet au moins une racine sur $\mathbb{R}$. En déduire qu'il n'existe pas d'extension de degré impair de $\mathbb{R}$ (hormis bien sûr $\mathbb{R}$ lui-même).*

1.b.— *Montrer que tout nombre complexe est le carré d'un nombre complexe. En déduire que $\mathbb{C}$ n'admet pas d'extension de degré 2.*

2.— *Soit $P(X) = a_n X^n + \cdots + a_0 \in \mathbb{C}[X]$ un polynôme. On veut prouver que P est totalement décomposé dans $\mathbb{C}[X]$. Pour ce faire, on pose $\overline{P}(X) = \overline{a_n} X^n + \cdots + \overline{a_0}$ (le polynôme conjugué de P) et $Q(X) = (X^2+1)P(X)\overline{P}(X)$.*

2.a.— *Montrer que $Q(X) \in \mathbb{R}[X]$.*

2.b.— *On note D le corps de décomposition sur $\mathbb{R}$ de Q. Montrer que $D/\mathbb{R}$ est galoisienne. Soit $G = Gal(D/\mathbb{R})$ et deux entiers n et m tels que m soit impair et tels que $\sharp G = 2^n m$. Montrer que $n \geq 1$.*

2.c.— *En utilisant le théorème de Sylow et la question 1.a., montrer que $m = 1$.*

2.d.— *En utilisant à nouveau le théorème de Sylow et la question 1.b., montrer que $n = 1$. Prouver alors que $D = \mathbb{C}$ et conclure.*

3.— *Soit K un corps de caractéristique nulle. Montrer que les deux propositions suivantes sont équivalentes :*

i) $\overline{K} = K(\sqrt{-1})$.

ii) Tout polynôme de degré impair de $K[X]$ *admet une racine dans* K *et tout élément de* $K(\sqrt{-1})$ *a une racine carrée dans* $K(\sqrt{-1})$.

Solution du problème.

1.a.— Soit P un polynôme à coefficients réels de degré impair. Quitte à diviser par le terme dominant, on peut supposer P normalisé. Soit f la fonction polynomiale associée. f est évidemment continue. De plus le terme dominant de cette fonction au voisinage des infinis est de la forme x^{2k+1}. Par conséquent, on a

$$\lim_{x \to +\infty} f(x) = +\infty \ et \ \lim_{x \to -\infty} f(x) = -\infty$$

Il s'ensuit que $f(\mathbb{R})$ n'est une partie bornée ni inférieurement ni supérieurement. D'après le théorème des valeurs intermédiaires, $f(\mathbb{R})$ est un intervalle. Celui-ci n'étant pas borné, il est forcément égal à $\mathbb{R}$. Par conséquent, f est surjective et il existe donc $\alpha \in \mathbb{R}$ tel que $f(\alpha) = 0$.

S'il existait une extension $L/\mathbb{R}$ de degré impair m, alors comme $\mathbb{R}$ est de caractéristique 0, l'extension serait séparable et donc admettrait un élément primitif α. Le polynôme minimal de α serait irréductible sur $\mathbb{R}[X]$ et de degré impair (égal à $[L : \mathbb{R}]$), ce qui n'est possible que si ce degré m vaut 1, d'après ce qui précède, et donc dans ce cas $L = \mathbb{R}$.

1.b.— On sait déjà que tout nombre réel positif admet une racine carrée dans $\mathbb{R}$. Ceci provient uniquement de la propriété topologique (indépendante du fait que $\mathbb{C}$ est algébriquement clos) suivante : *Toute partie non vide et majorée de* $\mathbb{R}$ *admet une borne supérieure.*

En effet soit α un réel positif. Considérons $P = \{x \in \mathbb{R}^+ \ / \ x^2 \leq \alpha\}$. P est non vide et majorée (par $Sup(1, \alpha)$ par exemple), il est alors facile de voir que la borne supérieure β de P vérifie $\beta^2 = \alpha$.

Soit $z = a + ib \in \mathbb{C}$ avec $(a, b) \in \mathbb{R}^2$ et $b \neq 0$. Considérons $z' = \alpha + i\beta$ avec

$$\alpha = \sqrt{\frac{a + \sqrt{a^2 + b^2}}{2}} \in \mathbb{R}, \ \beta = \frac{b}{\sqrt{2(a + \sqrt{a^2 + b^2})}} \in \mathbb{R}$$

On vérifie sans peine que $z'^2 = z$. Ainsi tout complexe non réel admet une racine carrée dans $\mathbb{C}$. Si $z \in \mathbb{R}$, alors si $z \geq 0$ nous avons vu que z admet une racine carrée dans $\mathbb{R}$ donc dans $\mathbb{C}$, si $z < 0$ alors $i\sqrt{-z}$ est une racine carrée de z dans $\mathbb{C}$.

Soit $L/\mathbb{C}$ une extension de degré 2. Comme $\mathbb{C}$ est de caractéristique 0, l'extension est séparable donc monogène. Soit $\alpha \in L$ tel que $L = \mathbb{C}(\alpha)$. Le polynôme minimal de α sur $\mathbb{C}$ est de la forme $X^2 + aX + b$ avec

$(a, b) \in \mathbb{C}$. Considérons $\beta = \alpha + \frac{a}{2}$. Il est clair que $L = \mathbb{C}(\beta)$, mais le polynôme minimal de β est alors $X^2 + (b - \frac{a^2}{4})$. Ceci n'est pas possible car d'après ce qui précède, ce polynôme n'est pas irréductible sur $\mathbb{C}$.

2.a.— Regardons le polynôme conjugué de Q :

$$\begin{aligned} \overline{Q}(X) &= \overline{(X^2+1)P(X)\overline{P}(X)} \\ &= \overline{(X^2+1)}\overline{P}(X)\overline{\overline{P}}(X) \\ &= (X^2+1)\overline{P}(X)P(X) \\ &= Q(X) \end{aligned}$$

donc $Q(X) \in \mathbb{R}[X]$.

2.b.— L'extension $D/\mathbb{R}$ est normale puisque D est le corps de décomposition d'un polynôme. $\mathbb{R}$ est de caractéristique 0, donc $D/\mathbb{R}$ est séparable et donc galoisienne.

Il est clair que $\mathbb{C} \subset D$, puisque $\sqrt{-1}$ est dans D, donc $D/\mathbb{R}$ est une extension de degré pair et $n \geq 1$.

2.c.— D'après le théorème de Sylow, il existe un sous-groupe $H \subset G$ de cardinal 2^n. Soit $N = D^H$ le sous-corps de D laissé fixe par H. La théorie de Galois affirme que D/N est galoisienne, par conséquent :

$$[D : N] = \sharp Gal(D/N) = \sharp H = 2^n$$

et donc $[N : \mathbb{R}] = m$.

D'après la question 1.a. comme m est impair, on a $m = 1$.

2.d.— Donc $\sharp G = 2^n$. L'extension $D/\mathbb{R}$ étant galoisienne, $D/\mathbb{C}$ est aussi galoisienne (rappelons que $\mathbb{C} \subset D$) et $[D : \mathbb{C}] = 2^{n-1}$. Soit $G' = Gal(D/\mathbb{C})$, on a $\sharp G' = 2^{n-1}$.

Supposons que $n \geq 2$, alors d'après le théorème de Sylow il existe un sous-groupe $H' \subset G'$ tel que $\sharp H' = 2^{n-2}$. Soit $N' = D^{H'}$ le sous-corps de D laissé fixe par H'. L'extension D/N' est galoisienne (puisque $D/\mathbb{C}$ est galoisienne et que $\mathbb{C} \subset N'$) et

$$[D : N'] = \sharp Gal(D/N') = \sharp H' = 2^{n-2}$$

Ainsi $[N' : \mathbb{C}] = 2$, ce qui est impossible d'après 1.b. Donc $n = 1$ et $[D : \mathbb{R}] = 2$, ainsi $D = \mathbb{C}$ et par conséquent, Q (et donc P) est totalement décomposé dans $\mathbb{C}$. $\mathbb{C}$ est bien algébriquement clos.

3.— L'implication $ii) \Longrightarrow i)$ se démontre avec les même arguments que nous venons d'utiliser pour prouver que $\mathbb{C}$ est algébriquement clos. En effet, nous n'avons utilisé comme seules propriétés que les faits que $\mathbb{R}$ n'a pas d'extension de degré impair et que dans $\mathbb{C}$ tout nombre a une racine carrée.

Pour l'implication $i) \Longrightarrow ii)$ notons que $K(\sqrt{-1})$ étant algébriquement clos il n'a pas d'extension algébrique stricte, donc le polynôme $X^2 - \alpha$ est toujours décomposé dans $K(\sqrt{-1})$ et α a donc une racine carrée dans $K(\sqrt{-1})$.

Si K est algébriquement clos, le résultat est trivial : tout polynôme de degré impair sur K admet une racine dans K.

Si K n'est pas algébriquement clos, alors le polynôme $X^2 + 1$ est visiblement irréductible et séparable (nous sommes en caractéristique 0). L'extension $K(\sqrt{-1})/K$ est galoisienne, son groupe de Galois est isomorphe à $\mathbb{Z}/2\mathbb{Z}$.

Notons c l'élément non trivial de $Gal(K(\sqrt{-1})/K)$ et prenons un polynôme $P(X) \in K[X]$ de degré impair. Soit α une racine de P dans $K(\sqrt{-1})$, alors $c(\alpha)$ est aussi racine de P. Si $\alpha \notin K$, alors α et $c(\alpha)$ sont distincts. Il s'ensuit que le nombre de racines du polynôme P qui sont dans $K(\sqrt{-1})$ et pas dans K, est pair.

Comme il y a un nombre impair de racines de P dans $K(\sqrt{-1})$, il y en a forcément une dans K.

Problème 9.— Corps pythagoriciens.

Un corps commutatif K est dit pythagoricien si et seulement si :

$$\forall (x,y) \in K \times K,\ \exists z \in K \ tq\ z^2 = x^2 + y^2$$

1.— *Quelques exemples.*

1.a.— *Montrer qu'un corps commutatif K est pythagoricien si et seulement si toute somme de carrés de K est encore un carré dans K.*

1.b.— *Montrer que tout corps algébriquement clos et que tout corps de caractéristique 2 est pythagoricien.*

1.c.i.— *Montrer que le corps $\mathbb{Q}(\sqrt{p_1}, \cdots, \sqrt{p_n}, \cdots)$ où $(p_n)_n$ est la suite des nombres premiers, est de degré infini sur $\mathbb{Q}$.*

1.c.ii.— *En déduire que $\mathbb{Q}$ et de manière générale qu'aucun corps de nombres (extensions finies de $\mathbb{Q}$) n'est pythagoricien.*

2.— *Clôture pythagoricienne.*

2.a.— *Soient K et L deux corps isomorphes. Montrer que K est pythagoricien si et seulement si L l'est aussi.*

2.b.— *Soit I un ensemble d'indices et K un corps commutatif. Pour $i \in I$, K_i désigne un corps pythagoricien extension algébrique de K. Montrer que le corps $L = \bigcap_{i \in I} K_i$ est un corps pythagoricien, extension algébrique de K.*

2.c.— *En déduire qui si K est un corps commutatif, parmi les extensions algébriques pythagoriciennes de K il en existe une plus petite (pour l'inclusion) notée K^{pyth} et appelée clôture pythagoricienne de K.*

2.d.— *Quels sont les corps K tels que $K = K^{pyth}$?*

2.e.— *Soit K un corps commutatif. On considère la suite de corps $(K_n)_n$ définie par :*

$$K_0 = K,\ \forall n \geq 0\ K_{n+1} = K_n(\sqrt{1+\alpha^2})_{(\alpha \in K_n)}$$

(K_{n+1} est le corps engendré dans $\overline{K}$ par K_n et les éléments $\sqrt{1+\alpha^2}$ où α parcourt K_n.)
Montrer que $K^{pyth} = \bigcup_{n\in\mathbb{N}} K_n$.

2.f.— *Montrer que pour tout $n \in \mathbb{N}$, l'extension K_{n+1}/K_n est séparable. En déduire que K^{pyth}/K est séparable.*

2.g.— *Prouver alors que K^{pyth}/K est galoisienne.*

3.— *Sous-corps d'un corps pythagoricien.*

3.a.— *Soit L/K une extension algébrique séparable telle que L soit pythagoricien. Soit M un corps tel que $K \subset M \subset L$ et $[L : M] < +\infty$. On veut prouver que M est aussi pythagoricien. On suppose qu'il n'en est pas ainsi.*

3.a.i.— *Montrer qu'il existe un corps E_1 non pythagoricien et un corps E_2 pythagoricien tels que $M \subseteq E_1 \subset E_2 \subseteq L$ ($\subset$ désigne ici une inclusion stricte) et tels qu'il n'existe aucun corps intermédiaire entre E_1 et E_2.*

3.a.ii.— *E_1 n'étant pas pythagoricien, il existe a et b dans E_1 tels que $a^2 + b^2$ ne soit pas un carré dans E_1. On pose alors $\alpha = \dfrac{a^2}{b^2} + 1$ (qui n'est pas un carré dans E_1) et $\gamma = \sqrt{\alpha + \sqrt{\alpha}} \in \overline{K}$.*

Quels sont les conjugués de γ dans $\overline{K}$? Montrer que l'extension $E_1(\gamma)/E_1$ est galoisienne de degré 4 et déterminer $Gal(E_1(\gamma)/E_1)$.

3.a.iii.— *Montrer que $E_1(\gamma) \subset E_2$ (on pourra tenter d'écrire γ comme racine carrée d'une somme de carrés d'éléments de E_2). Conclure.*

3.b.— *Déduire de la question précédente que si L est un corps pythagoricien et que K est un sous-corps de L avec $[L : K] < +\infty$, alors K est pythagoricien.*

3.c.— *Prouver alors que si K est un corps non pythagoricien, alors l'extension K^{pyth}/K est infinie et que si L désigne un corps tel que $K \subset L \subset K^{pyth}$ et $[K^{pyth} : L] < +\infty$ alors $L = K^{pyth}$ (K^{pyth}/K ne possède aucune sous-extension finie et stricte).*

3.d.— *En déduire que si M est un corps inclus dans $\mathbb{Q}^{pyth}$ tel que $[\mathbb{Q}^{pyth} : M] < +\infty$ alors $M = \mathbb{Q}^{pyth}$ ($\mathbb{Q}^{pyth}$ ne possède aucun sous corps strict de degré fini).*

4.— *On veut prouver dans cette partie un théorème de caractérisation des corps pythagoriciens dû à Diller et Dress :*

Théorème.— *Soit K un corps commutatif tel que -1 ne soit pas un carré dans K. Les propositions suivantes sont équivalentes :*

i) K est pythagoricien.

ii) K ne possède pas d'extension cyclique de degré 4.

iii) K ne possède pas d'extension cyclique de degré 2^n avec $n \geq 2$.

4.a.— *Prouver que ii) $\Longleftrightarrow$ iii).*

4.b.— *Pour prouver i) $\Longrightarrow$ ii) on raisonne par l'absurde en supposant l'existence d'une extension E/K cyclique d'ordre 4.*

4.b.i.— *Montrer qu'il existe un unique corps L tel que $K \subset L \subset E$ (les inclusions sont strictes). En déduire qu'il existe a, b, c trois éléments de K tels que a ne soit pas un carré dans K et tels que $L = K(\sqrt{a})$ et $E = K(\sqrt{b + c\sqrt{a}})$.*

4.b.ii.— *Soit σ un générateur de $G = Gal(E/K)$. Expliciter $H = Gal(E/L)$ grâce à σ. Soit $e = \sqrt{b + c\sqrt{a}}$. Montrer que $e.\sigma(e) \in L$.*

4.b.iii.— *Si L^2 désigne l'ensemble des carrés de L, K^2 l'ensemble des carrés de K et aK^2 l'ensemble des éléments de la forme ax^2 avec $x \in K$, montrer que $K \cap L^2 = K^2 \cup aK^2$.*

4.b.iv.— *Prouver que $(e.\sigma(e))^2 \in K \cap L^2 = K^2 \cup aK^2$. Montrer d'autre part que $(e.\sigma(e))^2 \notin K^2$ et que $(e.\sigma(e))^2 \notin aK^2$ (on pourra commencer, pour prouver cette dernière propriété, par calculer explicitement $(e.\sigma(e))^2$ en fonction de a, b et c). Conclure.*

4.c.— *Pour prouver ii) $\Longrightarrow$ i) on raisonnera par l'absurde en supposant qu'il existe $a \in K$ tel que $b = 1 + a^2$ ne soit pas un carré dans K et en considérant le corps $L = K(\sqrt{b + \sqrt{b}})$.*

Solution du problème.

1.a.— Cette propriété s'obtient par récurrence sur le nombre d'éléments de la somme : si n désigne un entier non nul regardons la propriété $\mathcal{P}_n$ suivante :

$$\forall(x_1,\cdots,x_n)\in K^n,\ \exists x\in K\ /\ x_1^2+\cdots+x_n^2=x^2$$

$\mathcal{P}_1$ est trivialement vraie, $\mathcal{P}_2$ est la définition même d'un corps pythagoricien. Supposons $\mathcal{P}_n$ pour $n>0$ donné.

Soit alors $(x_1,\cdots,x_{n+1})\in K^{n+1}$, par hypothèse de récurrence, il existe $x\in K$ tel que $x_1^2+\cdots+x_n^2=x^2$, donc $x_1^2+\cdots+x_{n+1}^2=x^2+x_{n+1}^2$, comme K est pythagoricien cette somme de deux carrés est encore un carré dans K.

1.b.— Si K est algébriquement clos et si a et b sont dans K, alors le polynôme $X^2-a^2-b^2$ admet une racine $\alpha\in K$. donc $\alpha^2=a^2+b^2$. Dans un corps K de caractéristique 2, on a toujours $(a+b)^2=a^2+b^2$.

1.c.i.— Soient p et q deux nombres premiers distincts, on a $\mathbb{Q}(\sqrt{p})\neq\mathbb{Q}(\sqrt{q})$. En effet, sinon il existe deux rationnels a et b tel que $\sqrt{q}=a+b\sqrt{p}$ et en élevant au carré, on a :

$$q=a^2+pb^2+2ab\sqrt{p}$$

Dans ces conditions $ab=0$ sinon $\sqrt{p}\in\mathbb{Q}$ ce qui est absurde. Alors, soit $\sqrt{q}=a\in\mathbb{Q}$ ce qui est absurde, soit $\sqrt{q}=b\sqrt{p}$ ce qui est absurde aussi puisque sinon on aurait $\dfrac{q}{p}=b^2$ et la valuation p-adique de b^2 serait 1 alors qu'elle est nécessairement paire.

Une fois établi ce fait, suposons que $K=\mathbb{Q}(\sqrt{p_1},\sqrt{p_2},\cdots,\sqrt{p_n},\cdots)$ soit de dimension finie sur $\mathbb{Q}$. Alors les extensions $\mathbb{Q}(\sqrt{p_n})/\mathbb{Q}$ constituent une famille infinie d'extensions intermédiaires deux à deux distinctes de l'extension $K/\mathbb{Q}$, ce qui est impossible puisque K est de caractéristique 0 et par suite $K/\mathbb{Q}$ est séparable et donc monogène (voir le problème "finitude des sous-extensions").

1.c.ii.— $\mathbb{Q}$ n'est pas pythagoricien car $1^2+1^2=2$ n'est pas un carré dans $\mathbb{Q}$.

Soit K un corps de nombres. Il existe un nombre premier p tel que $\sqrt{p}\notin K$. En effet sinon K contiendrait le corps $\mathbb{Q}(\sqrt{2},\sqrt{3},\cdots,\sqrt{p},\cdots)$

qui est de dimension infinie sur $\mathbb{Q}$, d'après ce qui précède. Donc $1^2 + \cdots + 1^2$ (p fois) n'est pas un carré dans K.

2.a.— Soit $\sigma : K \to L$ un isomorphisme de corps. Supposons que L soit pythagoricien. Soit x et y deux éléments de K, $\sigma(x^2+y^2) = \sigma^2(x)+\sigma^2(y)$. Comme L est pythagoricien, il existe $z \in L$ tel que $z^2 = \sigma^2(x) + \sigma^2(y)$. Alors $z' = \sigma^{-1}(z)$ est tel que $z'^2 = x^2 + y^2$. Donc K est pythagoricien.

2.b.— Il est déja clair que L est une extension algébrique de K. Soit x et y deux éléments de L. Donc pour tout $i \in I$, x et y sont des éléments de K_i. Maintenant K_i est pythagoricien, donc les deux éléments $\pm\sqrt{x^2+y^2} \in \overline{K}$ sont dans K_i pour tout $i \in I$, donc dans L. Donc L est pythagoricien.

2.c.— L'ensemble des extensions algébriques pythagoriciennes de K n'est pas vide car $\overline{K}$ y appartient. Soit $(K_i)_i$ l'ensemble des ces extensions. $L = \bigcap_i K_i$ est pythagoricien et est inclus dans chaque K_i donc est le plus petit corps pythagoricien contenant K.

2.d.— Il est clair que $K = K^{pyth}$ ssi K est déjà pythagoricien.

2.e.— Posons $L = \bigcup_{n\in\mathbb{N}} K_n$ et montrons que L est pythagoricien.

Soient x et y deux éléments de L ($x \neq 0$), alors il existe $n \in \mathbb{N}$ tel que x et y soient dans K_n, donc

$$x\sqrt{1+\frac{y^2}{x^2}} \in K_{n+1} \subset L$$

et donc $x^2 + y^2$ est un carré dans L. L est une extension algébrique et pythagoricienne de K, donc $K^{pyth} \subset L$.

On va maintenant montrer par récurrence que

$$\forall n \in \mathbb{N},\ K_n \subset K^{pyth}$$

l'inclusion $L \subset K^{pyth}$ en découlera. $K_0 \subset K^{pyth}$, supposons que pour $n \geq 0$, $K_n \subset K^{pyth}$, alors pour $\alpha \in K_n$, $\sqrt{1^2+\alpha^2} \in K^{pyth}$ puisque K^{pyth} est pythagoricien. Donc $K_{n+1} \subset K^{pyth}$.

2.f.— Remarquons tout d'abord que si K est de caractéristique 2, alors

$$\forall n \in \mathbb{N},\ K = K_n = K^{pyth}$$

donc les extensions étant triviales, elles sont toujours séparables. On suppose maintenant que K n'est pas de caractéristique 2. Si $\alpha \in K_n$ et que $\sqrt{1+\alpha^2} \notin K_n$ alors le conjugué de $\sqrt{1+\alpha^2}$ sur K_n est $-\sqrt{1+\alpha^2}$ et

$$\sqrt{1+\alpha^2} \neq -\sqrt{1+\alpha^2}$$

car K_n est de caractéristique différente de 2. Donc $\sqrt{1+\alpha^2}$ est séparable et par suite K_{n+1}/K_n est séparable.

Par transitivité de la séparabilité, on en déduit que K_n/K est séparable pour tout $n \in \mathbb{N}$. Maintenant, si $x \in K^{pyth}$, alors il existe $n \in \mathbb{N}$ tel que $x \in K_n$, mais K_n/K est séparable, donc x est séparable. Donc K^{pyth}/K est séparable.

2.g.— En vertu de ce qui précède, il suffit de prouver que K^{pyth}/K est normale, c'est à dire que pour tout K-isomorphisme σ, on a $\sigma(K^{pyth}) \subset K^{pyth}$.

D'après la question 2.a., $\sigma^{-1}(K^{pyth})$ est pythagoricien, mais K^{pyth} étant le plus petit corps pythagoricien contenant K, on en déduit que

$$K^{pyth} \subset \sigma^{-1}(K^{pyth})$$

Donc $\sigma(K^{pyth}) \subset K^{pyth}$.

3.a.i.— L'extension L/M est séparable donc il n'existe qu'un nombre fini de corps intermédiaires entre M et L (voir le problème sur la finitude des sous-extensions).

Considérons alors une suite finie de corps

$$M_0 = M \subset M_1 \subset \cdots \subset M_n = L$$

telle qu'il n'existe aucun corps entre M_i et M_{i+1} pour tout $i = 0, \cdots, n-1$. Soit i le plus grand entier compris entre 0 et $n-1$ tel que M_i ne soit pas pythagoricien. On pose alors $E_1 = M_i$ et $E_2 = M_{i+1}$, ces corps vérifient les conditions demandées dans l'énoncé.

3.a.ii.— γ est racine du polynôme

$$P(X) = X^4 - 2\alpha X^2 + (\alpha^2 - \alpha)$$

Les racines de ce polynôme sont :

$$\sqrt{\alpha + \sqrt{\alpha}}, -\sqrt{\alpha + \sqrt{\alpha}}, \sqrt{\alpha - \sqrt{\alpha}}, -\sqrt{\alpha - \sqrt{\alpha}}$$

Montrons que P est irréductible sur $E_1[X]$:

P n'a déjà pas de racine dans E_1 car $\sqrt{\alpha} \notin E_1$. Si P est réductible, alors il est produit de deux polynômes de degré 2, mais comme dans $\overline{K}$ on a

$$P(X) = (X-\sqrt{\alpha+\sqrt{\alpha}})(X+\sqrt{\alpha+\sqrt{\alpha}})(X-\sqrt{\alpha-\sqrt{\alpha}})(X+\sqrt{\alpha-\sqrt{\alpha}})$$

alors un des trois polynômes suivants

$$\begin{array}{rcl} P_1(X) & = & (X-\sqrt{\alpha+\sqrt{\alpha}})(X+\sqrt{\alpha+\sqrt{\alpha}}) \\ & = & X^2-\alpha-\sqrt{\alpha} \\ P_2(X) & = & (X-\sqrt{\alpha+\sqrt{\alpha}})(X-\sqrt{\alpha-\sqrt{\alpha}}) \\ & = & X^2-(\sqrt{\alpha+\sqrt{\alpha}}+\sqrt{\alpha-\sqrt{\alpha}})X+\frac{a}{b}\sqrt{\alpha} \\ P_3(X) & = & (X-\sqrt{\alpha+\sqrt{\alpha}})(X+\sqrt{\alpha-\sqrt{\alpha}}) \\ & = & X^2-(\sqrt{\alpha+\sqrt{\alpha}}-\sqrt{\alpha-\sqrt{\alpha}})X-\frac{a}{b}\sqrt{\alpha} \end{array}$$

est à coefficients dans E_1, ce qui est impossible car $\sqrt{\alpha} \notin E_1$. Ainsi P n'est pas réductible dans $E_1[X]$.

Donc P est le polynôme minimal de γ sur E_1 et

$$\gamma_0 = \sqrt{\alpha+\sqrt{\alpha}}, \gamma_1 = -\sqrt{\alpha+\sqrt{\alpha}}, \gamma_2 = \sqrt{\alpha-\sqrt{\alpha}}, \gamma_3 = -\sqrt{\alpha-\sqrt{\alpha}}$$

sont les conjugués de γ.

Il est clair que γ_0 et γ_1 sont dans $E_1(\gamma)$. Il suffit de remarquer que

$$\gamma_2 = \frac{a}{b}\frac{\sqrt{\alpha}}{\sqrt{\alpha+\sqrt{\alpha}}}$$

pour conclure que γ_2 et γ_3 sont dans $E_1(\gamma)$ et par conséquent que $E_1(\gamma)/E_1$ est une extension normale. Comme elle est séparable, par hypothèse, elle est bien galoisienne.

$Gal(E_1(\gamma)/E_1)$ est d'ordre 4, il est donc commutatif et isomorphe soit à $\mathbb{Z}/4\mathbb{Z}$ soit à $\mathbb{Z}/2\mathbb{Z} \times \mathbb{Z}/2\mathbb{Z}$.

Soit $\sigma \in Gal(E_1(\gamma)/E_1)$ tel que $\sigma(\gamma) = \gamma_2$. On a alors

$$\begin{array}{rcl} \sigma(\gamma) = \gamma_2 & \Longrightarrow & \sigma(\gamma^2) = \gamma_2^2 \\ & \Longrightarrow & \sigma(\alpha+\sqrt{\alpha}) = \frac{a^2}{b^2}\frac{\alpha}{\alpha+\sqrt{\alpha}} \\ & \Longrightarrow & \alpha+\sigma(\sqrt{\alpha}) = \frac{a^2}{b^2}\frac{\alpha(\alpha-\sqrt{\alpha})}{\alpha^2-\alpha} \\ & \Longrightarrow & \alpha+\sigma(\sqrt{\alpha}) = \alpha-\sqrt{\alpha} \\ & \Longrightarrow & \sigma(\sqrt{\alpha}) = -\sqrt{\alpha} \end{array}$$

et donc :

$$\sigma^2(\gamma_0) = \sigma(\gamma_2) = -\frac{a}{b}\frac{\sqrt{\alpha}}{\sigma(\gamma_0)} = -\frac{a}{b}\frac{\sqrt{\alpha}}{\gamma_2} = -\gamma_0$$

Ainsi σ n'est pas d'ordre 2, il est donc d'ordre 4 et $Gal(E_1(\gamma)/E_1)$ est cyclique. On a ainsi :

$$Gal(E_1(\gamma)/E_1) \simeq \mathbb{Z}/4\mathbb{Z}$$

3.a.iii.— On a

$$\gamma = \frac{1}{2}\sqrt{\frac{a^2}{b^2} + \left(1 + \sqrt{1 + \frac{a^2}{b^2}}\right)^2}\sqrt{1^2 + 1^2}$$

γ est donc le produit de deux racines carrées de deux sommes de carrés d'éléments de E_2. Comme E_2 est pythagoricien, $\gamma \in E_2$.

$E_1(\gamma)/E_1$ est une extension cyclique de degré 4, il existe donc un corps D tel que $E_1 \subset D \subset E_2$ (les inclusions sont strictes). D est le sous-corps de $E_1(\gamma)$ laissé fixe par le sous-groupe d'ordre 2 de $Gal(E_1(\gamma)/E_1)$ (ainsi on a $[D : E_1] = [E_1(\gamma) : D] = 2$).

Par conséquent il existe un corps compris strictement entre E_1 et E_2, ce qui est absurde par hypothèse. Donc M est pythagoricien.

3.b.— On ne suppose plus ici que l'extension L/K soit séparable. Dans ces conditions on considère la clôture pythagoricienne K^{pyth}de K.

K^{pyth} est un sous-corps de L car L est pythagoricien. K^{pyth} contient K donc $[K^{pyth} : K] < +\infty$ et d'après le 2.f. K^{pyth}/K est séparable. On peut donc appliquer le résultat de la partie 3.a. à l'extension K^{pyth}/K pour assurer que K est bien pythagoricien.

3.c.— Si K^{pyth}/K était finie, alors d'après ce qui précède, K serait pythagoricien ce qui est absurde par hypothèse. Si $K \subset L \subset K^{pyth}$ et que $[K^{pyth} : L] < +\infty$ alors L est pythagoricien, mais comme K^{pyth} est le plus petit corps pythagoricien contenant K il s'ensuit que $L = K^{pyth}$.

3.d.— Un sous-corps de $\mathbb{Q}^{pyth}$ est nécessairement une extension algébrique de $\mathbb{Q}$. On applique alors la question précédente.

4.a.— Remarquons pour commencer que puisque -1 n'est pas un carré dans K, alors K est de caractéristique différente de 2.
iii) implique évidemment ii). Supposons réciproquement qu'il existe $n > 1$ et E/K une extension cyclique de degré 2^n. Alors

$$Gal(E/K) \simeq \mathbb{Z}/2^n\mathbb{Z}$$

or $\mathbb{Z}/2^{n-2}\mathbb{Z}$ est un sous-groupe distingué de $\mathbb{Z}/2^n\mathbb{Z}$. Soit F le sous-corps de E laissé fixe par ce sous-groupe. La théorie de Galois assure que F/K est galoisienne et que $Gal(F/K) \simeq \mathbb{Z}/4\mathbb{Z}$, ce qui est contraire au ii).

4.b.i.— L'extension E/K est galoisienne finie par hypothèse. La théorie de Galois affirme alors que les extensions intermédiaires strictes de E/K correspondent aux sous-groupes stricts de $Gal(E/K)$. Or $\mathbb{Z}/4\mathbb{Z} = Gal(E/K)$ n'a qu'un seul sous-groupe strict, il est isomorphe à $\mathbb{Z}/2\mathbb{Z}$, donc le sous-corps L qui correspond à ce sous-groupe est tel que $[E : L] = [L : K] = 2$. Les extensions E/L et L/K sont galoisiennes et

$$Gal(L/K) \simeq Gal(E/L) \simeq \mathbb{Z}/2\mathbb{Z}$$

Soit α un élément primitif de L/K, il est d'ordre 2. Soit

$$P(X) = X^2 + \lambda X + \mu$$

son polynôme minimal. On factorise P sous la forme

$$\left(X + \frac{\lambda}{2}\right)^2 + \left(\mu - \frac{\lambda^2}{4}\right)$$

et on pose

$$\beta = \alpha + \frac{\lambda}{2}, \ a = \frac{\lambda^2}{4} - \mu$$

a n'est pas un carré dans K, sinon $\beta \in K$ et par suite $\alpha \in K$. On a alors $L = K(\alpha) = K(\beta) = K(\sqrt{a})$.

Le même raisonnement que précédemment, montre qu'il existe $\gamma \in L$ qui n'est pas un carré dans L tel que $E = L(\sqrt{\gamma})$. Maintenant, comme $\gamma \in L$ et que $\sqrt{a}$ engendre L sur K, il existe b et c dans K tel que $\gamma = b + c\sqrt{a}$.

4.b.ii.— Si σ est un générateur de G, alors $\sigma^2 \neq 1$ et σ^2 est d'ordre 2. Donc $H = \{1, \sigma^2\}$. L est le sous-corps de E laissé invariant par H, donc par σ^2.

On a $\sigma^2(e.\sigma(e)) = \sigma^2(e).\sigma^3(e)$. On a $\sigma^2(e) = -e$ car $-e$ est le conjugué de e dans E/L, donc $\sigma^2(e.\sigma(e)) = -e.\sigma(-e) = e.\sigma(e)$. Ainsi $e.\sigma(e) \in L$

4.b.iii.— Il est clair que K^2 et aK^2 sont inclus dans K. Maintenant $K^2 \subset L^2$ et comme a est un carré dans L, $aK^2 \subset L^2$. Ainsi on a

$$K^2 \cup aK^2 \subset K \cap L^2$$

Réciproquement, les carrés de L sont de la forme $x = (u + v\sqrt{a})^2$ avec u et v dans K. Or $(u + v\sqrt{a})^2 = u^2 + av^2 + 2uv\sqrt{a}$, donc $x = (u + v\sqrt{a})^2 \in K$ ssi $uv = 0$ c'est à dire ssi $x = u^2$ ou $x = av^2$. Donc $x \in K^2 \cup aK^2$ et par suite,

$$K \cap L^2 \subset K^2 \cup aK^2$$

4.b.iv.— On a montré que $e.\sigma(e) \in L$, donc $z = (e.\sigma(e))^2 \in L^2$. Maintenant, $\sigma(z) = (\sigma(e\sigma(e)))^2 = (\sigma(e).\sigma^2(e))^2 = (-e.\sigma(e))^2 = z$. Comme σ génère G, on en déduit que pour tout $\varphi \in G$, $\varphi(z) = z$ et donc $z \in K$. Donc

$$(e.\sigma(e))^2 \in K \cap L^2 = K^2 \cup aK^2$$

Supposons que $(e.\sigma(e))^2 \in K^2$, alors $e.\sigma(e) \in K$. Mais $\sigma(e.\sigma(e)) = -e.\sigma(e)$ donc $e.\sigma(e) \notin K$, ce qui est absurde.

Supposons que $(e.\sigma(e))^2 \in aK^2$. On a $\sigma(\sqrt{a}) = -\sqrt{a}$ (sinon $\sigma(\sqrt{a}) = \sqrt{a}$ et donc $\sqrt{a} \in K$ ce qui est absurde), donc

$$(e.\sigma(e))^2 = e^2.\sigma(e^2) = (b + c\sqrt{a})(b - c\sqrt{a}) = b^2 - ac^2$$

Il existe donc $x \in K$ tel que $b^2 - ac^2 = ax^2$. Il est clair que $c^2 + x^2 \neq 0$ (sinon -1 serait un carré dans K ce qui est absurde par hypothèse), donc

$$a = \frac{b^2}{c^2 + x^2} \in K^2$$

(car K est supposé pythagoricien, donc $c^2 + x^2 \in K^2$) ce qui est absurde par hypothèse sur a.

Donc $(e.\sigma(e))^2 \notin K \cap L^2 = K^2 \cup aK^2$ ce qui est contraire à ce que l'on a démontré précédemment, donc l'extension E/K n'existe pas : il n'y a pas d'extension cyclique de degré 4 de K.

4.c.— Exactement comme dans le 3.1.ii. on prouve que L/K est une extension cyclique de degré 4, ce qui est absurde par hypothèse. Donc K est pythagoricien.

Problème 10.— Corps des quaternions d'Hamilton.

L'objet de ce problème est l'étude d'un corps gauche appelé corps des quaternions. Historiquement, c'est le premier exemple de corps non commutatif. Cet exemple est dû à Hamilton et date de 1843.

1.— *On considère un $\mathbb{R}$-espace vectoriel V de dimension 4 rapporté à une base $e = (e_0, e_1, e_2, e_3)$. Dans V, on définit une loi de composition interne (.) comme suit.*
Pour x et y deux éléments de V, on écrit x et y dans la base e sous la forme :

$$\begin{array}{rcll} x & = & x_0e_0 + x_1e_1 + x_2e_2 + x_3e_3 & (x_0, x_1, x_2, x_3) \in \mathbb{R}^4 \\ y & = & y_0e_0 + y_1e_1 + y_2e_2 + y_3e_3 & (y_0, y_1, y_2, y_3) \in \mathbb{R}^4 \end{array}$$

On définit

$$\begin{array}{rcl} (x.y) & = & (x_0y_0 - x_1y_1 - x_2y_2 - x_3y_3)e_0 \\ & + & (x_0y_1 + x_1y_0 + x_2y_3 - x_3y_2)e_1 \\ & + & (x_0y_2 + x_2y_0 + x_3y_1 - x_1y_3)e_2 \\ & + & (x_0y_3 + x_3y_0 + x_1y_2 - x_2y_1)e_3 \end{array}$$

On note $\mathbb{H}$ l'espace vectoriel V muni (outre les lois spécifiques à la structure de $\mathbb{R}$-espace vectoriel de V) de la loi (.). Les éléments de $\mathbb{H}$ s'appellent des quaternions.

1.a.— *Exprimer sous forme d'une table les produits $(e_i.e_j)$ pour $0 \leq i, j \leq 3$.*

1.b.— *Montrer que $\mathbb{H}$ est une $\mathbb{R}$-algèbre unitaire non commutative. Montrer que l'ensemble des quaternions de la forme x_0e_0 est isomorphe au corps des réels. Par abus de langage et de notation les quaternions de la forme x_0e_0 seront notés x_0 et appelés réels. Montrer que les réels commutent avec tous les éléments de $\mathbb{H}$.*

1.c.— *On considère le quaternion $q = x_0 + x_1e_1 + x_2e_2 + x_3e_3$. On appelle conjugué de q le quaternion $\bar{q} = x_0 - x_1e_1 - x_2e_2 - x_3e_3$. Quels sont les quaternions égaux à leurs conjugués ? Pour r et q dans $\mathbb{H}$, exprimer $(\overline{r+q})$ et $\overline{rq}$ en fonction $\bar{r}$ et $\bar{q}$.*
On appelle norme de q le quaternion $N(q) = q.\bar{q}$. Montrer que $N(q)$ est réel et exprimer $N(q)$ en fonction de x_0, x_1, x_2, x_3. A quelle condition a-t-on $N(q) = 0$? Calculer $N(rq)$ en fonction de $N(r)$ et $N(q)$.

1.d.— *Montrer que* $\mathbb{H}$ *est un corps et si* $q \neq 0$, *exprimer* q^{-1} *en fonction de* $\bar{q}$ *et* $N(q)$.

1.e.— *On appelle quaternions purs les quaternions de la forme* $x_1e_1 + x_2e_2 + x_3e_3$. *Montrer que* q *est un quaternion pur si et seulement si* q^2 *est un réel négatif.*

1.f.— *Montrer que si* q *est un quaternion non réel, alors* 1 *et* q *engendrent sur* $\mathbb{R}$ *dans* $\mathbb{H}$ *un sous-corps isomorphe à* $\mathbb{C}$.

1.g.— *Pour* $\alpha \in \mathbb{R}$, *on note* q_α *le quaternion* $\cos(\alpha)e_1 + \sin(\alpha)e_2$. *Calculer* q_α^2, *en déduire que bien que* $\mathbb{H}$ *soit un corps le polynôme* $X^2 + 1$ *admet une infinité de racines. N'est-ce pas absurde ?*

2.— *Soient* $q = x_1e_1 + x_2e_2 + x_3e_3$ *et* $r = y_1e_1 + y_2e_2 + y_3e_3$ *deux quaternions purs. On dit que* r *et* q *sont orthogonaux si et seulement si* $x_1y_1 + x_2y_2 + x_3y_3 = 0$.

2.a.— *Montrer que deux quaternions purs* r *et* q *sont orthogonaux si et seulement si* $qr = -rq$.

2.b.i.— *En utilisant la question 1.e. donner une caractérisation en termes de carrés des quaternions purs de norme* 1.

2.b.ii.— *Soit* σ *un* $\mathbb{R}$*-automorphisme de* $\mathbb{H}$. *Montrer que* σ *transforme* e_1 *et* e_2 *en deux quaternions purs* ϵ_1 *et* ϵ_2 *orthogonaux de norme* 1.

2.c.— *On s'intéresse à la réciproque de la question 2.b.ii. Enoncer cette réciproque.*
On considère donc ϵ_1 *et* ϵ_2 *deux quaternions purs orthogonaux de norme* 1. *On pose* $\epsilon_3 = \epsilon_1\epsilon_2$.

2.c.i.— *Calculer sous forme d'une table les produits* $(\epsilon_i\epsilon_j)$ *pour* $1 \leq i \leq 3$ *et* $1 \leq j \leq 3$. *En déduire que* $1, \epsilon_1, \epsilon_2, \epsilon_3$ *forment une base de* $\mathbb{H}$.

2.c.ii.— *Montrer que l'application linéaire* σ *définie par* $\sigma(1) = 1$, $\sigma(e_i) = \epsilon_i$ *pour* $i = 1, 2, 3$ *est un* $\mathbb{R}$*-automorphisme de corps de* $\mathbb{H}$. *Prouver que* σ *ainsi défini est l'unique* $\mathbb{R}$*-automorphisme de* $\mathbb{H}$ *tel que* $\sigma(e_1) = \epsilon_1$ *et* $\sigma(e_2) = \epsilon_2$.

2.d.— *On veut montrer maintenant que tous les* $\mathbb{R}$*-automorphismes de* $\mathbb{H}$ *sont intérieurs (i.e. si* $\sigma \in Aut(\mathbb{K})$, *alors il existe* $r \in \mathbb{H}^*$ *tel que* $\forall q \in \mathbb{H}$, $\sigma(q) = r^{-1}qr$.

2.d.i.— *Soit α et β des quaternions tels que $\alpha^2 = \beta^2 = -1$. Montrer que α et β sont conjugués par automorphisme intérieur.*
(Ind. On séparera le cas où α et β sont colinéaires du cas où ils ne le sont pas. Dans cette dernière situation, on pourra considérer la quantité $\alpha(\alpha\beta) - (\alpha\beta)\beta$.)

2.d.ii.— *Soit σ un $\mathbb{R}$-automorphisme tel que $\sigma(e_1) = e_1$. En appliquant ce qui précède, montrer que σ est un automorphisme intérieur.*

2.d.iii.— *Prouver finalement que tout $\mathbb{R}$-automorphisme de $\mathbb{H}$ est intérieur.*

3.— *Dans cette partie, on se propose de montrer le théorème suivant :*

Théorème.— (Frobenius, 1878) Soit K un corps (non forcément commutatif) contenant $\mathbb{R}$ dans son centre et tel que $dim_{\mathbb{R}}K$ soit fini. Alors K est isomorphe à $\mathbb{R}$, $\mathbb{C}$ ou $\mathbb{H}$.

On suppose donc que K est un corps contenant $\mathbb{R}$ dans son centre tel que $dim_{\mathbb{R}}K$ soit fini.

3.a.— *A quel corps K est-il isomorphe, s'il est supposé commutatif ?*

3.b.— *On suppose maintenant que K n'est plus commutatif.*

3.b.i.— *Soit $x \in K$, $x \notin \mathbb{R}$, à quoi est isomorphe $\mathbb{R}(x)$? En déduire qu'il existe $e_1 \in \mathbb{R}(x)$ tel que $e_1^2 = -1$ et $\mathbb{R}(x) = \mathbb{R}(e_1)$.*
Montrer que $\mathbb{R}(e_1) \neq K$ et caractériser les éléments de K qui commutent avec e_1.

3.b.ii.— *On considère $y \in K$, $y \notin \mathbb{R}(e_1)$ et on pose $z = ye_1 - e_1y$. Prouver que $z^2 \in \mathbb{R}^{-*}$.*

3.b.iii.— *On pose $e_2 = \dfrac{z}{\sqrt{-z^2}}$ et $e_3 = e_1e_2$. Soit $K_1 = \mathbb{R}(e_1, e_2, e_3)$. Montrer que K_1 est isomorphe à $\mathbb{H}$.*

3.c.— *On suppose que $K_1 \neq K$. Soit alors $u \in K$ tel que $u \notin K_1$.*

3.c.i.— *On pose $v = ue_1 - e_1u$. Montrer que $v^2 \in \mathbb{R}^{-*}$.*

3.c.ii.— *On pose $e_4 = \dfrac{v}{\sqrt{-v^2}}$. Comparer e_1e_4 et e_4e_1 et prouver alors que $e_4 \notin \mathbb{R}(e_1)$.*

3.c.iii.— *Montrer que* $\mathbb{R}(\mathrm{e}_1, u)$ *est de degré* 4 *sur* $\mathbb{R}$ *et en déduire, en considérant le corps* $\mathbb{R}(\mathrm{e}_1, u) \cap K_1$, *que* $\mathrm{e}_4 \notin K_1$.

3.c.iv.— *Montrer que* e_1 *commute avec* $\mathrm{e}_2\mathrm{e}_4$. *En déduire que* $\mathrm{e}_2\mathrm{e}_4 \in \mathbb{R}(e_1)$ *et conclure.*

Solution du problème.

1.a.— On obtient :

.	e_0	e_1	e_2	e_3
e_0	e_0	e_1	e_2	e_3
e_1	e_1	$-e_0$	e_3	$-e_2$
e_2	e_2	$-e_3$	$-e_0$	e_1
e_3	e_3	e_2	$-e_1$	$-e_0$

1.b.— La multiplication dans $\mathbb{H}$ est clairement bilinéaire, il s'ensuit que la multiplication est distributive par rapport à l'addition. De même la compatibilité du produit avec le produit (externe) de $\mathbb{R}$ est clair. Pour montrer que $\mathbb{H}$ est une $\mathbb{R}$-algèbre, il ne nous manque plus qu'à prouver que le produit dans $\mathbb{H}$ est une loi de composition associative. Cela revient à montrer l'associativité des produits $(e_ie_je_k)$ pour $1 \leq i,j,k \leq 3$, car la distributivité étendra l'associativité à tout $\mathbb{H}$. L'associativité des 27 produits $(e_ie_je_k)$ s'établit sans mal à partir de la question 1.a.

Maintenant, $\mathbb{H}$ est unitaire puisque e_0 est visiblement un neutre pour la multiplication. $\mathbb{H}$ est clairement non commutative (cf 1.a.).

Pour tout x, y réels, on a $(xe_0).(ye_0) = xye_0$. Ainsi l'ensemble des quaternions de la forme x_0e_0 est bien isomorphe à $\mathbb{R}$. Il est clair par 1.a. que les réels commutent avec tous les quaternions.

1.c.— Il est évident que les quaternions égaux à leurs conjugués sont les réels. Le calcul donne

$$\overline{r+q} = \overline{r} + \overline{q} \text{ et } \overline{r.q} = \overline{q}.\overline{r}$$

La conjugaison fait commuter le produit et c'est une involution (i.e. $\overline{\overline{q}} = q$), on a donc pour tout $q \in \mathbb{H}$,

$$\overline{N(q)} = \overline{q.\overline{q}} = \overline{\overline{q}}.\overline{q} = q.\overline{q} = N(q)$$

Donc $N(q)$ est réel, le calcul donne :

$$N(q) = x_0^2 + x_1^2 + x_2^2 + x_3^2$$

Ainsi, si $N(q) = 0$ alors $x_0 = x_1 = x_2 = x_3 = 0$ et donc $q = 0$. On a

$$N(rq) = r.q.\overline{r.q} = r.q.\overline{q}.\overline{r} = r.N(q).\overline{r} = N(q).r.\overline{r} = N(q)N(r)$$

1.d.— Pour montrer que $\mathbb{H}$ est un corps il suffit de vérifier que tout quaternion $q \neq 0$ a un inverse. Or on a $N(q) = q.\overline{q} \neq 0$, on en déduit que le quaternion

$$q^{-1} = \frac{\overline{q}}{N(q)}$$

est l'inverse de q pour le produit. Ainsi $\mathbb{H}$ est un corps.

1.e.— Si $q = x_0 + x_1e_1 + x_2e_2 + x_3e_3$, alors

$$q^2 = x_0^2 - x_1^2 - x_2^2 - x_3^2 + 2x_0(x_1e_1 + x_2e_2 + x_3e_3)$$

Par conséquent, si q est un quaternion pur, c'est à dire si $x_0 = 0$, alors

$$q^2 = -x_1^2 - x_2^2 - x_3^2 \in \mathbb{R}^-$$

Réciproquement, si $q^2 \in \mathbb{R}^-$, alors $2x_0(x_1e_1+x_2e_2+x_3e_3) = 0$. C'est à dire que soit $x_0 = 0$ et q est un quaternion pur, soit $x_1 = x_2 = x_3 = 0$ et dans ce cas $q^2 = x_0^2 \leq 0$, donc $x_0 = 0$ et $q = 0$.

1.f.— Si $q \notin \mathbb{R}$, alors le corps engendré par e_0 et q vaut $\mathbb{R}(q)$. Ce corps est un corps inclus dans $\mathbb{H}$, différent de $\mathbb{R}$ et commutatif (en effet q commute avec tout réel). La dimension de $\mathbb{R}(q)$ sur $\mathbb{R}$ est finie car $\mathbb{R}(q) \subset \mathbb{H}$ qui est de dimension 4 sur $\mathbb{R}$. Par suite, $\mathbb{R}(q)$ est une extension algébrique stricte de $\mathbb{R}$, or une telle extension est nécessairement isomorphe à $\mathbb{C}$ (théorème de d'Alembert-Gauss).

1.g.— On a

$$q_\alpha^2 = -\cos^2(\alpha) - \sin^2(\alpha) = -1$$

Donc le polynôme $P(X) = X^2 + 1$ admet une infinité indénombrable de racines sur $\mathbb{H}$, à savoir par exemple les $(q_\alpha)_{\alpha \in \mathbb{R}}$. Ceci peut paraître troublant quand on sait qu'un polynôme non nul n'a qu'un nombre fini de racines. En fait, ce dernier théorème n'est valable que sur un anneau intègre et commutatif, ce qui n'est pas le propre de $\mathbb{H}$.

2.a.— Avec les notations de l'énoncé, on a :

$$\begin{aligned} qr &= (-x_1y_1 - x_2y_2 - x_3y_3)e_0 + (x_2y_3 - x_3y_2)e_1 + \\ &\quad (x_3y_1 - x_1y_3)e_2 + (x_1y_2 - x_2y_1)e_3 \\ rq &= (-x_1y_1 - x_2y_2 - x_3y_3)e_0 + (y_2x_3 - y_3x_2)e_1 + \\ &\quad (y_3x_1 - y_1x_3)e_2 + (y_1x_2 - y_2x_1)e_3 \end{aligned}$$

Ainsi, on trouve :

$$qr + rq = 2(-x_1y_1 - x_2y_2 - x_3y_3)$$

ce qui permet d'affirmer que q et r sont orthogonaux ssi $qr = -rq$.

2.b.i.— Soit q un quaternion pur. On sait (cf 1.e.) que cette propriété équivaut à $q^2 \in \mathbb{R}^-$. Maintenant $N(q^2) = N(q)^2$, donc si q est de norme 1, $N(q^2) = 1$, or q^2 étant réel, on a $N(q^2) = q^4 = 1$, donc $q^2 = \pm 1$ (car q^2 est réel), mais comme $q^2 \leq 0$, on a finalement $q^2 = -1$.

Réciproquement, si $q^2 = -1$ alors q est un quaternion pur. On a $N(q)^2 = N(q^2) = 1$, donc $N(q)$ est un réel positif de carré égal à 1, c'est à dire $N(q) = 1$. On a donc pour tout $q \in \mathbb{H}$,

$$q \text{ est un quaternion pur de norme } 1 \Longleftrightarrow q^2 = -1$$

2.b.ii.— Pour $i = 1, 2$, on a

$$\epsilon_i^2 = (\sigma(e_i))^2 = \sigma(e_i^2) = \sigma(-1) = -1$$

On en déduit que ϵ_1 et ϵ_2 sont des quaternions purs de norme 1. On a de plus :

$$\epsilon_1\epsilon_2 = \sigma(e_1)\sigma(e_2) = \sigma(e_1.e_2) = \sigma(-e_2.e_1) = -\sigma(e_2)\sigma(e_1) = -\epsilon_2\epsilon_1$$

C'est à dire que ϵ_1 et ϵ_2 sont orthogonaux.

2.c.— Enoncé de la réciproque : *"Soient ϵ_1 et ϵ_2 deux quaternions purs orthogonaux de norme 1, il existe un unique $\mathbb{R}$-automorphisme σ tel que $\sigma(e_1) = \epsilon_1$ et $\sigma(e_2) = \epsilon_2$".*

2.c.i.— On a $\epsilon_1\epsilon_2 = \epsilon_3 = -\epsilon_2\epsilon_1$, on déduit la table :

.	ϵ_0	ϵ_1	ϵ_2	ϵ_3
ϵ_0	ϵ_0	ϵ_1	ϵ_2	ϵ_3
ϵ_1	ϵ_1	$-\epsilon_0$	ϵ_3	$-\epsilon_2$
ϵ_2	ϵ_2	$-\epsilon_3$	$-\epsilon_0$	ϵ_1
ϵ_3	ϵ_3	ϵ_2	$-\epsilon_1$	$-\epsilon_0$

(On a noté $\epsilon_0 = e_0 = 1$.)

On remarque que cette table est la même que celle des $(e_ie_j)_{i,j}$. Pour montrer que $1, \epsilon_1, \epsilon_2, \epsilon_3$ forment une base de $\mathbb{H}$, il suffit de prouver que c'est une famille libre, puisque $dim_{\mathbb{R}} H = 4$. Il est clair que comme ϵ_1 et ϵ_2 sont des quaternions purs de norme 1, il en est de même pour ϵ_3. Ainsi, il suffit de prouver l'idépendance linéaire de $\epsilon_1, \epsilon_2, \epsilon_3$. Soit $\alpha_1, \alpha_2, \alpha_3 \in \mathbb{R}^3$ tels que :

$$\alpha_1\epsilon_1 + \alpha_2\epsilon_2 + \alpha_3\epsilon_3 = 0$$

En multipliant par ϵ_1 à gauche, on obtient :

$$-\alpha_1 + \alpha_2\epsilon_3 - \alpha_3\epsilon_2 = 0$$

Comme ϵ_1 et ϵ_3 sont des quaternions purs on a nécessairement $\alpha_1 = 0$. En remultipliant par ϵ_2 on trouve $\alpha_3 = 0$ et donc $\alpha_2 = 0$.

2.c.ii.— Puisque $(1, e_1, e_2, e_3)$ et $(1, \epsilon_1, \epsilon_2, \epsilon_3)$ sont deux bases de $\mathbb{H}$, l'application σ est bien linéaire, c'est même un automorphisme d'espace vectoriel puisqu'il est par définition surjectif. Le fait que σ soit un automorphisme de corps vient du fait que les $(\epsilon)_i$ ont même table de multiplication que les $(e_i)_i$ ce qui assure que pour tout $(q,r) \in \mathbb{H}^2$, $\sigma(qr) = \sigma(q)\sigma(r)$.

Pour assurer que σ est unique, il suffit de remarquer que si τ est un $\mathbb{R}$-automorphisme de corps de $\mathbb{H}$ tel que $\tau(e_1) = \epsilon_1$ et $\tau(e_2) = \epsilon_2$, alors

$$\tau(e_3) = \tau(e_1e_2) = \epsilon_1\epsilon_2 = \epsilon_3$$

et ainsi $\tau = \sigma$, puisque ces deux applications sont identiques en tant qu'automorphismes d'espace vectoriel.

2.d.i.— Supposons que α et β soient colinéaires, c'est à dire que $\alpha = \lambda\beta$ avec $\lambda \in \mathbb{R}^*$. Comme $-1 = \alpha^2 = \lambda^2\beta^2 = \beta^2$, on en déduit que $\lambda = \pm 1$. Si $\lambda = 1$, alors $\alpha = \beta$ et ces deux quaternions sont conjugués par l'identité.

Si $\lambda = -1$, alors $\alpha = -\beta$. $\alpha = x_1e_1 + x_2e_2 + x_3e_3$ est un quaternion pur (cf 2.b.i.), soit r un quaternion pur de norme 1 orthogonal à α (pour trouver de tels r, il suffit de regarder l'ensemble des quaternions purs comme un espace euclidien de dimension 3. Alors par exemple si on suppose $x_3 \neq 0$, le quaternion $r = \dfrac{-x_3e_2 + x_2e_3}{\sqrt{x_2^2 + x_3^2}}$ convient), on a alors (cf 2.a.) $r\alpha = -\alpha r$, c'est à dire :

$$\alpha = r^{-1}\beta r$$

Si on suppose que α et β ne sont plus colinéaires, on a :

$$\alpha(\alpha\beta) - (\alpha\beta)\beta = \alpha^2\beta - \alpha\beta^2 = \alpha - \beta$$

Maintenant α et β ne sont pas colinéaires, donc on a $\alpha\beta \neq 1$ (en effet sinon $\alpha = \beta^{-1} = N(\beta)^{-1}\overline{\beta} = -N(\beta)^{-1}\beta = -\beta$) et par conséquent :

$$\alpha = (\alpha\beta - 1)\beta(\alpha\beta - 1)^{-1}$$

ce qui assure bien que α et β sont conjugués par un automorphisme intérieur.

2.d.ii.— Si $\sigma(e_2) = -e_2$ alors $\sigma(e_3) = \sigma(e_1e_2) = -e_1e_2 = -e_3$. On vérifie facilement qu'en posant $r = e_1$, on a :

$$\sigma(q) = r^{-1}qr$$

Si $\sigma(e_2) \neq -e_2$ en appliquant la question 2.d.i. à e_2 et $\sigma(e_2)$ et en posant $r = (\sigma(e_2)e_2 - 1)$, on a

$$\sigma(e_2) = re_2r^{-1}$$

Par la question 2.b.ii., on sait que $\sigma(e_2)$ et $\sigma(e_1) = e_1$ sont deux quaternions purs orthogonaux, par conséquent $e_1\sigma(e_2) = -\sigma(e_2)e_1$, on en déduit que

$$e_1r = e_1\sigma(e_2)e_2 - e_1 = -\sigma(e_2)e_1e_2 - e_1 = \sigma(e_2)e_2e_1 - e_1 = re_1$$

et par suite

$$\sigma(e_1) = re_1r^{-1}$$

On a alors $\sigma(e_3) = \sigma(e_1e_2) = \sigma(e_1)\sigma(e_2) = re_1r^{-1}re_2r^{-1}$, et ainsi :

$$\sigma(e_3) = re_3r^{-1}$$

L'automorphisme σ est bien un automorphisme intérieur.

2.d.iii.— Posons $\epsilon_1 = \sigma(e_1)$, d'après 2.d.i., il existe r tel que $e_1 = r\epsilon_1r^{-1}$. Considérons alors l'automorphisme τ défini par :

$$\forall q \in \mathbb{H},\ \ \tau(q) = r\sigma(q)r^{-1}$$

On a $\tau(e_1) = e_1$, et par 2.d.ii., il existe $s \in \mathbb{H}$ tel que :

$$\forall q \in \mathbb{H},\ \ \tau(q) = sqs^{-1}$$

alors on a :

$$\forall q \in \mathbb{H},\ \ \sigma(q) = (r^{-1}s)q(r^{-1}s)^{-1}$$

et donc σ est bien un automorphisme intérieur.

3.a.— Si K est commutatif, c'est donc une extension algébrique finie de $\mathbb{R}$. Par conséquent (théorème de d'Alembert-Gauss), K est isomorphe à $\mathbb{R}$ ou à $\mathbb{C}$.

3.b.i.— $\mathbb{R}$ étant inclus dans le centre de K, x commute avec tous les réels. Donc $\mathbb{R}(x)$ est commutatif et comme c'est une extension stricte (et finie puisque $[K : \mathbb{R}] < +\infty$) de $\mathbb{R}$, on a $\mathbb{R}(x) \simeq \mathbb{C}$.

Par conséquent, il existe bien $e_1 \in K$ tel que $\mathbb{R}(x) = \mathbb{R}(e_1)$ et tel que $e_1^2 = -1$, puisque $\mathbb{R}(x) \simeq \mathbb{C} = \mathbb{R}(\sqrt{-1})$. $\mathbb{R}(e_1) \neq K$, car $\mathbb{R}(e_1)$ est commutatif alors que K ne l'est pas.

Soit $z \in K$ tel que $e_1 z = z e_1$, alors z commute avec tous les éléments de $\mathbb{R}(e_1)$ et par suite $\Omega = \mathbb{R}(e_1)(z)$ est commutatif. Ω est une extension algébrique de $\mathbb{R}(e_1)$ puisque Ω est commutatif et que $[\Omega : \mathbb{R}(e_1)] < [K : \mathbb{R}] < +\infty$. Mais comme $\mathbb{R}(e_1)$ est algébriquement clos, $\Omega = \mathbb{R}(e_1)$. Ainsi, l'ensemble des éléments de K qui commutent avec e_1 est réduit au corps $\mathbb{R}(e_1)$.

3.b.ii.— Si $z = 0$, alors y commute avec e_1. Ceci implique, d'après la question précédente, que $y \in \mathbb{R}(e_1)$, ce qui est absurde par hypothèse.

On a

$$e_1 z = e_1 y e_1 + y = -(-y - e_1 y e_1) = -z e_1$$

Ainsi, $z^2 e_1 = e_1 z^2$, donc z^2 commute avec e_1 et donc $z^2 \in \mathbb{R}(e_1)$. Le corps $\mathbb{R}(z)$ est isomorphe à $\mathbb{C}$, mais est différent de $\mathbb{R}(e_1)$ car $z \notin \mathbb{R}(e_1)$. Donc $\mathbb{R}(z) \cap \mathbb{R}(e_1)$ est un sous corps strict de $\mathbb{R}(e_1) \simeq \mathbb{C}$ qui contient $\mathbb{R}$, c'est par conséquent $\mathbb{R}$. Or $z^2 \in \mathbb{R}(z)$ et $z^2 \in \mathbb{R}(e_1)$ donc $z^2 \in \mathbb{R}$.

Si $a = z^2 \in \mathbb{R}^+$ alors l'élément de K, $z - \sqrt{a}$ est diviseur de 0 dans $\mathbb{H}$ ($(z - \sqrt{a})(z + \sqrt{a}) = 0$) ce qui est impossible puisque K est un corps. Donc $z^2 \in \mathbb{R}^{-*}$.

3.b.iii.— On a $e_1^2 = -1$, $e_2^2 = -1$ et $e_1 e_2 = -e_2 e_1 = e_3$, il s'ensuit que K_1 est isomorphe à $\mathbb{H}$.

3.c.i.— On prouve que $v^2 \in \mathbb{R}^{*-}$ exactement comme on l'a fait pour z^2.

3.c.ii.— On a

$$e_4^2 = -1 \textit{ et } e_1 e_4 = -e_4 e_1$$

Si on avait $e_4 \in \mathbb{R}(e_1)$, comme ce corps est commutatif on aurait $e_1 e_4 = e_4 e_1$ ce qui est absurde.

3.c.iii.— Une famille génératrice de $\mathbb{R}(e_1, u)$ vu comme $\mathbb{R}$-espace vectoriel, est par exemple l'ensemble des produits

$$\prod_{i=0}^{n} \omega_i$$

avec $n \in \mathbb{N}$ et pour tout i, $\omega_i = e_1$ ou u.

Comme $K/\mathbb{R}$ est de degré fini, on en déduit que pour tout $x \in K$, le corps $\mathbb{R}(x)$ est un corps commutatif de degré fini sur $\mathbb{R}$, ce qui implique que $\mathbb{R}(x)/\mathbb{R}$ est isomorphe à $\mathbb{R}$ ou $\mathbb{C}$ et en particulier que $[\mathbb{R}(x) : \mathbb{R}] = 1$ ou 2. En appliquant cette remarque à $x = u, e_1, e_1u, ue_1$, on en déduit que toute puissance de x s'écrit comme combinaison linéaire de 1 et de x. En particulier les produits $\prod_{i=0}^{n} \omega_i$ s'écrivent comme combinaison linéaire de $1, e_1, u, e_1u, ue_1, e_1ue_1, ue_1u$. On en déduit que cette dernière famille est génératrice et que par conséquent, $[\mathbb{R}(e_1, u) : \mathbb{R}] \leq 7$.

Maintenant, le corps $\mathbb{R}(e_1, u)$ contient le corps $M = \mathbb{R}(e_1, e_4)$ dont on vérifie facilement, comme dans les questions précédentes, qu'il est isomorphe à $\mathbb{H}$. En particulier $[M : \mathbb{R}] = 4$ et le degré de $\mathbb{R}(e_1, u)/\mathbb{R}$ est alors un multiple de 4 (on utilise ici le fait que la théorie des espaces vectoriels sur les corps non commutatifs a les mêmes propriétés quant aux bases et aux degrés que celle sur les corps commutatifs. En particulier si $L/M/N$ sont des extensions de corps gauches, alors la dimension de L comme N-espace vectoriel est égal au produit de la dimension de L comme M-espace vectoriel avec la dimension de M comme N-espace vectoriel). On en déduit alors que $\mathbb{R}(e_1, u)$ est de dimension 4 sur $\mathbb{R}$.

Maintenant, le corps $L = \mathbb{R}(e_1, u) \cap K_1$ est un sous-corps de K_1 et un surcorps de $\mathbb{R}(e_1)$. Comme $[K_1 : \mathbb{R}(e_1)] = 2$, on a alors $L = \mathbb{R}(e_1)$ ou $L = K_1$. La deuxième possibilité est impossible car dans ces conditions, L serait de degré 4 sur $\mathbb{R}$, mais comme $L \subset \mathbb{R}(e_1, u)$ et que ce dernier corps est lui-même de degré 4 sur $\mathbb{R}$, on aurait $L = \mathbb{R}(e_1, u)$ et par suite $K_1 = \mathbb{R}(e_1, u)$ ce qui impliquerait $u \in K_1$.
Ainsi $L = \mathbb{R}(e_1)$ et par suite $v \notin K_1$ sinon comme $v \in \mathbb{R}(e_1, u)$ on aurait $v \in \mathbb{R}(e_1)$ ce qui est exclus. Donc $e_4 \notin K_1$.

3.c.iv.— On a :

$$e_1(e_2e_4) = (-e_2e_1)e_4 = -e_2(-e_4e_1) = (e_2e_4)e_1$$

e_2e_4 commute donc avec e_1 et par suite (cf 3.b.i.) $e_2e_4 \in \mathbb{R}(e_1) \subset K_1$, en divisant par e_2 on en déduit $e_4 \in K_1$ ce qui est absurde. On a donc

$$K = K_1 \simeq \mathbb{H}$$

Problème 11.— Sommes de quatre carrés.

L'objet de ce problème est de démontrer le théorème des quatre carrés :

Théorème.— *Soit $n \in \mathbb{N}$, il existe $(a,b,c,d) \in \mathbb{N}^4$ tels que $n = a^2 + b^2 + c^2 + d^2$.*

Pour ce faire nous allons étudier un sous-anneau du corps des quaternions. On utilisera donc toutes les notations et les propriétés démontrées dans le problème sur le corps des quaternions d'Hamilton.

La fin de ce problème a pour objectif de compléter ce résultat en donnant une caractérisation des entiers qui sont somme de deux carrés.

1.— *Soit $(a_1,a_2,a_3,a_4) \in \mathbb{N}^4$ et $(b_1,b_2,b_3,b_4) \in \mathbb{N}^4$. En utilisant les propriétés de la norme N des quaternions, montrer qu'il existe un quadruplet $(x_1,x_2,x_3,x_4) \in \mathbb{N}^4$ tel que*

$$(a_1^2 + a_2^2 + a_3^2 + a_4^2)(b_1^2 + b_2^2 + b_3^2 + b_4^2) = x_1^2 + x_2^2 + x_3^2 + x_4^2$$

Expliciter x_1,x_2,x_3,x_4 en fonction de a_1,a_2,a_3,a_4 et de b_1,b_2,b_3,b_4. En déduire que pour démontrer le théorème des quatre carrés, il suffit de le prouver lorsque n est premier.

2.— *On considère le sous-ensemble A de $\mathbb{H}$ composé des quaternions à composantes entières ou simultanément demi-impaires.*
(i.e. $A = A_1 + \mathbb{Z}\left(\dfrac{1+e_1+e_2+e_3}{2}\right)$ avec $A_1 = \{x_0 + x_1e_1 + x_2e_2 + x_3e_3 \in \mathbb{H} \ / \ (x_0,x_1,x_2,x_3) \in \mathbb{Z}^4\}$).

2.a.— *Montrer que A un un sous-anneau de $\mathbb{K}$.*

2.b.i.— *Prouver que pour tout $s \in \mathbb{H}$, il existe $t \in A$ tel que $N(s-t) \leq 5/8$.*

2.b.ii— *Déduire que A est un anneau euclidien à droite et à gauche pour le sthasme N. (i.e. $\forall (u,v) \in A^2$, $v \neq 0$, $\exists (q,q',r,r') \in A^2$, $u = qv + r$ et $u = vq' + r'$ avec $N(r) < N(v)$ et $N(r') < N(v)$).*

2.c.— *Montrer que tout idéal à gauche (resp. à droite) de A est de la forme Aq (resp. qA) avec $q \in A$.*

3.—

3.a.— *Montrer que si p est un nombre premier impair, alors il existe deux entiers a et b, tous deux non nuls, tel que p divise $a^2 + b^2 + 1$.*

3.b.— *On considére l'idéal $J = Ap + A(1 + ae_1 + be_2)$, où a et b sont des entiers tels que p divise $1 + a^2 + b^2$.*

3.b.i.— *Prouver que les normes des éléments de J sont divisibles par p dans $\mathbb{Z}$, en déduire que J n'est pas égal à A tout entier. Prouver aussi que J n'est pas égal à Ap.*

3.b.ii— *Prouver que si p est un nombre premier impair alors il existe $q \in A$ tel que $N(q) = p$.*

3.c.i.— *Montrer que tout nombre premier impair p est somme de quatre carrés d'entiers.*

3.c.ii.— *Prouver que 2 est somme de quatre carrés et prouver alors le théorème des quatre carrés.*

3.c.iii.— *4 est-il le nombre minimal $n \in \mathbb{N}$ tel que tout nombre entier puisse s'écrire comme somme de n carrés d'entiers ?*

4.— *L'objet de cette partie est d'étudier les nombres entiers qui sont somme de deux carrés d'entiers.*

4.a.— *Soit $x \in \mathbb{R}$ et $N \in \mathbb{N}^*$. Montrer qu'il existe deux entiers p et q tels que : $1 \leq q \leq N$ et $|qx - p| \leq \dfrac{1}{N+1}$.*

4.b.— *Soit $A \in \mathbb{N}^*$. Montrer que si un entier n divise $1 + A^2$, alors n est somme de deux carrés.*
(Ind. On pourra utiliser la question précédente avec $x = A/n$ et $N = E(\sqrt{n})$. On regardera alors l'entier $B = (Aq - pn)^2 + q^2$.)

4.c.— *Soient a et b deux entiers premiers entre eux. Prouver que si n divise $a^2 + b^2$ alors n est somme de deux carrés.*

4.d.— *Soit p un nombre premier impair. Montrer que p est somme de deux carrés si et seulement si $p \equiv 1(4)$.*

4.e.— *Prouver que tout produit fini de sommes de deux carrés est encore une somme de deux carrés.*

4.f.— *Montrer que si* n *est somme de deux carrés et que si* $p \equiv -1(4)$ *est un nombre premier divisant* n*, alors l'exposant dans la décomposition en facteur premier de* n *est pair.*

4.g.— *Donner alors une condition nécessaire et suffisante pour qu'un entier* n *soit somme de deux carrés.*
Application : 4212 *est-il somme de deux carrés ?*

Solution du problème.

1.— Soit u et v les deux quaternions définis par $u = a_1 + a_2e_1 + a_3e_2 + a_4e_3$ et $v = b_1 + b_2e_1 + b_3e_2 + b_4e_3$. Si on pose $w = uv$ alors il existe $(x_1, x_2, x_3, x_4) \in \mathbb{Z}^4$ tel que $w = x_1e_0 + x_2e_1 + x_3e_2 + x_4e_3$. Plus exactement, le calcul donne :

$$x_1 = a_1b_1 - a_2b_2 - a_3b_3 - a_4b_4$$

$$x_2 = a_1b_2 - a_2b_1 - a_3b_4 - a_4b_3$$

$$x_3 = a_1b_3 - a_3b_1 - a_4b_2 - a_2b_4$$

$$x_4 = a_1b_4 - a_4b_1 - a_2b_3 - a_3b_2$$

On a alors $N(w) = N(uv) = N(u)N(v)$ et donc

$$\begin{aligned}(a_1^2 + a_2^2 + a_3^2 + a_4^2)(b_1^2 + b_2^2 + b_3^2 + b_4^2) &= (a_1b_1 - a_2b_2 - a_3b_3 - a_4b_4)^2\\ &+ (a_1b_2 - a_2b_1 - a_3b_4 - a_4b_3)^2\\ &+ (a_1b_3 - a_3b_1 - a_4b_2 - a_2b_4)^2\\ &+ (a_1b_4 - a_4b_1 - a_2b_3 - a_3b_2)^2\end{aligned}$$

Tout nombre entier est le produit de nombres premiers. Donc si l'on démontre le théorème des quatre carrés pour les nombres premiers, il est alors vrai pour tout entier.

2.a.— A est visiblement un sous-groupe additif de $\mathbb{H}$.

Posons $\epsilon = \dfrac{1 + e_1 + e_2 + e_3}{2}$. Calculons ϵe_i et $e_i\epsilon$ pour $i = 1, 2, 3$:

$$\epsilon e_1 = \epsilon - 1 - e_3;\ e_1\epsilon = \epsilon - 1 - e_2$$

$$\epsilon e_2 = \epsilon - 1 - e_1;\ e_2\epsilon = \epsilon - 1 - e_3$$

$$\epsilon e_3 = \epsilon - 1 - e_2;\ e_3\epsilon = \epsilon - 1 - e_1$$

Enfin, $\epsilon^2 = \epsilon - 1$. Il s'ensuit que A est stable par multiplication. $1 \in A$ et par conséquent A est bien un sous-anneau de $\mathbb{H}$.

2.b.i.— Soit x un réel, x est compris entre $E(x+1/2)$ et $E(x)+1/2$. Au moins un de ces deux nombres se trouve à une distance inférieure à $1/4$ de x. Soit alors $s = x_0 + x_1e_1 + x_2e_2 + x_3e_3$ un quaternion, considérons l'une des deux situations suivantes :

1er cas : Au moins deux des $(x_i)_{i=0,1,2,3}$ sont à une distance de $E(x_i + 1/2)$ inférieure à $1/4$. En posant

$$t = E(x_0 + 1/2)e_0 + E(x_1 + 1/2)e_1 + E(x_2 + 1/2)e_2 + E(x_3 + 1/2)e_3$$

on a alors $t \in A$ et

$$N(s-t) \leq \left(\frac{1}{2}\right)^2 + \left(\frac{1}{2}\right)^2 + \left(\frac{1}{4}\right)^2 + \left(\frac{1}{4}\right)^2 \leq \frac{5}{8}$$

2ème cas : Au moins trois des $(x_i)_{i=0,1,2,3}$ sont à une distance de $E(x_i) + 1/2$ inférieure à $1/4$. En posant

$$t = (E(x_0)+1/2)e_0+(E(x_1)+1/2)e_1+(E(x_2)+1/2)e_2+(E(x_3)+1/2)e_3$$

on a alors $t \in A$ et

$$N(s-t) \leq \left(\frac{1}{2}\right)^2 + \left(\frac{1}{4}\right)^2 + \left(\frac{1}{4}\right)^2 + \left(\frac{1}{4}\right)^2 \leq \frac{5}{8}$$

Les deux cas évoqués couvrent bien tous les cas de figure possibles. On en déduit donc que :

$$\forall s \in \mathbb{H},\ \exists t \in A,\ N(s-t) \leq \frac{5}{8}$$

2.b.ii— Soient u et v deux éléments de A avec $v \neq 0$. D'après la question précédente, il existe $(q, q') \in A^2$ tels que

$$N(q - uv^{-1}) \leq \frac{5}{8} \textit{ et } N(q' - v^{-1}u) \leq \frac{5}{8}$$

Posons alors

$$r = u - qv \textit{ et } r' = u - vq'$$

On a alors $N(r) \leq \frac{5}{8}N(v) < N(v)$ et $N(r') \leq \frac{5}{8}N(v) < N(v)$. Ce qui prouve bien que A est euclidien à droite et à gauche pour le sthasme N.

2.c.— Remarquons préliminairement que les normes des éléments de A sont toujours des entiers positifs. En effet, soit $x \in A$, alors il existe $z = n_0 + n_1e_1 + n_2e_2 + n_3e_3$ avec $(n_0, n_1, n_2, n_3) \in \mathbb{Z}^4$ et $n \in \mathbb{Z}$ tel que $x = z + n\epsilon$ ($\epsilon = \dfrac{1 + e_1 + e_2 + e_3}{2}$). On a :

$$N(x) = N\left(\frac{1}{2}\right) N(2z + n(2\epsilon)) = \frac{1}{4}N(2z + n(2\epsilon))$$

et ainsi :

$$\begin{aligned} N(x) &= \frac{1}{4}\left((2n_0+n)^2+(2n_1+n)^2+(2n_2+n)^2+(2n_3+n)^2\right) \\ &= \sum_{i=0}^{3} n_i^2 + n^2 + n\sum_{i=0}^{3} n_i \in \mathbb{N} \end{aligned}$$

Soit J un idéal à gauche de A. Considérons un $q \in J$ de norme non nulle minimale (un tel q existe car l'ensemble des valeurs non nulles des normes des éléments de J est un sous-ensemble de $\mathbb{N}^*$, et donc contient sa borne inférieure), il est clair que $Aq \subset J$.

Soit $u \in J$ tel que $u \notin Aq$, d'après ce qui précéde, il existe α et β dans A tels que $u = \alpha q + \beta$ avec $N(\beta) \leq N(q)$. Notons que β ne peut pas être nul car alors $u \in Aq$. Ainsi $\beta \neq 0$ et il existe alors un élément non nul de J (à savoir β) qui est de norme strictement inférieure à celle de q. Ceci est absurde, donc $J = Aq$.

On montre exactement de la même façon que tout idéal à droite J de A est de la forme qA, en prenant un $q \in J$ de norme minimale non nulle.

3.a.— On sait (cf problème sur le symbole de Legendre) que dans $\mathbb{F}_p^*$ il y a exactement $\frac{p-1}{2}$ carrés. Comme 0 est un carré, on en déduit qu'il y a exactement $\frac{p+1}{2}$ carrés dans $\mathbb{F}_p$. Par conséquent, il y a $\frac{p+1}{2}$ éléments de $\mathbb{F}_p$ de la forme $1-a^2$ avec $a \in \mathbb{F}_p$. Comme il y a $\frac{p+1}{2}$ éléments de $\mathbb{F}_p$ de la forme b^2 avec $b \in \mathbb{F}_p$ et que $\frac{p+1}{2}+\frac{p+1}{2} = p+1 > \sharp\mathbb{F}_p$, il existe donc $(a,b) \in \mathbb{F}_p^2$ tels que $b^2 = 1-a^2$. On prend $A = a$ et $B = b$, sauf si l'un des deux a ou b (par exemple a) vaut 0, dans ces conditions on prend $A = p$ et $B = b$.

Alors p divise $1 + A^2 + B^2$.

3.b.i.— Notons $\alpha = 1 + ae_1 + be_2$. Si $x \in J$, alors il existe $(z, z') \in A^2$ tel que $x = zp + z'\alpha$. Alors :

$$N(x) = x\overline{x} = z\overline{z}p^2 + z'\alpha\overline{\alpha}\overline{z'} + p(z\overline{\alpha}\overline{z'} + \overline{z\overline{\alpha}\overline{z'}})$$

Maintenant, $z\overline{z} = N(z) \in \mathbb{Z}$, $z'\alpha\overline{\alpha}\overline{z'} = (1+a^2+b^2)N(z')$ avec $N(z') \in \mathbb{Z}$ enfin $z\overline{\alpha}\overline{z'} + \overline{z\overline{\alpha}\overline{z'}} \in \mathbb{R}$, or les seuls réels de A sont les entiers, ce qui assure que $z\overline{\alpha}\overline{z'} + \overline{z\overline{\alpha}\overline{z'}} \in \mathbb{Z}$. Comme $1 + a^2 + b^2$ est divisible par

p, $N(x)$ est donc divisible par p.

Par conséquent J n'est pas égal à A tout entier, puisque $1 \in A$ n'a pas une norme divisible par p.

J ne peut pas être égal à Ap, car $1 + ae_1 + be_2 \notin Ap$. En effet la composante réelle des quaternions de Ap est soit le produit d'un entier avec p, donc différent de 1, soit le produit d'un demi impair avec p, donc encore différent de 1.

3.b.ii.— D'après ce qui précède, il existe $q \in A$ tel que $J = Aq$. $N(q)$ ne peut pas être égal à 1. Sinon $\overline{q} \in A$ est l'inverse de q et alors $q\overline{q} = 1 \in J$ ce qui implique $J = A$.

Comme $p \in J$, il existe $x \in A$ tel que $xq = p$. Notons que $N(x)$ ne peut pas être égal à 1 sinon $q = \overline{x}p$ et donc J serait égal à Ap.

On a donc $p^2 = N(p) = N(x)N(q)$. Comme $N(x)$ est un entier > 1, il vient $N(q) < p^2$ et ainsi $N(q)$ est un diviseur non trivial de p^2, donc $N(q) = p$.

3.c.i.— Reprenons le q trouvé à la question précédente. Comme $q \in A$, deux situations se présentent :

Soit q s'écrit sous la forme :

$$q = (x_0 + x_1e_1 + x_2e_2 + x_3e_3)$$

avec $(x_0, x_1, x_2, x_3) \in \mathbb{Z}^4$. Dans ces conditions, $p = N(q) = x_0^2 + x_1^2 + x_2^2 + x_3^2$ et la proposition est bien vérifiée.

Soit q s'écrit sous la forme :

$$q = 2(x_0 + x_1e_1 + x_2e_2 + x_3e_3) + \frac{\pm 1 \pm e_1 \pm e_2 \pm e_3}{2}$$

avec $(x_0, x_1, x_2, x_3) \in \mathbb{Z}^4$. Posons $q' = q - 2(x_0 + x_1e_1 + x_2e_2 + x_3e_3)$. On a $N(q') = 1$ et donc $N(q\overline{q'}) = N(q) = p$. Mais alors,

$$\begin{aligned} q\overline{q'} &= 2\overline{q'}(x_0 + x_1e_1 + x_2e_2 + x_3e_3) + 1 \\ &= (\pm 1 \pm e_1 \pm e_2 \pm e_3)(x_0 + x_1e_1 + x_2e_2 + x_3e_3) + 1 \end{aligned}$$

et on est donc ramené au cas précédent.

3.c.ii.— 2 s'écrivant $1^2 + 1^2 + 0^2 + 0^2$, il est somme de quatre carrés. Donc tout nombre premier est somme de quatre carrés.

Comme tout entier est produit de nombres premiers et que tout produit fini d'entiers somme de quatre carrés est lui-même somme de quatre carrés, on en déduit que tout entier est somme de quatre carrés.

3.c.iii.— 4 est en effet le nombre minimal n tel que tout nombre entier puisse s'écrire comme somme de n carrés. Pour s'en convaincre, il suffit de constater que 7 ne peut pas s'écrire comme somme de 3 carrés.

4.a.— Considérons les $N+1$ nombres $< ix >= ix - E(ix)$ pour $i = 0, \cdots, N$. Ces nombres appartiennent à l'intervalle $[0, 1[$, classons-les en une suite croissante $0 = \alpha_0 \leq \alpha_1 \leq \cdots \leq \alpha_N$. Posons

$$\beta_i = \alpha_{i+1} - \alpha_i \textit{ pour } i = 0, \cdots, N-1 \textit{ et } \beta_N = 1 - \alpha_N$$

Les β_i sont aussi des éléments de $[0, 1[$ et leur somme vaut 1. Comme ils sont au nombre de $N+1$, il y en a fatalement un, β_{i_0}, qui est $\leq \dfrac{1}{N+1}$.

Ainsi, il existe p_1 et p_2 dans $\{0, \cdots, N\}$ tels que :

$$|p_1 x - p_2 x - n| \leq \frac{1}{N+1}$$

où n désigne un entier bien choisi. On pose $q = |p_1 - p_2|$ et alors $1 \leq q \leq N$ car p_1 est différent de p_2.

4.b.— Si n est un carré, la propriété est évidente. Sinon, en appliquant la question précédente, il existe p et q deux entiers avec $0 < q < \sqrt{n}$ tels que :

$$|\frac{Aq}{n} - p| \leq \frac{1}{E(\sqrt{n}) + 1}$$

Soit $B = (Aq - pn)^2 + q^2 = (1 + A^2)q^2 + p^2n^2 - 2Apqn$. B est clairement divisible par n. Mais

$$|Aq - pn| \leq \frac{n}{E(\sqrt{n}) + 1} < \sqrt{n}$$

donc $B \leq n + q^2 < 2n$, donc $n = B$ et n est bien somme de deux carrés.

4.c.— Comme a et b sont supposés premiers entre eux, par application du lemme de Bezout, il existe deux entiers u et v tels que $au + bv = 1$. Maintenant,

$$(a^2 + b^2)(u^2 + v^2) = (au + bv)^2 + (av - bu)^2 = 1 + (av - bu)^2$$

donc n divise $1 + A^2$ avec $A = (av - bu)$. En vertu de ce qui précède, n est somme de deux carrés.

4.d.— Supposons que $p = a^2 + b^2$. Alors comme $a^2 \equiv 0$ *ou* $1(4)$ et que $b^2 \equiv 0$ *ou* $1(4)$, on a $p = a^2 + b^2 = 0, 1$ *ou* $2(4)$. Mais p étant impair, p

ne peut pas être congru à 0 ni 2 modulo 4. Ainsi $p \equiv 1(4)$.

Réciproquement, supposons que $p \equiv 1(4)$, alors -1 est un carré dans $\mathbb{F}_p$. En effet, $a \in \mathbb{F}_p^*$ est un carré dans $\mathbb{F}_p$ ssi $a^{\frac{p-1}{2}} = 1$ (voir le problème sur le symbole de Legendre). Or $p-1$ est divisible par 4, donc $\dfrac{p-1}{2}$ est pair et par suite $(-1)^{\frac{p-1}{2}} = 1$.

Donc, il existe $a \in \mathbb{F}_p$ tel que $a^2 = -1$. Par suite p divise $1 + a^2$ (on regarde a dans $\{0, \cdots, p-1\}$). Donc d'après la question 4.b., p est somme de deux carrés.

4.e.— Si x, y, u, v sont quatre entiers, alors

$$(x^2 + y^2)(u^2 + v^2) = (xv + yu)^2 + (xu - yv)^2$$

(Identité de Lagrange)

La propriété annoncée s'établit alors sans difficulté par récurrence.

4.f.— Soit $n = a^2 + b^2$ un entier somme de deux carrés et $p \equiv -1(4)$ un nombre premier divisant n. Posons $d = PGCD(a, b)$, on a donc $n = d^2(a'^2 + b'^2)$ avec $PGCD(a', b') = 1$. Soit α l'exposant de p dans la décomposition en facteurs premiers de n. p^α divise n donc divise $d^2(a'^2 + b'^2)$. Si p^α divise $(a'^2 + b'^2)$, alors p divise $(a'^2 + b'^2)$, donc d'après 4.c. p est somme de deux carrés, ce qui est impossible d'après 4.d.

Donc p^α divise d^2, mais comme α est aussi l'exposant de p dans la décomposition en nombres premiers de d^2 (puisque p ne divise pas $(a'^2 + b'^2)$ et que $n = d^2(a'^2 + b'^2)$), on en déduit que α est alors un nombre pair.

4.g.— Remarquons tout d'abord que $2 = 1^2 + 1^2$ est somme de deux carrés. Soit $n = 2^\alpha p_1^{\alpha_1} \cdots p_k^{\alpha_k}$ la décomposition en facteurs premiers de n.

Si n est somme de deux carrés et si $p_i \equiv -1(4)$, alors d'après ce qui précède, α_i est un entier pair.

Réciproquement, supposons que si $p_i \equiv -1(4)$ alors α_i est pair, pour tout $i = 1, \cdots, k$. En particulier, si $p_i \equiv -1(4)$ alors $p_i^{\alpha_i}$ est un carré, donc est somme de deux carrés.

Ainsi, 2^α est somme de deux carrés ; si $p_i \equiv 1(4)$ alors p_i est somme de deux carrés et donc $p_i^{\alpha_i}$ est somme de deux carrés ; si $p_i \equiv -1(4)$ alors $p_i^{\alpha_i}$ est somme de deux carrés. Donc n est somme de deux carrés.

En conclusion, si $n = 2^\alpha p_1^{\alpha_1} \cdots p_k^{\alpha_k}$, on a :

$$n = a^2 + b^2 \iff \forall i \in \{1, \cdots k\}, \ (p_i \equiv -1(4) \Longrightarrow \alpha_i \in 2\mathbb{N})$$

c'est à dire qu'un nombre entier est somme de deux carrés ssi les nombres premiers impairs congrus à -1 modulo 4 apparaissant dans la décomposition en nombres premiers de ce nombre sont élevés à une puissance paire dans cette décomposition.

Application : $4212 = 2^2.3^4.13$, comme $13 \equiv 1(4)$ on en déduit, grâce au critère que nous venons d'établir, que 4212 est somme de deux carrés (alors que par exemple $1404 = 2^2.3^3.13$ ne l'est pas).

Problème 12.— Etude d'un corps gauche.

On étudie dans ce problème un corps non commutatif de dimension 9 sur son centre $\mathbb{Q}$.

1.— *On pose* $a = e^{\frac{2i\pi}{7}}$ *et* $q(z) = 1 + z + z^2 + z^3 + z^4 + z^5 + z^6 \in \mathbb{C}[z]$.

1.a.i.— *Montrer que* $q(a) = 0$ *et trouver alors un polynôme* $P(X) \in \mathbb{Q}[X]$ *de degré 3 qui possède* $\alpha = 2\cos\frac{2\pi}{7}$ *pour racine.*

1.a.ii.— *Montrer que* P *est irréductible et en déduire que* $\alpha \notin \mathbb{Q}$.

1.a.iii.— *Donner les deux autres racines* β, γ *de* P. *Exprimer* β *et* γ *en fonction de* α. *En déduire que le corps de rupture* L *de* P *sur* $\mathbb{Q}$ *est une extension galoisienne de* $\mathbb{Q}$. *Donner la structure de* $Gal(L/\mathbb{Q})$ *et expliciter un générateur* σ *de ce groupe.*

1.b.— *On rappelle si* $x \in L$, *la norme (du corps* L *sur* $\mathbb{Q}$*) de* x *désigne l'élément* $N(x) = det(M_x)$ *où* M_x *est l'endomorphisme de* L *(vu comme* $\mathbb{Q}$*-espace vectoriel) défini par :*

$$\forall y \in L, \ M_x(y) = xy$$

1.b.i.— *Exprimer pour tout* $x \in L$, *l'élément* $N(x)$ *en fonction de* $x, \sigma(x), \sigma^2(x)$. *Retrouver alors le fait que* $N(x) \in \mathbb{Q}$.

1.b.ii.— *On prend pour base du* $\mathbb{Q}$*-espace vectoriel* L *les vecteurs* α, β, γ *(on justifiera rapidement qu'il s'agit bien d'une base). Calculer explicitement pour* $x, y, z \in \mathbb{Q}^3$ *le rationnel* $N(x\alpha + y\beta + z\gamma)$ *en fonction de* x, y, z.

1.b.iii.— *Prouver que si* x, y, z *sont des entiers non tous pairs, alors* $N(x\alpha + y\beta + z\gamma)$ *est un entier impair.*
En déduire que si x, y, z *sont des rationnels non tous nuls, alors il existe* $n \in \mathbb{Z}$ *et* p, q *deux entiers impairs tels que :*

$$N(x\alpha + y\beta + z\gamma) = 8^n \frac{p}{q}$$

2.— *On considère* K, *le* L*-espace vectoriel* L^3 *rapporté à la base cano-*

nique e_0, e_1, e_2. *Pour* $\omega_1 = \begin{pmatrix} u \\ v \\ w \end{pmatrix}$ *et* $\omega_2 = \begin{pmatrix} u' \\ v' \\ w' \end{pmatrix}$ *deux éléments de* K*, on pose :*

$$\omega_1.\omega_2 = \begin{pmatrix} uu' + 2\sigma(w)v' + 2\sigma^2(v)w' \\ vu' + \sigma(u)v' + 2\sigma^2(w)w' \\ wu' + \sigma(v)v' + \sigma^2(u)w' \end{pmatrix}$$

2.a.i.— *Montrer que pour tout* $\omega \in K$*, l'application de* K *dans* K *:*

$$\varphi_\omega : x \longmapsto \omega.x$$

est L-linéaire. Calculer la matrice M_ω *de* φ_ω *dans la base* (e_1, e_2, e_3).

2.a.ii.— *Pour tout couple* $(\omega_1, \omega_2) \in K^2$*, calculer* $M_{\omega_1} M_{\omega_2}$ *et* $M_{\omega_1+\omega_2}$.

2.a.iii.— *Montrer que l'application de* K *dans* K *:*

$$\varepsilon_\omega : x \longmapsto x.\omega$$

est $\mathbb{Q}$*-linéaire.*

2.b.— *Montrer que muni du produit précédent,* K *a une structure de* $\mathbb{Q}$*-algèbre unitaire non commutative.*

2.c.i.— *Soit* $\omega = \begin{pmatrix} u \\ v \\ w \end{pmatrix} \in K$. *Montrer que* ω *est inversible à droite* *(i.e.* $\exists \omega' \in K,\ \omega.\omega' = 1$*) si* $\det M_\omega \neq 0$.

2.c.ii.— *Pour* $\omega = \begin{pmatrix} u \\ v \\ w \end{pmatrix} \in K$*, exprimer* $\det M_\omega$ *sous la forme d'une expression faisant intervenir* $N(u), N(v)$ *et* $N(w)$.

2.c.iii.— *En déduire que si* $\omega \neq 0$, ω *est inversible à droite.*

2.c.iv.— *En déduire que* K *est un corps non commutatif.*

2.d.— *Montrer que pour tout* $x \in K$, $x \notin \mathbb{Q}$*, le corps* $\mathbb{Q}(x)$ *est un sous-corps commutatif maximal (pour l'inclusion) de* K*. En déduire le centre de* K.

Solution du problème.

1.a.i.— pour $z \neq 1$, on a $q(z) = \dfrac{z^7 - 1}{z - 1}$. Il est par conséquent clair que $q(a) = 0$. Pour tout $z \neq 0$, on pose $X = z + \dfrac{1}{z}$, on a alors pour $z \neq 0$:

$$\begin{aligned} q(z) = 0 &\iff z^3(z^3 + z^2 + z + 1 + \frac{1}{z} + \frac{1}{z^2} + \frac{1}{z^3}) = 0 \\ &\iff (z^3 + \frac{1}{z^3}) + (z^2 + \frac{1}{z^2}) + (z + \frac{1}{z}) + 1 = 0 \\ &\iff (X^3 - 3X) + (X^2 - 2) + (X) + 1 = 0 \\ &\iff X^3 + X^2 - 2X - 1 = 0 \end{aligned}$$

En prenant $z = a \neq 0$, on a $X = 2\cos\dfrac{2\pi}{7} = \alpha$. Ainsi α est racine du polynôme $P(X) = X^3 + X^2 - 2X - 1$.

1.a.ii.— Si P n'est pas irréductible sur $\mathbb{Q}$, alors étant de degré 3, il admet une racine r dans $\mathbb{Q}$. Posons $r = \dfrac{p}{q}$ avec p et q deux entiers premiers entre eux. On a donc

$$\begin{aligned} & r^3 + r^2 - 2r - 1 = 0 \\ \iff & \frac{p^3}{q^3} + \frac{p^2}{q^2} - 2\frac{p}{q} - 1 = 0 \\ \iff & p^3 + qp^2 - 2q^2p - q^3 = 0 \end{aligned}$$

Comme q divise $qp^2 - 2q^2p - q^3$, on en déduit que q divise p^3 et par suite p. Par hypothèse p et q sont premiers entre eux, donc $q = \pm 1$. De même comme $p \neq 0$ (0 n'est pas racine de P), on a p qui divise $p^3 + qp^2 - 2q^2p$ et donc p divise q^3 et par conséquent q. Ainsi $p = \pm 1$ et donc $r = \pm 1$ ce qui est absurde puisque $P(1) = -1$ et $P(-1) = 1$.

Donc P est irréductible sur $\mathbb{Q}$; et α étant racine de P est par conséquent irrationnel.

1.a.iii.— En remarquant que a^2 et a^3 sont aussi racines de q, on en déduit (en appliquant le même raisonnement que précédemment) que $a^2 + \dfrac{1}{a^2}$ et $a^3 + \dfrac{1}{a^3}$ sont aussi racines de P, c'est à dire que les racines de P sont :

$$\begin{aligned} \alpha &= 2\cos\frac{2\pi}{7} \\ \beta &= 2\cos\frac{4\pi}{7} \\ \gamma &= 2\cos\frac{6\pi}{7} \end{aligned}$$

(Il est aisé de constater que α, β, γ sont distincts deux à deux.)

En utilisant les formules de trigonométrie $\cos 2x = 2\cos^2 x - 1$ et $\cos a \cos b = \frac{1}{2}(\cos(a+b) + \cos(a-b))$, on obtient :

$$\begin{aligned} \beta &= \alpha^2 - 2 \\ \gamma &= 1 - \alpha - \alpha^2 \end{aligned}$$

Par conséquent, β et γ appartiennent tous deux à $\mathbb{Q}(\alpha)$, il s'ensuit que le corps de rupture de P (qui est isomorphe à $\mathbb{Q}(\alpha)$) est galoisien.

On a $[L : \mathbb{Q}] = d^\circ P = 3$, donc $\sharp Gal(L/\mathbb{Q}) = 3$, mais il n'y a qu'un seul groupe d'ordre 3 : c'est $\mathbb{Z}/3\mathbb{Z}$, ainsi :

$$Gal(L/\mathbb{Q}) \simeq \mathbb{Z}/3\mathbb{Z}$$

Soit $\sigma \in Gal(L/\mathbb{Q})$, $\sigma(\alpha)$ est une racine de P, donc $\sigma(\alpha) = \alpha, \beta, \gamma$. Si $\sigma(\alpha) = \alpha$, comme α engendre L, il s'ensuit que $\sigma = Id$. Si $\sigma(\alpha) = \beta$, alors $\sigma(\beta)$ est encore racine de P et donc $\sigma(\beta) = \alpha, \beta, \gamma$. $\sigma(\beta) = \alpha$ est exclu, sinon σ serait d'ordre 2, $\sigma(\beta) = \beta$ est exclu aussi sinon $\sigma = Id$ (β engendre aussi L). Donc $\sigma(\beta) = \gamma$ et ainsi σ est d'ordre 3 et engendre $Gal(L/\mathbb{Q})$.

Si $\sigma(\alpha) = \gamma$, alors comme précédemment, σ engendre $Gal(L/\mathbb{Q})$. Dans la suite, nous prendrons comme générateur σ de $Gal(L/\mathbb{Q})$ celui pour lequel $\sigma(\alpha) = \beta$. On a alors $\sigma^2(\alpha) = \gamma$.

1.b.i.— Il est célèbre que la norme d'un élément est égale au produit de ses conjugués (compter avec ordre de multiplicité). Ainsi :

$$N(x) = x.\sigma(x).\sigma^2(x)$$

Il est clair que $\sigma(N(x)) = N(x)$ et par suite $N(x)$ est invariant sous l'action de $Gal(L/\mathbb{Q})$, donc $N(x) \in \mathbb{Q}$.
Remarque : Il est clair que $N(xy) = N(x)N(y)$ et que $N(x) = 0$ ssi $x = 0$.

1.b.ii.— La famille $1, \alpha, \alpha^2$ est une base du $\mathbb{Q}$-espace vectoriel L. Dans cette base, d'après la question 1.a.iii., les vecteurs α, β, γ s'écrivent :

$$\begin{array}{ccc} \alpha & \beta & \gamma \end{array}$$
$$\begin{pmatrix} 0 & -2 & 1 \\ 1 & 0 & -1 \\ 0 & 1 & -1 \end{pmatrix}$$

le déterminant de cette matrice vaut -1 ce qui assure que c'est une matrice de passage et que par suite, α, β, γ forment une base du $\mathbb{R}$-espace vectoriel L.

Le calcul donne :

$$\begin{aligned} N(x\alpha + y\beta + z\gamma) &= x^3 + y^3 + z^3 - 4(x^2z + y^2x + z^2y) \\ &\quad +3(x^2y + y^2z + z^2x) - xyz \end{aligned}$$

1.b.iii.— Posons

$$\begin{aligned} a &= x^3 + y^3 + z^3 \\ b &= -4(x^2z + y^2x + z^2y) \\ c &= 3(x^2y + y^2z + z^2x) \\ d &= -xyz \end{aligned}$$

1/ Supposons x pair, y pair et z impair. Alors a est impair, b est pair, c est pair et d est pair. Donc $a + b + c + d$ est impair.

2/ Supposons x pair, y impair et z impair. Alors a est pair, b est pair, c est impair et d est pair. Donc $a + b + c + d$ est impair.

3/ Supposons x pair, y impair et z pair. Alors a est impair, b est pair, c est pair et d est pair. Donc $a + b + c + d$ est impair.

4/ Supposons x impair, y pair et z pair. Alors a est impair, b est pair, c est pair et d est pair. Donc $a + b + c + d$ est impair.

5/ Supposons x impair, y pair et z impair. Alors a est pair, b est pair, c est impair et d est pair. Donc $a + b + c + d$ est impair.

6/ Supposons x impair, y impair et z pair. Alors a est pair, b est pair, c est impair et d est pair. Donc $a + b + c + d$ est impair.

7/ Supposons x impair, y impair et z impair. Alors a est impair, b est pair, c est impair et d est impair. Donc $a + b + c + d$ est impair.

Donc $N(x\alpha + y\beta + z\gamma)$ est bien un entier impair.

Prenons maintenant x, y, z trois rationnels non tous nuls. Il existe un entier $h \in \mathbb{Z}$ tel que

$$x = 2^h \frac{p_1}{q}, \quad y = 2^h \frac{p_2}{q}, \quad z = 2^h \frac{p_3}{q}$$

avec q entier impair et (p_1, p_2, p_3) un triplet d'entiers non tous pairs. On a alors :

$$N(x\alpha + y\beta + z\gamma) = 2^{3h} \frac{N(p_1\alpha + p_2\beta + p_3\gamma)}{q^3}$$

D'après ce qui précède, $N(p_1\alpha + p_2\beta + p_3\gamma)$ est entier impair. Il en est de même de q^3, d'où le résultat.

2.a.i.— φ_ω est visiblement linéaire. Sa matrice dans (e_1, e_2, e_3) vaut :

$$M_\omega = \begin{pmatrix} u & 2\sigma(w) & 2\sigma^2(v) \\ v & \sigma(u) & 2\sigma^2(w) \\ w & \sigma(v) & \sigma^2(u) \end{pmatrix}$$

2.a.ii.— Soient $\omega_1 = \begin{pmatrix} u_1 \\ v_1 \\ w_1 \end{pmatrix}$ et $\omega_2 = \begin{pmatrix} u_2 \\ v_2 \\ w_2 \end{pmatrix}$. On a

$$M_{\omega_1} M_{\omega_2} = \begin{pmatrix} u_1 & 2\sigma(w_1) & 2\sigma^2(v_1) \\ v_1 & \sigma(u_1) & 2\sigma^2(w_1) \\ w_1 & \sigma(v_1) & \sigma^2(u_1) \end{pmatrix} \begin{pmatrix} u_2 & 2\sigma(w_2) & 2\sigma^2(v_2) \\ v_2 & \sigma(u_2) & 2\sigma^2(w_2) \\ w_2 & \sigma(v_2) & \sigma^2(u_2) \end{pmatrix}$$

On écrit alors $M_{\omega_1} M_{\omega_2} = \begin{pmatrix} C_1 & C_2 & C_3 \end{pmatrix}$ où C_1, C_2, C_3 sont trois vecteurs colonnes que l'on peut écrire, en tenant compte du fait que σ est un automorphisme d'ordre 3, sous la forme

$$C_1 = \begin{pmatrix} u_1u_2 + 2\sigma(w_1)v_2 + 2\sigma^2(v_1)w_2 \\ v_1u_2 + \sigma(u_1)v_2 + 2\sigma^2(w_1)w_2 \\ w_1u_2 + \sigma(v_1)v_2 + \sigma^2(u_1)w_2 \end{pmatrix}$$

$$C_2 = \begin{pmatrix} 2\sigma(w_1u_2 + \sigma(v_1)v_2 + \sigma^2(u_1)w_2) \\ \sigma(u_1u_2 + 2\sigma(w_1)v_2 + 2\sigma^2(v_1)w_2) \\ \sigma(v_1u_2 + \sigma(u_1)v_2 + 2\sigma^2(w_1)w_2) \end{pmatrix}$$

$$C_3 = \begin{pmatrix} 2\sigma^2(v_1u_2 + \sigma(u_1)v_2 + 2\sigma^2(w_1)w_2) \\ 2\sigma^2(w_1u_2 + \sigma(v_1)v_2 + \sigma^2(u_1)w_2) \\ \sigma^2(u_1u_2 + 2\sigma(w_1)v_2 + 2\sigma^2(v_1)w_2) \end{pmatrix}$$

On a alors

$$M_{\omega_1} M_{\omega_2} = M_{\omega_1 . \omega_2}$$

Il est clair que

$$M_{\omega_1 + \omega_2} = M_{\omega_1} + M_{\omega_2}$$

2.a.iii.— La $\mathbb{Q}$-linéarité de ε_ω provient immédiatement de la $\mathbb{Q}$-linéarité de σ.

2.b.— Vérifions que . est associative. Soit ω_1 et ω_2 deux éléments de K et $x \in K$ que l'on rapporte au vecteur X dans la base (e_1, e_2, e_3). On a :

$$\omega_1 .(\omega_2 . x) = M_{\omega_1} M_{\omega_2} X = M_{\omega_1 . \omega_2} X = (\omega_1 . \omega_2) . x$$

ce qui prouve bien l'associativité du produit.

La $\mathbb{Q}$-linéarité du produit à gauche et à droite implique alors que $(K, +, .)$ est un anneau. La propriété $(\lambda x).(\mu y) = (\lambda\mu)(x.y)$ pour tout $(\lambda, \mu) \in \mathbb{Q}^2$ et tout $(x, y) \in K^2$ est immédiate. Donc K est une $\mathbb{Q}$-algèbre. Il est facile de voir que $\begin{pmatrix} 1 \\ 0 \\ 0 \end{pmatrix}$ est un neutre à droite et à gauche. Donc K est unitaire. Soit $u \in L$ et $x = \begin{pmatrix} u \\ 0 \\ 0 \end{pmatrix}$ et $y = \begin{pmatrix} 0 \\ 1 \\ 0 \end{pmatrix}$. On a $x.y = \begin{pmatrix} 0 \\ \sigma(u) \\ 0 \end{pmatrix}$ et $y.x = \begin{pmatrix} 0 \\ u \\ 0 \end{pmatrix}$. Donc si $u \notin \mathbb{Q}$ alors $x.y \neq y.x$, K est bien non commutatif.

2.c.i.— Si $det M_\omega \neq 0$ alors φ_ω est un isomorphisme, en particulier il existe $\omega' \in K$ tel que $\varphi_\omega(\omega') = 1$, c'est à dire $\omega.\omega' = 1$. ω est bien inversible à droite.

2.c.ii.— On a :

$$\begin{aligned} det M_\omega &= \begin{vmatrix} u & 2\sigma(w) & 2\sigma^2(v) \\ v & \sigma(u) & 2\sigma^2(w) \\ w & \sigma(v) & \sigma^2(u) \end{vmatrix} \\ &= N(u) + 2N(v) + 4N(w) \\ &\quad -2(u\sigma(v)\sigma^2(w) + w\sigma(u)\sigma^2(v) + v\sigma(w)\sigma^2(u)) \end{aligned}$$

2.c.iii.— Remarquons pour commencer que quitte à multiplier ω par un entier n non nul, on peut choisir u, v, w à composantes entières (dans la base (α, β, γ)) non toutes nulles (en effet $detM_{n\omega} = n^3 detM_\omega$).

Dans cette situation, on sait déjà que $N(u), N(v), N(w)$ sont entiers. Maintenant, l'élément

$$m = u\sigma(v)\sigma^2(w) + w\sigma(u)\sigma^2(v) + v\sigma(w)\sigma^2(u)$$

s'écrit sous la forme $m = a\alpha + b\beta + c\gamma$ avec a, b, c entiers. Mais comme $\beta = \alpha^2 - 2$ et $\gamma = 1 - \alpha - \alpha^2$, on en déduit aussi que :

$$m = a' + b'\alpha + c'\alpha^2$$

avec a', b', c' entiers. Maintenant, m est clairement invariant par σ, donc $m \in \mathbb{Q}$, donc $m = a' \in \mathbb{Z}$. Ainsi $u\sigma(v)\sigma^2(w) + w\sigma(u)\sigma^2(v) + v\sigma(w)\sigma^2(u)$ est un entier.

Pour prouver que $detM_\omega \neq 0$, il suffit donc de montrer que l'on peut, sans perte de généralité, se ramener au cas où les composantes de u sont non toutes paires, car alors $N(u)$ sera impair (1.b.iii.) et $2N(v)+4N(w)-2(u\sigma(v)\sigma^2(w) + w\sigma(u)\sigma^2(v) + v\sigma(w)\sigma^2(u))$ sera pair, donc $detM_\omega = N(u) + 2N(v) + 4N(w) - 2(u\sigma(v)\sigma^2(w) + w\sigma(u)\sigma^2(v) + v\sigma(w)\sigma^2(u))$ sera un entier impair et par conséquent non nul.

L'élément e_2 est inversible dans K et on vérifie facilement que $e_2^{-1} = \frac{1}{2}e_3$. On a alors :

$$\omega.e_2^{-1} = \sigma^2(v)e_1 + \sigma^2(w)e_2 + \frac{1}{2}\sigma^2(u)e_3$$

Par une récurrence immédiate, on prouve que pour tout k entier,

$$\begin{aligned} \omega e_2^{-3k} &= \tfrac{1}{2^k}\omega \\ \omega e_2^{-3k-1} &= \tfrac{1}{2^k}\omega' \\ \omega e_2^{-3k-2} &= \tfrac{1}{2^k}\omega'' \end{aligned}$$

avec $\omega' = \sigma^2(v)e_1 + \sigma^2(w)e_2 + \frac{1}{2}\sigma^2(u)e_3$ et $\omega'' = \sigma(w)e_1 + \frac{1}{2}\sigma(u)e_2 + \frac{1}{2}\sigma(v)e_3$.

On en déduit donc qu'en multipliant par e_2^{-n} pour un n bien choisi, on obtient :

$$\omega e_2^{-n} = u'e_1 + v'e_2 + w'e_3$$

avec des u', v', w' à composantes entières dans la base (α, β, γ), tels que les composantes de u' soient non toutes paires. En appliquant alors ce qui précède, on en déduit que $detM_{\omega e_2^{-n}} \neq 0$ et donc $\omega.e_2^{-n}$ est inversible à droite.

Soit $\psi \in K$ tel que $(\omega.e_2^{-n}).\psi = 1$. Alors $\omega.(e_2^{-n}.\psi) = 1$ et par suite ω admet un inverse à droite.

2.c.iv.— K est donc un anneau unitaire tel que tout élément non nul admet un inverse à droite. Soit $\omega \in K$ non nul et ω' son inverse à droite. ω' est non nul et admet donc un inverse à droite ω''. On a alors

$$\begin{aligned} \omega.\omega' = 1 &\implies \omega'.(\omega.\omega').\omega'' = \omega'.\omega'' \\ &\implies (\omega'.\omega).(\omega'.\omega'') = 1 \\ &\implies (\omega'.\omega) = 1 \end{aligned}$$

Ainsi ω' est aussi l'inverse à gauche de ω et par suite K est un corps.

2.d.— Remarquons pour commencer que K est un L-espace vectoriel de dimension 3, mais comme L est un $\mathbb{Q}$-espace vectoriel de dimension 3, on a $[K : \mathbb{Q}] = 9$. $\mathbb{Q}$ est visiblement inclus dans le centre de K, il s'ensuit que si $x \in K$ alors $\mathbb{Q}(x)$ est commutatif. Mais $[\mathbb{Q}(x) : \mathbb{Q}]$ vaut $1, 3$ ou 9 puisque $\mathbb{Q}(x) \subset K$. Si $[\mathbb{Q}(x) : \mathbb{Q}] = 9$ alors $\mathbb{Q}(x) = K$, ce qui est impossible puisque K est non commutatif alors que $\mathbb{Q}(x)$ l'est. Si $[\mathbb{Q}(x) : \mathbb{Q}] = 1$, alors $\mathbb{Q}(x) = \mathbb{Q}$ et par suite $x \in \mathbb{Q}$. Donc si $x \in K$, $x \notin \mathbb{Q}$, alors $[\mathbb{Q}(x) : \mathbb{Q}] = 3$. Il n'y a pas de corps strict intermédiaire entre $\mathbb{Q}(x)$ et K, donc $\mathbb{Q}(x)$ est bien commutatif maximal.

Maintenant, si $x \notin \mathbb{Q}$ appartient au centre Z de K, alors $\mathbb{Q}(x)$ est inclus dans Z. Prenons $y \notin Z$ (qui existe puisque K est non commutatif), $\mathbb{Q}(x)(y)$ est alors commutatif, mais c'est un surcorps strict de $\mathbb{Q}(x)$ et d'après ce qui précède on a $K = \mathbb{Q}(x)(y)$, ce qui est absurde. Donc $Z = \mathbb{Q}$.

Problème 13.— Quadrature du cercle.

La quadrature du cercle est un problème ancestral. Ce problème peut se résumer en ces termes : étant donné un cercle, existe-t-il une méthode qui en un nombre fini d'opérations permette de tracer, à l'aide d'une règle et d'un compas, un carré de surface égale à celle du cercle ? L'objet de ce problème est de démontrer l'impossibilité de la quadrature du cercle.

On considère le plan $\mathcal{P}$ affine et euclidien rapporté à un repère orthonormé. Un point $P \in \mathcal{P}$ sera rapporté par ses coordonnées (x, y) dans le repère. Un point P est dit "constructible à la règle et au compas" s'il existe une suite finie $(S_n)_n$ de tracés de cercle ou de droites telle que :

- *Le tracé S_k s'obtient comme tracé d'un cercle de centre un point obtenu par intersection des tracés S_i, $i < k$ et de rayon obtenu comme longueur entre deux points obtenus par intersections des tracés S_i, $i < k$, ou comme tracé d'une droite passant par deux points obtenus par intersections des tracés S_i, $i < k$. (Le tracé S_0 n'est rien d'autre que la donnée du repère orthonormé).*

- *Le point P soit l'intersection de deux de ces tracés.*

Un réel x est dit "nombre constructible à la règle et au compas" (ou plus simplement "nombre constructible") si le point $P = (x, x)$ est constructible à la règle et au compas.

1.—

1.a.— *Montrer qu'un point $P \in \mathcal{P}$ est constructible si et seulement si ces coordonnées sont des nombres constructibles.*

1.b.— *Montrer, en explicitant les opérations géométriques effectuées, que si α et β sont des nombres constructibles alors $\alpha - \beta$ est un nombre constructible et que si $\beta \neq 0$ alors $\dfrac{\alpha}{\beta}$ est un nombre constructible.*

En déduire que l'ensemble $\mathbf{C}$ des nombres constructibles est un corps.

1.c.— *Montrer que le problème de la quadrature du cercle admet une solution si et seulement si $\sqrt{\pi}$ est un nombre constructible.*

2.— *On veut maintenant caractériser le corps $\mathbf{C}$. Pour cela on va faire appel à la notion de tour d'extension quadratique. Une tour d'extension* *quadratique est une suite* $(K_n)_n$ *de corps tels que :*

$$K_0 = \mathbb{Q}, \ \forall n \in \mathbb{N}, \ \exists \alpha \in K_n / \ K_{n+1} = K_n(\sqrt{\alpha})$$

Une tour d'extension quadratique est dite réelle si $K_n \subset \mathbb{R}$ *pour tout* n.

2.a.— *Prouver que si* α *est un nombre constructible, alors il appartient à une tour d'extensions quadratiques réelle.*

2.b.— *Montrer réciproquement que tout élément d'une tour d'extensions quadratiques réelle est un nombre constructible.*

2.c.— *Déduire de ce qui précède que* $\mathbf{C} \subset \overline{\mathbb{Q}}$ *et que* $\mathbf{C}/\mathbb{Q}$ *n'est pas une extension galoisienne.*

2.d.— *Montrer que si* $\alpha \in \mathbf{C}$ *alors* $\alpha \in \overline{\mathbb{Q}} \cap \mathbb{R}$ *et le degré de* α *(i.e. le degré de son polynôme minimal sur* $\mathbb{Q}$*) est une puissance de 2 (théorème de Wantzel).*

Donner alors un exemple de nombre algébrique réel qui ne soit pas constructible.

2.e.— *(Application) Le problème de la trisection de l'angle est le suivant :*

Problème : *Etant donné deux droites du plan qui se coupant définissent un angle* α*, existe-t-il une construction à la règle et au compas qui permette d'obtenir, à partir de ces deux droites, l'angle* $\alpha/3$ *comme intersection de deux autres droites ?*

Montrer, grâce à la question 2.d. que le problème de la trisection de l'angle est insoluble.

3.— *On veut prouver maintenant que* $\sqrt{\pi}$ *n'est pas un nombre constructible. Pour cela on va prouver un résultat beaucoup plus fort, à savoir que* $\sqrt{\pi}$ *est nombre transcendant (i.e.* $\sqrt{\pi} \notin \overline{\mathbb{Q}}$*). La démonstration va se faire par l'absurde en suposant que le complexe* $i\pi$ *est un nombre algébrique. Soit alors*

$$P(X) = a_n x^n + \cdots + a_0 \in \mathbb{Z}[X]$$

un polynôme non nul qui possède $i\pi$ *comme racine.*

3.a.i.— *On pose* $a = a_n$ *et on considère le polynôme*

$$Q(X) = X^n + a_{n-1}X^{n-1} + aa_{n-2}X^{n-2} + \cdots + a^{n-2}a_1X + a^{n-1}a_0$$

Expliciter une racine de $Q(X)$. On note maintenant $\alpha_1, \cdots \alpha_n$ des complexes tels que $a\alpha_1, \cdots, a\alpha_n$ soient les racines de Q.

3.a.ii.— *Montrer que*

$$(e^{\alpha_1}+1)\cdots(e^{\alpha_n}+1)=0$$

Prouver ensuite que

$$(e^{\alpha_1}+1)\cdots(e^{\alpha_n}+1)=\sum_{k_1=0}^{1}\cdots\sum_{k_n=0}^{1} e^{k_1\alpha_1}\cdots e^{k_n\alpha_n}$$

3.a.iii.— *On considère le polynôme*

$$R(X)=\prod_{k_1=0}^{1}\cdots\prod_{k_n=0}^{1}\left(X-a\sum_{i=1}^{n}k_i\alpha_i\right)$$

Montrer que R est un polynôme symétrique en les α_i. En déduire que $R(X)\in\mathbb{Z}[X]$. Exprimer les racines de R en fonction des α_k.

3.a.iv.— *Montrer alors la propriété suivante :*

- *Il existe un polynôme $S(X)\in\mathbb{Z}[X]$ unitaire non constant de degré r, ne s'annulant pas en 0,*

- *Il existe r complexes non nuls $\beta_1, \cdots, \beta_r$,*

- *Il existe $a\in\mathbb{Z}^*$ et $l\in\mathbb{N}^*$,*

tels que :

- *$a\beta_1, \cdots, a\beta_n$ sont les racines de $S(X)$,*

- $e^{\beta_1}+\cdots+e^{\beta_r}+l=0$.

3.b.— *Pour tout nombre premier p, on pose*

$$f_p(X)=\frac{(aX)^{p-1}(S(aX))^p}{(p-1)!}$$

On considère alors le polynôme

$$F_p(X)=\sum_{k=0}^{pr-p-1} f_p^{(k)}(X)$$

3.b.i.— *Prouver que pour tout nombre complexe β, on a :*

$$e^{-\beta}F_p(\beta) - F_p(0) = -\int_0^1 \beta e^{-\beta x} f_p(\beta x)dx$$

3.b.ii.— *En déduire que*

$$\sum_{k=1}^{r} F_p(\beta_k) + lF_p(0) = -\sum_{k=1}^{r} \beta_k \int_0^1 e^{(1-x)\beta_k} f_p(\beta_k x)dx$$

3.c.— *Pour tout nombre premier p et pour tout β_k, on pose :*

$$T_p(\beta_k) = \beta_k \int_0^1 e^{(1-x)\beta_k} f_p(\beta_k x)dx$$

3.c.i.— *Montrer que*

$$|T_p(\beta_k)| \leq K_k H_k \frac{(|a\beta_k|H_k)^{p-1}}{(p-1)!}$$

où $H_k = sup_{x\in[0,1]}|S(a\beta_k x)|$ *et* $K_k = |\beta_k e^{\beta_k}| \int_0^1 |e^{-\beta_k x}|dx.$

3.c.ii.— *En déduire que pour p assez grand, on a*

$$\left| -\sum_{k=1}^{r} T_p(\beta_k) \right| \leq \frac{1}{2}$$

3.d.— *Exprimer, grâce à la formule de Leibniz l'expression de $f_p^{(h)}(X)$ pour tout entier h.*

3.d.i.— *Montrer alors que pour tout h,*

- *Si* $0 \leq h < p$, *alors* $\sum_{k=1}^{r} f_p^{(h)}(\beta_k) = 0,$

- *Si* $h \geq p$, *alors* $\sum_{k=1}^{r} f_p^{(h)}(\beta_k)$ *est un entier divisible par p.*

3.d.ii.— *En déduire que* $\sum_{k=1}^{r} F_p(\beta_k)$ *est un entier divisible par* p.

3.d.iii.— *En étudiant* $f_p^{(j)}(0)$, *montrer qu'il existe un entier* M *tel que :*

$$\sum_{k=1}^{r} F_p(\beta_k) + lF_p(0) = Mp + la^{p-1}S^p(0)$$

En déduire que pour tout nombre premier $p > Max(l, |a|, |S(0)|)$, *on a*

$$\sum_{k=1}^{r} F_p(\beta_k) + lF_p(0) \neq 0$$

3.e.— *Prouver que* $(i\pi)$ *est transcendant. En déduire que* $\sqrt{\pi}$ *est transcendant et donc que la quadrature du cercle est impossible.*

Solution :

1.a.— Si le point $P = (x, y)$ est constructible, alors en prenant la projection orthogonale de P sur les axes du repère (ce qui correspond au tracé d'une droite perpendiculaire à chaque axe, cette opération s'obtenant simplement avec une règle et un compas), on obtient comme coordonnées x et y. Il est alors facile de tracer les points de coordonnées (x, x) et (y, y).

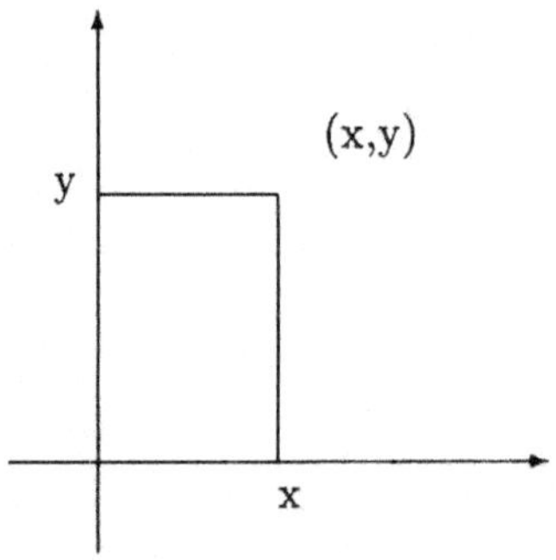

De même, par le même tracé, si l'on possède le point (x, x) et le point (y, y), par projection, on a les coordonnées x et y. Il suffit alors de tracer des droites perpendiculaires aux axes passant par $(x, 0)$ et $(0, y)$. L'intersection de ces droites donne le point $P = (x, y)$.

1.b.— Si α et β sont des nombres constructibles, une fois projetés sur l'axe des abscisses, il suffit de prendre au compas la mesure algébrique α et de la retrancher à la mesure algébriques β.

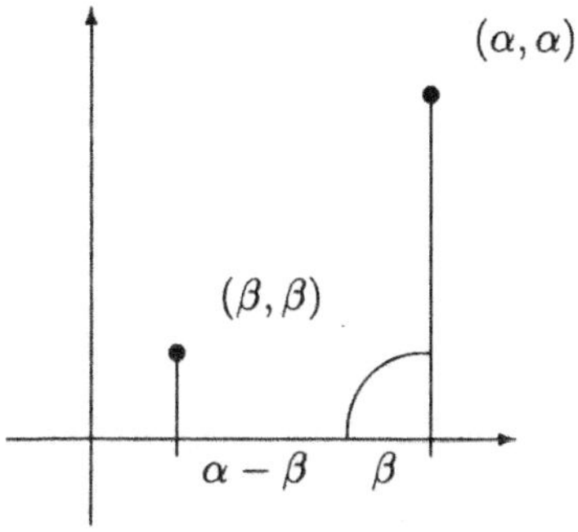

Pour construire α/β, nous allons utiliser le théorème de Thalès : une fois obtenues les mesures algébriques de α et β, on trace la droite qui passe par l'origine du repère et le point (β, α). La pente de cette droite est α/β, donc l'intersection de cette droite avec la perpendiculaire à l'abscisse passant par $(1, 0)$ nous donne la mesure α/β.

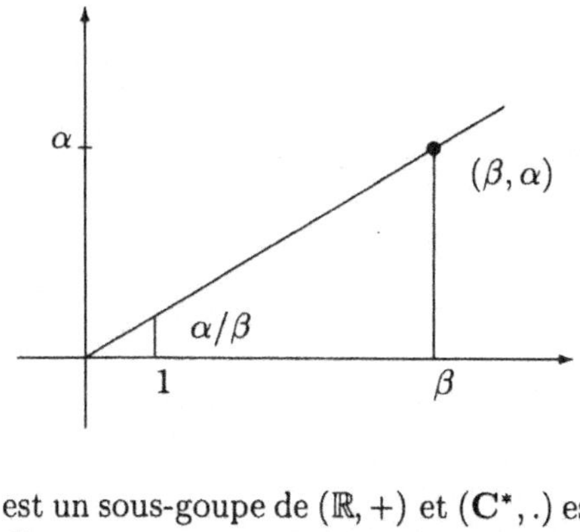

Ainsi $(\mathbf{C}, +)$ est un sous-goupe de $(\mathbb{R}, +)$ et $(\mathbf{C}^*, .)$ est un sous-groupe de $(\mathbb{R}^*, .)$. Donc $\mathbf{C}$ est un sous-corps de $\mathbb{R}$, il contient en particulier $\mathbb{Q}$.

1.c.— Etant donné un cercle tracé sur un plan, on peut orthonormer le plan en prenant comme origine le centre du cercle (point qui se trouve facilement à l'aide d'un compas et d'une règle) et pour base orthonormée, des vecteurs orthogonaux de norme le rayon du cercle (ce dernier nombre se trouve à partir du cercle et de son centre avec un compas). Ainsi le problème de la quadrature d'un cercle se ramène à celui du cercle unité. Si le problème admet une solution, en particulier une fois tracé le carré de surface égale à celle du cercle, en prenant la longueur d'un des côtés de ce carré on peut construire $\sqrt{\pi}$. Réciproquement, si l'on sait construire $\sqrt{\pi}$, alors on trace sans problème un carré dont les côtés ont une longueur égale à $\sqrt{\pi}$ et l'on solutionne alors le problème de la quadrature du cercle unité.

2.a.— Considérons, pour un entier n, une suite finie de tracés $(S_k)_{1\leq k\leq n}$. On note abusivement pour un réel α, $\alpha \in S_k$ si α est une des coordonnées d'un point obtenu par l'un des tracés $S_0, \cdots, S_k$. Supposons alors que tous les éléments de S_k appartiennent à une tour d'extensions quadratiques réelle pour tout k compris entre 1 et n. Notons $(K_n)_n$ cette tour. Comme la réunion des éléments de S_k est finie, il existe donc un n_0 tel que le corps $K = K_{n_0}$ les contienne tous. Regardons alors un tracé S_{n+1} quelconque. C'est soit le tracé d'une droite, soit celui d'un cercle.

Cas de la droite : Par hypothèse, on trace cette droite en la faisant passer par deux points déjà obtenus par les tacés précédents, donc par deux couples distincts (a_1, b_1) et (a_2, b_2) d'éléments de K^2. L'équation cartésienne de cette droite est alors :

$$(a_2 - a_1)Y - (b_2 - b_1)X - (a_2b_1 - a_1b_2) = 0$$

On note alors $a = (a_2 - a_1)$, $b = -(b_2 - b_1)$ et $c = -(a_2b_1 - a_1b_2)$, on a alors $(a, b, c) \in K^3$. L'intersection de cette droite avec les tracés précédents sont de deux sortes : intersection avec une droite ou avec un cercle.

1er cas : si c'est avec une droite, celle-ci a une équation cartésienne de la forme $\alpha Y + \beta X + \gamma$ avec $(\alpha, \beta, \gamma) \in K^3$ (car les droites obtenues par les tracés précédents passent par des points à coordonnées dans K). Dans ce cas on cherche alors les solutions du système

$$\begin{array}{rcl} aY + bX + c & = & 0 \\ \alpha Y + \beta X + \gamma & = & 0 \end{array}$$

Si ce système admet une solution, celle-ci est clairement à coordonnées dans K, ce qui assure alors que les coordonnées du point d'intersection sont à coefficients dans K.

2ème cas : si c'est avec un cercle, celui-ci a une équation cartésienne de la forme

$$(Y - \alpha)^2 + (X - \beta)^2 = R^2, \quad (\alpha, \beta, R) \in K^3$$

Dans ce cas, les points obtenus par intersection avec notre droite (s'il en existe) ont des coordonnées qui sont solutions du système

$$\begin{aligned} &aY + bX + c = 0 \\ &(Y - \alpha)^2 + (X - \beta)^2 = R^2 \end{aligned}$$

Si $a = 0$ (la droite est alors verticale) et si le couple de réels (x, y) est solution de notre système alors on a $x = \frac{-c}{b}, y = \alpha + \sqrt{R^2 - \left(\frac{-c}{b} - \beta\right)^2}$ ou $x = \frac{-c}{b}, y = \alpha - \sqrt{R^2 - \left(\frac{-c}{b} - \beta\right)^2}$. Ces couples vivent dans le corps $K(\sqrt{R^2 - \left(\frac{-c}{b} - \beta\right)^2})$ qui est visiblement une extension quadratique réelle de K, donc les coordonnées des points d'intersections de notre droite avec le cercle vivent dans une tour d'extensions quadratiques réelle de $\mathbb{Q}$.
Si $a \neq 0$ et si le couple de réels (x, y) est solution de notre système alors le réel x vérifie :

$$\left(\frac{b^2}{a^2} + 1\right) x^2 + 2\left(\frac{bc + ba\alpha}{a^2} - \beta\right) x + \left(\left(\frac{c}{a} + \alpha\right)^2 + \beta^2 - R^2\right) = 0$$

Donc, soit x est dans K (le discriminant du trinôme est alors nul) et il en est alors de même pour y, soit x appartient à une extension quadratique réelle de K (le discriminant du trinôme est alors strictement positif) il en est aussi de même pour y. Donc les coordonnées des points d'intersection ainsi obtenus vivent dans une tour d'extensions quadratiques réelle de $\mathbb{Q}$.

Cas du cercle : Par hypothèse, ce cercle a une équation cartésienne de la forme

$$(Y - a)^2 + (X - b)^2 = R^2, \quad (a, b, R) \in K^3$$

Comme précédemment, on l'intersecte soit avec une droite ayant une équation cartésienne à coefficients dans K, soit avec un cercle ayant une équation cartésienne à coefficients dans K.

1er cas : si c'est avec une droite, on est ramené au deuxième cas de la droite.

2ème cas : si c'est avec un cercle, celui-ci a une équation cartésienne de la forme

$$(Y - \alpha)^2 + (X - \beta)^2 = R'^2, \quad (\alpha, \beta, R') \in K^3$$

Dans ce cas, les points obtenus par intersection avec notre cercle (s'il en existe) ont des coordonnées (x, y) qui sont solutions du système

$$\begin{aligned} (y-a)^2 + (x-b)^2 &= R^2 \\ (y-\alpha)^2 + (x-\beta)^2 &= R'^2 \end{aligned}$$

En soustrayant les deux équations, on trouve alors que le couple (x, y) satisfait à l'équation :

$$2(\alpha - a)y + 2(\beta - b)x + (a^2 - \alpha^2 + b^2 - \beta^2 - R^2 + R'^2) = 0$$

c'est à dire que $1, x, y$ sont K-linéairement dépendants.

Si $\alpha - a = 0$ alors $y \in K$ et par suite x est solution d'un trinôme du second degré à coefficients dans K et appartient donc soit à K soit à une extension quadratique réelle de K. Donc x et y vivent dans une tour d'extensions quadratiques réelle de $\mathbb{Q}$.

Si $\alpha - a \neq 0$, alors il existe deux éléments λ et μ dans K tels que $x = \lambda y + \mu$. Dans ces conditions, y est solution d'un trinôme du second degré à coefficients dans K et appartient donc soit à K soit à une extension quadratique réelle de K. Donc x et y vivent dans une tour d'extensions quadratiques réelle de $\mathbb{Q}$.

Ainsi dans tous les cas, les points obtenus par le tracé S_{n+1} ont des coordonnées dans une tour d'extensions quadratiques réelle de $\mathbb{Q}$. Ceci achève la preuve par récurrence.

2.b.— Soit $(K_n)_n$ une tour d'extension quadratique. On sait que les éléments de $\mathbb{Q} = K_0$ sont tous constructibles puisque $\mathbf{C}$ est un corps inclus dans $\mathbb{R}$ et contient donc $\mathbb{Q}$. Supposons que pour $n \geq 0$ tous les éléments de K_n soient constructibles. Prenons alors un élément $\alpha \in K_{n+1}$. Par définition, il existe $\omega \in K_n$ tel que $K_{n+1} = K_n(\sqrt{\omega})$. Donc $\alpha = a + b\sqrt{\omega}$ avec $(a, b) \in K_n$. Comme $\mathbf{C}$ est un corps, pour prouver que α est constructible, il suffit de prouver que $\sqrt{\omega}$ l'est. Considérons alors le cercle d'équation

$$X^2 + Y^2 = \left(\frac{\omega + 1}{2}\right)^2$$

Ce cercle est bien constructible c'est le cercle de centre $(0, 0)$ et de rayon un nombre constructible. De même, la droite d'équation $X = \dfrac{\omega - 1}{2}$ est bien constructible et le point d'intersection de cette droite avec le cercle vérifie

$$X = \frac{\omega - 1}{2}, \quad X^2 + Y^2 = \left(\frac{\omega + 1}{2}\right)^2$$

ce qui implique $Y^2 = \left(\frac{\omega+1}{2}\right)^2 - \left(\frac{\omega-1}{2}\right)^2 = \omega$, donc le point P d'intersection a pour coordonnées

$$P = \left(\frac{\omega - 1}{2}, \sqrt{\omega}\right)$$

ce qui implique bien que $\sqrt{\omega}$ est un nombre constructible.

2.c.— Les éléments d'une tour d'extensions quadratiques sont tous algébriques, donc $\mathbf{C} \subset \overline{\mathbb{Q}}$. D'après ce qui précède, $\sqrt[4]{2}$ est constructible, mais les conjugués de $\sqrt[4]{2}$ sont

$$\sqrt[4]{2}, -\sqrt[4]{2}, i\sqrt[4]{2}, -i\sqrt[4]{2}$$

Deux d'entre eux ne sont pas réels, donc n'appartiennent pas à $\mathbf{C}$. Donc $\mathbf{C}/\mathbb{Q}$ n'est pas une extension normale.

2.d.— Soit α un nombre constructible. α appartient donc à une tour d'extensions quadratiques réelle $(K_n)_n$. Soit n_0 un entier tel que $\alpha \in K_{n_0}$, comme $[K_{n_0} : \mathbb{Q}] = 2^{n_0}$, il s'ensuit que le degré de α divise 2^{n_0}, donc est lui-même une puissance de 2.

Ainsi le réel $\sqrt[3]{2}$ n'est pas constructible puisqu'il est de degré 3 sur $\mathbb{Q}$.

2.e.— Il est facile de construire une droite qui est un angle $\pi/3$ avec l'axe des abscisses, il suffit pour cela de prendre la droite qui passe par les points de coordonnées $(0,0)$ et $(1/2, \sqrt{3}/2)$ (ces deux points étant visiblement constructibles d'après ce qui précède). Si la trisection de l'angle était possible en général, on saurait construire une droite ayant un angle de $\pi/9$ avec l'axe des abscisses, ce qui en projetant impliquerait que $\cos \pi/9$ soit un nombre constructible. En utilisant la formule de trigonométrie $\cos 3x = 4\cos^3 x - 3\cos x$, on trouve que $\cos \pi/9$ est racine du polynôme

$$P(X) = 8X^3 - 6X - 1$$

Supposons que p et q soient deux entiers premiers entre eux tels que $r = p/q$ soit racine de P. Alors

$$8p^3 - 6q^2p - q^3 = 0$$

et donc p divise q^3, c'est à dire q, ce qui n'est possible que si $p = \pm 1$. On a alors q^2 divise 8, donc $q = \pm 1$ ou ± 2. Ainsi $r = \pm 1$ ou $\pm 1/2$, mais aucun de ces rationnels n'est effectivement racine de P. P est donc irréductible sur $\mathbb{Q}$, puisqu'il est de degré 3 et qu'il n'a pas de racine dans $\mathbb{Q}$, et par suite $\cos\pi/9$ est de degré 3 sur $\mathbb{Q}$, ce qui est en contradiction avec le fait qu'il soit constructible : la trissection de l'angle est impossible en général.

3.a.i.— Il est clair que le complexe $ai\pi$ est racine de Q.

3.a.ii.— Un des α_k est égal à $i\pi$, donc $(e^{\alpha_k}+1)$ est nul et par suite tout le produit $(e^{\alpha_1}+1)\cdots(e^{\alpha_n}+1)$.

La preuve de l'égalité annoncée se fait par récurrence sur n. On montre que pour tout entier $n \geq 1$ et tout n-uplet $(x_1,\cdots,x_n) \in \mathbb{C}^n$, on a

$$(e^{x_1}+1)\cdots(e^{x_n}+1) = \sum_{k_1=0}^{1}\cdots\sum_{k_n=0}^{1} e^{k_1x_1}\ldots e^{k_nx_n}$$

Pour $n = 1$ la proposition est clairement vérifiée. Supposons-la vraie pour $n \geq 1$. Alors on a pour tout $x_{n+1} \in \mathbb{C}$:

$$\begin{aligned}
(e^{x_1}+1)\cdots(e^{x_{n+1}}+1) &= (e^{x_1}+1)\cdots(e^{x_n}+1)(e^{x_{n+1}}+1)\\
&= (e^{x_{n+1}}+1)\sum_{k_1=0}^{1}\cdots\sum_{k_n=0}^{1} e^{k_1x_1}\ldots e^{k_nx_n}\\
&= \sum_{k_1=0}^{1}\cdots\sum_{k_n=0}^{1} e^{k_1x_1}\ldots e^{k_nx_n}e^{x_{n+1}}\\
&\quad+\sum_{k_1=0}^{1}\cdots\sum_{k_n=0}^{1} e^{k_1x_1}\ldots e^{k_nx_n}\\
&= \sum_{k_1=0}^{1}\cdots\sum_{k_n=0}^{1}\sum_{k_{n+1}=0}^{1} e^{k_1x_1}\ldots e^{k_{n+1}x_{n+1}}
\end{aligned}$$

Ce qui achève la récurrence.

3.a.iii.— On considère le polynôme $R(X)$ comme polynôme en les α_i. On a donc $R \in \mathbb{C}[X][\alpha_1,\cdots,\alpha_n]$, on écrit alors

$$R(X) = X^{2^n} + \phi_{2^n-1}(\alpha_1,\cdots,\alpha_n)X^{2^n-1} + \cdots + \phi_0(\alpha_1,\cdots,\alpha_n)$$

où les $\phi_j(\alpha_1,\cdots,\alpha_n) \in \mathbb{Z}[(\alpha_1,\cdots,\alpha_n)]$. Il est clair que chaque ϕ_j est un polynôme symétrique, car permuter les α_k revient à permuter les produits $\prod_{k_i=0}^{1}$ dans la définition de R et donc ne perturbe pas R.

Il s'ensuit que $\phi_k \in \mathbb{Z}[\sigma_1, \cdots, \sigma_k]$ où les σ_k sont les fonctions symétriques élémentaires. Mais comme la valeur des fonctions symétriques élémentaires évaluées en le n-uplet $\alpha_1, \cdots, \alpha_n$ correspondent, au signe près, au coefficient du polynôme P (puisque $\alpha_1, \cdots, \alpha_n$ sont les racines de P), on en déduit que R est à coefficients entiers.

Les racines de R sont alors les $a(\alpha_{k_1} + \cdots + \alpha_{k_i})$ avec $1 \leq i \leq n$ et $1 \leq k_1 < k_2 < \cdots < k_i \leq n$.

3.a.iv.— On considère les r nombres complexes $\beta_1, \cdots, \beta_r$ tels que $a\beta_1, \cdots, a\beta_r$ soient les racines non nulles de $R(X)$. On a alors :

$$(e^{\alpha_1}+1)\cdots(e^{\alpha_n}+1) = \sum_{k_1=0}^{1}\cdots\sum_{k_n=0}^{1} e^{k_1\alpha_1}\cdots e^{k_n\alpha_n} = e^{\beta_1}+\cdots+e^{\beta_r}+l$$

où l représente le nombre de racines nulles de $R(X)$ ($l > 0$). En divisant par X^l le polynôme $R(X)$, on trouve un polynôme $S(X)$ de degré r unitaire à coefficients entiers et ne possédant pas 0 pour racine. Les $a\beta_i$ sont les racines de S et on a bien

$$e^{\beta_1} + \cdots e^{\beta_r} + l = 0$$

3.b.i.— En dérivant la fonction $e^{-\beta x}F_p(\beta x)$ et en tenant compte du fait que $f_p^{(pr-p)}(X) = 0$ (puisque $f_p(X)$ est de degré $pr - p - 1$), il vient

$$\begin{aligned}
\left(e^{-\beta x}F_p(\beta x)\right)' &= -\beta e^{-\beta x}F_p(\beta x) + \beta e^{-\beta x}F_p'(\beta x) \\
&= \beta e^{-\beta x}\left(\sum_{k=0}^{pr-p-1} f_p^{(k+1)}(\beta x) - \sum_{k=0}^{pr-p-1} f_p^{(k)}(\beta x)\right) \\
&= \beta e^{-\beta x}\left(f_p^{(pr-p)}(\beta x) - f_p(\beta x)\right) \\
&= -\beta e^{-\beta x} f_p(\beta x)
\end{aligned}$$

En intégrant cette égalité sur $[0, 1]$, on a alors

$$e^{-\beta}F_p(\beta) - F_p(0) = -\int_0^1 \beta e^{-\beta x} f_p(\beta x)dx$$

3.b.ii.— En prenant $\beta = \beta_k$ et en multipliant l'égalité précédente par e^{β_k}, il vient en sommant sur k :

$$\sum_{k=1}^{r} F_p(\beta_k) + lF_p(0) = -\sum_{k=1}^{r}\beta_k \int_0^1 e^{(1-x)\beta_k} f_p(\beta_k x)dx$$

3.c.i.— On a pour tout $x \in [0,1]$:

$$\begin{aligned} |f_p(\beta_k x)| &= \left|\frac{(a\beta_k x)^{p-1} S^p(a\beta_k x)}{(p-1)!}\right| \\ &\le \frac{|a\beta_k|^{p-1} H_k^p}{(p-1)!} \end{aligned}$$

De là, il vient

$$\begin{aligned} |T_p(\beta_k)| &\le K_k \frac{|a\beta_k|^{p-1} H_k^p}{(p-1)!} \\ &= K_k H_k \frac{(|a\beta_k| H_k)^{p-1}}{(p-1)!} \end{aligned}$$

3.c.ii.— Le terme $K_k H_k \dfrac{(|a\beta_k| H_k)^{p-1}}{(p-1)!}$ tend vers 0 avec p (puisque la factorielle domine n'importe quelle fonction puissance), donc il existe un rang p_0 tel que pour tout $p \ge p_0$, on ait

$$|T_p(\beta_k)| \le \frac{1}{2r}$$

en sommant on trouve pour tout $p \ge p_0$:

$$\left| -\sum_{k=1}^{r} T_p(\beta_k) \right| \le \frac{1}{2}$$

3.d.— On a pour tout h entier :

$$f_p^{(h)}(x) = \frac{1}{(p-1)!} \sum_{j=0}^{h} C_h^j \left[(ax)^{p-1}\right]^{(j)} [S^p(ax)]^{(h-j)}$$

3.d.i.— Si $0 \le h < p$, alors $[S^p(ax)]^{(h-j)}$ est factorisable pour tout j par $S(ax)$ donc s'annule en β_k pour tout k. Ainsi

$$\forall k = 1, \cdots, r \ \forall h = 0, \cdots, p-1 \ f_p^{(h)}(\beta_k) = 0$$

il en découle immédiatement que

$$\sum_{k=1}^{r} f_p^{(h)}(\beta_k) = 0$$

Par définition de f_p, il existe une suite d'entiers $(z_j)_{j\in\mathbb{N}}$ presque partout nulle telle que

$$(p-1)!f_p(X) = \sum_{j\geq 0} z_j X^j$$

On a alors pour tout $h \in \mathbb{N}$,

$$(p-1)!f_p^{(h)}(X) = \sum_{j\geq h} z_j \frac{j!}{(j-h)!} X^{j-h} = h! \sum_{j\geq h} z_j C_j^h X^{j-h}$$

On trouve ainsi :

$$\begin{aligned} \sum_{k=1}^{r} f_p^{(h)}(\beta_k) &= \sum_{k=1}^{r} \frac{h!}{(p-1)!} \sum_{j\geq h} z_j C_j^h \beta_k^{j-h} \\ &= \frac{h!}{(p-1)!} \sum_{j\geq h} z_j C_j^h \sum_{k=1}^{r} \beta_k^{j-h} \end{aligned}$$

Comme pour la question 3.a.iii., par raisonnement sur les polynômes symétriques, il vient $\sum_{k=1}^{r} \beta_k^{j-h} \in \mathbb{Z}$ et ainsi

$$\sum_{j\geq h} z_j C_j^h \sum_{k=1}^{r} \beta_k^{j-h} \in \mathbb{Z}$$

Maintenant, si $h \geq p$, alors $\dfrac{h!}{(p-1)!}$ est un entier divisible par p. Ce qui assure bien finalement que $\sum_{k=1}^{r} f_p^{(h)}(\beta_k)$ est un entier divisible par p pour $h \geq p$.

3.d.ii.— On a

$$\sum_{k=1}^{r} F_p(\beta_k) = \sum_{h=1}^{pr-p-1} \sum_{k=1}^{r} f_p^{(h)}(\beta_k)$$

En vertu de ce qui précède, $\sum_{k=1}^{r} F_p(\beta_k)$ est donc la somme d'entiers divisibles par p.

3.d.iii.— La formule de Leibniz nous donnait, pour tout entier h :

$$f_p^{(h)}(x) = \frac{1}{(p-1)!} \sum_{j=0}^{h} C_h^j \left[(ax)^{p-1}\right]^{(j)} [S^p(ax)]^{(h-j)}$$

On en déduit que si $h < p-1$ alors $f_p^{(h)}(0) = 0$. Si $h \geq p-1$, alors il n'y a qu'un seul terme dans la somme qui soit non nul c'est celui pour lequel $j = p-1$. On a alors :

$$f_p^{(h)}(0) = \frac{1}{(p-1)!} C_h^{p-1} a^{p-1} (p-1)! (S^p(aX))^{(h-p+1)}(0)$$

Comme $S(aX)$ est un polynôme à coefficients entiers, il est clair que $(S^p(aX))^{(h-p+1)}(0)$ est toujours un entier.

Si $h > p-1$ alors comme C_h^{p-1} est divisible par p, on en déduit que $f_p^{(h)}(0)$ est un entier divisible par p.

Pour $h = p-1$, on a

$$f_p^{(p-1)}(0) = a^{p-1} S^p(0)$$

On en déduit qu'il existe un entier $M^{'}$ tel que :

$$F_p(0) = M^{'} p + a^{p-1} S^p(0)$$

A la question précédente, on a prouvé qu'il existait un entier $M^{''}$ tel que

$$\sum_{k=1}^{r} F_p(\beta_k) = M^{''} p$$

en posant $M = M^{''} + lM^{'} \in \mathbb{Z}$, on a alors

$$\sum_{k=1}^{r} F_p(\beta_k) + lF_p(0) = Mp + la^{p-1} S^p(0)$$

Si p est un entier tel que $p > Max(l, |a|, |S(0)|)$ alors p ne divise pas $la^{p-1} S^p(0)$ (puisque ni l, ni a, ni $S(0)$ ne sont nuls) et comme il divise Mp, on en déduit que p ne divise pas $Mp + la^{p-1} S^p(0)$ qui, étant entier, ne peut donc pas être nul. Ainsi pour p premier assez grand,

$$\sum_{k=1}^{r} F_p(\beta_k) + lF_p(0) \neq 0$$

3.e.— On a montré au 3.c.ii. que pour p assez grand,

$$\left| \sum_{k=1}^{r} F_p(\beta_k) + lF_p(0) \right| \leq \frac{1}{2}$$

mais on vient de prouver que pour p assez grand $\sum_{k=1}^{r} F_p(\beta_k) + lF_p(0) \neq 0$ était un entier non nul. On a par conséquent pour p assez grand

$$\left|\sum_{k=1}^{r} F_p(\beta_k) + lF_p(0)\right| \geq 1$$

ce qui est bien évidemment impossible.

On conclut donc qu'il n'existe pas de polynôme à coefficients entiers annulant $i\pi$, c'est à dire que $i\pi$ est transcendant.

Comme $\overline{\mathbb{Q}}$ est un corps, si $\sqrt{\pi} \in \overline{\mathbb{Q}}$ alors $\pi = (\sqrt{\pi})^2 \in \overline{\mathbb{Q}}$ et comme $i \in \overline{\mathbb{Q}}$, on aurait $i\pi \in \overline{\mathbb{Q}}$ ce qui est impossible d'après ce que nous venons de montrer.

D'après 1.c., la quadrature du cercle équivaut au fait que $\sqrt{\pi} \in \mathbf{C}$. Mais d'après 2.c., $\mathbf{C} \subset \overline{\mathbb{Q}}$, on a donc $\sqrt{\pi} \notin \mathbf{C}$ ce qui achève la preuve de l'impossibilité de la quadrature du cercle.

Note : L'impossibilité de la quadrature du cercle est donc une conséquence de la transcendance de π. La transcendance de π a été établie par Lindemann en 1882. Au début du 20ème siècle, l'académie des sciences recevait encore tous les jours des mémoires où les auteurs prétendaient avoir trouvé une solution à ce problème. Même de nos jours certains farfelus continuent de penser qu'il est possible de résoudre ce problème et proposent régulièrement des solutions (nécessairement fausses) !

Il ne faut pas voir dans cette volonté implacable de solutionner un problème insoluble une pathologie psychiatrique ou une bêtise sans nom, mais plutôt une nostalgie pour des problèmes qui s'énonçant simplement peuvent laisser penser qu'ils se résolvent simplement.

Problème 14.— Corps hilbertiens, groupes de Galois sur $\mathbb{Q}$

L'objet de ce problème est d'étudier la propriété de Hilbert sur les corps de nombres et d'utiliser cette propriété pour construire des extensions galoisiennes sur des corps de nombres à groupe de Galois donné. Cette méthode est une des premières introduites en théorie inverse de Galois. Pour compléter ce sujet, on démontre dans la partie 3 que les groupes abéliens sont groupes de Galois sur $\mathbb{Q}$.

1.— *On s'intéresse ici aux polynômes symétriques. Pour tout entier $n \geq 1$, on note S_n le groupe des permutations d'un ensemble à n éléments et $K[X_1, \cdots, X_n]$ l'algèbre des polynômes à n indéterminées sur le corps commutatif K.*

1.a.— *Montrer que la donnée pour tout $\sigma \in S_n$ de l'application*

$$\varphi_\sigma : K[X_1, \cdots, X_n] \to K[X_1, \cdots, X_n]$$

définie pour tout $P(X_1, \cdots, X_n) \in K[X_1, \cdots, X_n]$, par :

$$\varphi_\sigma(P(X_1, \cdots, X_n)) = P(X_{\sigma^{-1}(1)}, \cdots, X_{\sigma^{-1}(n)})$$

définit une action de S_n sur $K[X_1, \cdots, X_n]$.

Un polynôme $P(X_1, \cdots, X_n) \in K[X_1, \cdots, X_n]$ est dit "symétrique" si l'orbite de P sous l'action de S_n est réduite à P.

1.b.i.— *Montrer que l'ensemble S des polynômes symétriques est une sous K-algèbre de $K[X_1, \cdots, X_n]$.*

1.b.ii.— *Pour tout $k = 1, \cdots, n$, on définit le polynôme $s_k^n(X_1, \cdots, X_n)$ de $K[X_1, \cdots, X_n]$ par :*

$$s_k^n(X_1, \cdots, X_n) = \sum_{1 \leq i_1 < \cdots < i_k \leq n} X_{i_1} \cdots X_{i_k}$$

Le polynôme s_k^n s'appelle la k-ième fonction symétrique élémentaire (d'ordre n). Par exemple pour $n = 3$ on a :

$$\begin{aligned} s_1^3(X_1, X_2, X_3) &= X_1 + X_2 + X_3 \\ s_2^3(X_1, X_2, X_3) &= X_1X_2 + X_1X_3 + X_2X_3 \\ s_3^3(X_1, X_2, X_3) &= X_1X_2X_3 \end{aligned}$$

Comment obtient-on les fonctions symétriques élémentaires d'ordre n à partir de celles d'ordre $n+1$?

1.c.i.— *Prouver que $S = K[s_1^n, \cdots, s_n^n]$.*

1.c.ii.— *Montrer que $K[s_1^n, \cdots, s_n^n] \simeq K[X_1, \cdots, X_n]$.*

1.d.— *Montrer que l'action de S_n sur $K[X_1, \cdots, X_n]$ définie au 1.a. peut s'étendre en une action sur $K(X_1, \cdots, X_n)$. Définir alors la notion de fraction rationnelle symétrique et donner une caractérisation similaire à la question 1.c.i. de l'ensemble des fractions rationnelles symétriques.*

1.e.— *En déduire que pour tout corps K, il existe une extension galoisienne de $K(X_1, \cdots, X_n)$ de groupe de Galois S_n.*

2.— *Soient K un corps commutatif infini et $n > 0$ un entier. Une partie $A \subset K^n$ est dite Zariski-dense si le polynôme nul est le seul polynôme de $K[X_1, \cdots, X_n]$ à s'annuler sur tout A.*

Montrer qu'une partie Zariski-dense est infinie et que pour tout n-uplet $(K_1, \cdots, K_n)$ de parties infinies de K, l'ensemble $A = K_1 \times \cdots \times K_n$ est Zariski-dense.

Prouver que si Z et S sont deux parties de K^n telles que Z soit Zariski-dense et que S ne le soit pas, alors $Z - S$ est Zariski-dense.

Un corps K est dit hilbertien s'il vérifie la propriété suivante :

Propriété de Hilbert.— *Pour tout entier $n \geq 1$ et pour tout polynôme irréductible $P(X_1, \cdots, X_n, T) \in K(X_1, \cdots, X_n)[T]$, il existe une partie Zariski-dense $A \subset K^n$ telle que pour tout $(x_1, \cdots, x_n) \in A$, le polynôme "spécialisé" $P(x_1, \cdots, x_n, T) \in K[T]$, soit encore irréductible sur $K[T]$.*

Hilbert à montré :

Théorème.— *(Hilbert) Tout corps de nombres est hilbertien.*

2.a.— *On considère un corps K hilbertien et une extension galoisienne finie $E/K(X_1, \cdots, X_n)$, de degré d. On note $y(X_1, \cdots, X_n)$ un élément primitif et G le groupe de Galois de cette extension.*

Soit alors $P(X_1, \cdots, X_n, T) \in K(X_1, \cdots, X_n)[T]$ le polynôme minimal de $y(X_1, \cdots, X_n)$, on pose :

$$P(X_1, \cdots, X_n, T) = \sum_{k=0}^{d} \Phi_k(X_1, \cdots, X_n) T^k$$

où les $\Phi_k(X_1, \cdots, X_n)$ *sont des éléments de* $K(X_1, \cdots, X_n)$.

2.a.i.— *Montrer qu'il existe une fonction, que l'on notera abusivement* $y(x_1, \cdots, x_n)$ *de* K^n *dans* $\overline{K}$ *telle que si* $(x_1, \cdots, x_n)$ *est un* n*-uplet qui n'appartient pas à la réunion des pôles des fractions rationnelles* Φ_k, *alors :*

$$\sum_{k=0}^{d} \Phi_k(x_1, \cdots, x_n) y(x_1, \cdots, x_n)^k = 0$$

2.a.ii.— *On note* $y_k(X_1, \cdots, X_n)$ $(k = 1, \cdots, d)$, *les racines du polynôme* $P(X_1, \cdots, X_n, T)$. *Montrer que pour tout* $k = 1, \cdots, d$ *il existe*

$$f_k(X_1, \cdots, X_n, T) \in K(X_1, \cdots, X_n)[T]$$

telle que :

$$y_k(X_1, \cdots, X_n) = f_k(X_1, \cdots, X_n, y(X_1, \cdots, X_n))$$

2.a.iii.— *Montrer qu'il existe une infinité de* n*-uplets* $(x_1, \cdots, x_n) \in K^n$ *vérifiant les propriétés suivantes :*

- $P(x_1, \cdots, x_n, T)$ *est irréductible de degré* d,
- *Si* $E_{x_1, \cdots, x_n}$ *désigne un corps de rupture de* $P(x_1, \cdots, x_n, T)$ *contenant* $\eta = y(x_1, \cdots, x_n)$, *alors pour tout* $k = 1, \cdots, d$, $f_k(x_1, \cdots, x_n, \eta) \in E_{x_1, \cdots, x_n}$.
- *Pour* $k \neq k'$ *on a* $f_k(x_1, \cdots, x_n, \eta) \neq f_{k'}(x_1, \cdots, x_n, \eta)$.

(Ind. On pourra admettre le résultat de géométrie suivant : si K *est un corps commutatif et si* $P(X_1, \cdots, X_n) \in K[X_1, \cdots, X_n]$ *est un polynôme non nul alors pour toute partie* $A \subset K^n$ *Zariski-dense, il existe une partie* $B \subset A$ *Zariski-dense sur laquelle* P *ne s'annulle pas.)*

2.a.iv.— *En déduire qu'il existe une infinité de* n*-uplets* $(x_1, \cdots, x_n) \in K^n$ *tels que* $E_{x_1, \cdots, x_n}/K$ *soit une extension galoisienne de degré* d.

2.a.v.— *On choisit un* n*-uplet satisfaisant aux propriétés de la question 2.a.iii. On note* G' *le groupe de Galois de* $E_{x_1, \cdots, x_n}/K$. *Expliciter un morphisme injectif entre* G *et* G'. *En déduire que* G' *est isomorphe à* G.

On vient donc de prouver que si K *est un corps hilbertien et que si un groupe fini* G *est groupe de Galois d'une extension galoisienne* *de $K(X_1, \cdots, X_n)$ alors G est aussi groupe de Galois d'une extension galoisienne de K.*

2.b.— *Prouver que S_n est le groupe de Galois d'une extension de $\mathbb{Q}$.*

2.c.— *Montrer que si G est un groupe fini, alors il existe deux corps de nombres L et K tels que L/K soit une extension galoisienne et tel que $Gal(L/K) = G$.*

3.— *On veut prouver dans cette partie que si G est un groupe abélien, alors il existe une extension galoisienne $K/\mathbb{Q}$ telle que $Gal(K/\mathbb{Q}) = G$.*

3.a.— *Pour tout entier m, on note $\Phi_m(X)$ le m-ième polynôme cyclotomique :*

$$\Phi_m(X) = \prod_{\xi}(X - \xi)$$

où ξ parcourt les racines primitives m-ièmes de l'unité.

3.a.i.— *Soient n un entier et p un nombre premier, montrer que si p divise $\Phi_m(n)$, alors, soit p divise m, soit $p \equiv 1[m]$.*

3.a.ii.— *En déduire que pour tout entier $m \neq 0$, l'ensemble des nombres premiers p tels que $p \equiv 1[m]$ est infini.*

3.b.— *Soient p un nombre premier impair et ξ_p une racine primitive p-ième de l'unité. Montrer que $\mathbb{Q}(\xi_p)/\mathbb{Q}$ est galoisienne et expliciter le groupe de Galois de cette extension.*

Soient $p_1, \cdots, p_r$, r nombres premiers impairs distincts deux à deux. On pose $n = p_1 \cdots p_r$ et ξ_n une racine primitive n-ième de l'unité. Montrer que $\mathbb{Q}(\xi_n)/\mathbb{Q}$ est galoisienne et donner son groupe de Galois.

3.c.— *On rappelle sans démonstration que si G est un groupe abélien fini, alors il existe r entiers non nuls $m_1, \cdots, m_r$ tels que*

$$G \simeq \mathbb{Z}/m_1\mathbb{Z} \times \cdots \times \mathbb{Z}/m_r\mathbb{Z}$$

En utilisant cette caractérisation et les résultats précédents, montrer que tout groupe abélien fini est groupe de Galois d'une extension galoisienne de $\mathbb{Q}$.

Solution du problème.

1.a.— Il est clair que pour tout $\sigma \in S_n$, φ_σ est un homomorphisme d'algèbre. Considérons la famille de monômes $(X_1^{k_1} \cdots X_n^{k_n})_{(k_1,\cdots,k_n)\in\mathbb{N}^n}$, qui forment une base de $K[X_1,\cdots,X_n]$. Visiblement φ_σ envoie bijectivement cette famille sur elle-même. Ainsi φ_σ est un automorphisme d'algèbre. Maintenant, pour tout couple $(\sigma,\sigma') \in S_n^2$ et tout polynôme $P(X_1,\cdots,X_n) \in K[X_1,\cdots,X_n]$, on a :

$$\begin{aligned}\varphi_\sigma(\varphi_{\sigma'}(P(X_1,\cdots,X_n))) &= \varphi_\sigma((P(X_{\sigma'^{-1}(1)},\cdots,X_{\sigma'^{-1}(n)})) \\ &= P(X_{\sigma'^{-1}\sigma^{-1}(1)},\cdots,X_{\sigma'^{-1}\sigma^{-1}(n)}) \\ &= \varphi_{\sigma\sigma'}(P(X_1,\cdots,X_n))\end{aligned}$$

et par suite l'application de $S_n \longrightarrow Aut(K[X_1,\cdots,X_n])$ qui a σ associe φ_σ est une action de groupe sur l'algèbre $K[X_1,\cdots,X_n]$.

1.b.i.— La différence et le produit de deux polynômes symétriques restent visiblement symétriques, le produit d'un polynôme symétrique avec un élément de K aussi. Donc $\mathcal{S}$ est une sous-algèbre de $K[X_1,\cdots,X_n]$.

1.b.ii.— Il est évident que chaque s_i est un polynôme symétrique. Pour tout entier $n \geq 1$, et tout $k = 1,\cdots,n$, on a :

$$s_k^n(X_1,\cdots,X_n) = s_k^{n+1}(X_1,\cdots,X_n,0)$$

1.c.i.— On procède par récurrence sur n :

Pour $n = 1$, les polynômes symétriques de $K[X_1]$ sont tous les polynômes. Maintenant $s_1^1(X_1) = X_1$, on a bien $K[X_1] = K[s_1^1]$.

Supposons pour $n \geq 1$ que si $P(X_1,\cdots,X_n) \in \mathcal{S}$, alors il existe un polynôme $f(T_1,\cdots,T_n) \in K[T_1,\cdots,T_n]$ tel que

$$P(X_1,\cdots,X_n) = f(s_1^n(X_1,\cdots,X_n),\cdots,s_n^n(X_1,\cdots,X_n))$$

Prenons alors $P(X_1,\cdots,X_{n+1}) \in K[X_1,\cdots,X_{n+1}]$, un polynôme symétrique de degré d et montrons par récurrence sur d que P peut s'écrire :

$$P(X_1,\cdots,X_{n+1}) = f_d(s_1^{n+1}(X_1,\cdots,X_{n+1}),\cdots,s_{n+1}^{n+1}(X_1,\cdots,X_{n+1}))$$

avec $f_d(T_1,\cdots,T_{n+1}) \in K[T_1,\cdots,T_{n+1}]$.

Pour $d = 0$, la proposition est trivialement vraie.

Supposons la proposition vraie pour $d \geq 0$. Si $P(X_1, \cdots, X_{n+1})$ désigne un polynôme symétrique de $K[X_1, \cdots, X_{n+1}]$ de degré $d+1$, remarquons qu'alors $P(X_1, \cdots, X_n, 0)$ est un polynôme symétrique de $K[X_1, \cdots, X_n]$. D'après l'hypothèse de récurrence (sur n), il existe $g_1(T_1, \cdots, T_n) \in K[T_1, \cdots, T_n]$ tel que :

$$P(X_1, \cdots, X_n, 0) = g_1(s_1^n(X_1, \cdots, X_n), \cdots, s_n^n(X_1, \cdots, X_n))$$

Le degré du polynôme $g_1(s_1^{n+1}(X_1, \cdots, X_{n+1}), \cdots, s_n^{n+1}(X_1, \cdots, X_{n+1}))$ est inférieur à $d+1$. Maintenant le polynôme $P_1(X_1, \cdots, X_{n+1})$, qui est égal à

$$P(X_1, \cdots, X_{n+1}) - g_1(s_1^{n+1}(X_1, \cdots, X_{n+1}), \cdots, s_n^{n+1}(X_1, \cdots, X_{n+1}))$$

est clairement symétrique de degré inférieur à $d+1$. Comme

$$P_1(X_1, \cdots, X_n, 0) = 0$$

et que P_1 est symétrique, on peut écrire :

$$P_1(X_1, \cdots, X_{n+1}) = X_1 \cdots X_{n+1} P_2(X_1, \cdots, X_{n+1})$$

Le polynôme P_2 est clairement symétrique et de degré inférieur à $d-n$. Par hypothèse de récurrence, il existe $g_2 \in K[T_1, \cdots, T_{n+1}]$ tel que

$$P_2(X_1, \cdots, X_{n+1}) = g_2(s_1^{n+1}(X_1, \cdots, X_{n+1}), \cdots, s_{n+1}^{n+1}(X_1, \cdots, X_{n+1}))$$

On a alors

$$P(X_1, \cdots, X_{n+1}) = g_1(s_1^{n+1}(X_1, \cdots, X_{n+1}), \cdots, s_n^{n+1}(X_1, \cdots, X_{n+1})) + s_{n+1}^{n+1}(X_1, \cdots, X_{n+1}) g_2(s_1^{n+1}(X_1, \cdots, X_{n+1}), \cdots, s_{n+1}^{n+1}(X_1, \cdots, X_{n+1}))$$

ce qui achève la preuve.

1.c.ii.— L'application $\varphi : K[X_1, \cdots, X_n] \to K[s_1^n, \cdots, s_n^n]$ qui à X_i fait correspondre s_i^n définit un homomorphisme surjectif d'algèbre. Il nous reste à montrer que cet homomorphisme est injectif. Ceci revient à montrer que si $P(T_1, \cdots, T_n) \in K[T_1, \cdots, T_n]$ alors

$$P(s_1^n(X_1, \cdots, X_n), \cdots, s_n^n(X_1, \cdots, X_n)) = 0$$

implique $P = 0$ (cette propriété se formule généralement en disant que les polynômes $(s_i^n)_i$ sont algébriquement indépendants). Montrons la propriété par récurrence sur n :

Pour $n = 1$, la propriété est claire puisque $s_1^1 = X_1$.

Si pour $n > 1$ la propriété est vraie pour $n - 1$, alors au rang n, considérons un polynôme non nul $P(T_1, \cdots, T_n) \in K[T_1, \cdots, T_n]$ de degré minimal tel que :

$$P(s_1^n(X_1, \cdots, X_n), \cdots, s_n^n(X_1, \cdots, X_n)) = 0$$

On regarde maintenant $K[T_1, \cdots, T_n]$ comme l'anneau de polynômes $K[T_1, \cdots, T_{n-1}][T_n]$ et on note

$$P(T_1, \cdots, T_n) = P_0(T_1, \cdots, T_{n-1}) + \cdots + P_d(T_1, \cdots, T_{n-1})T_n^d$$

Le polynôme P_0 ne peut pas être nul sinon

$$P(T_1, \cdots, T_n) = T_n Q(T_1, \cdots, T_n)$$

avec $Q(T_1, \cdots, T_n) \in K[T_1, \cdots, T_n]$, on aurait donc

$$s_n^n(X_1, \cdots, X_n) Q(s_1^n(X_1, \cdots, X_n), \cdots, s_n^n(X_1, \cdots, X_n)) = 0$$

c'est à dire $Q(s_1^n(X_1, \cdots, X_n), \cdots, s_n^n(X_1, \cdots, X_n)) = 0$, mais alors il vient $d^\circ Q < d^\circ P$, ce qui contredit l'hypothèse de minimalité sur P.

En prenant $X_n = 0$ dans l'équation :

$$\begin{gathered} P_0(s_1^n(X_1, \cdots, X_n), \cdots, s_{n-1}^n(X_1, \cdots, X_n)) + \cdots + \\ P_d(s_1^n(X_1, \cdots, X_n), \cdots, s_{n-1}^n(X_1, \cdots, X_n)) s_n^n(X_1, \cdots, X_n)^d = 0 \end{gathered}$$

on trouve alors :

$$P_0(s_1^{n-1}(X_1, \cdots, X_{n-1}), \cdots, s_{n-1}^{n-1}(X_1, \cdots, X_{n-1})) = 0$$

Par hypothèse de récurrence on en déduit que $P_0 = 0$ ce qui est absurde.

1.d.— Soit $R(X_1, \cdots, X_n) \in K(X_1, \cdots, X_n)$. Ecrivons

$$R(X_1, \cdots, X_n) = \frac{P(X_1, \cdots, X_n)}{Q(X_1, \cdots, X_n)}$$

avec $P(X_1, \cdots, X_n)$ et $Q(X_1, \cdots, X_n)$ appartenant à $K[X_1, \cdots, X_n]$. Si on pose pour tout $\sigma \in S_n$,

$$\varphi_\sigma(R(X_1, \cdots, X_n)) = \frac{\varphi_\sigma(P(X_1, \cdots, X_n))}{\varphi_\sigma(Q(X_1, \cdots, X_n))} \in K(X_1, \cdots, X_n)$$

alors si P_1 et Q_1 sont deux autres polynômes tels que $R = \dfrac{P_1}{Q_1}$ on a :

$$\begin{aligned} \frac{P}{Q} = \frac{P_1}{Q_1} & \Longrightarrow PQ_1 = QP_1 \\ & \Longrightarrow \varphi_\sigma(PQ_1) = \varphi_\sigma(QP_1) \\ & \Longrightarrow \varphi_\sigma(P)\varphi_\sigma(Q_1) = \varphi_\sigma(Q)\varphi_\sigma(P_1) \\ & \Longrightarrow \frac{\varphi_\sigma(P)}{\varphi_\sigma(Q)} = \frac{\varphi_\sigma(P_1)}{\varphi_\sigma(Q_1)} \end{aligned}$$

Ainsi $\varphi_\sigma(R)$ ne dépend pas de l'écriture de R et est donc parfaitement défini. Il est alors clair que φ définit une action de S_n sur $K(X_1, \cdots, X_n)$.

On peut donc définir la notion de fraction rationnelle symétrique, en disant que $R(X_1, \cdots X_n) \in K(X_1, \cdots, X_n)$ est symétrique si son orbite sous l'action de S_n est réduite à $R(X_1, \cdots X_n)$. Soit $R(X_1, \cdots X_n)$ une fraction rationnelle symétrique et $P(X_1, \cdots, X_n)$ et $Q(X_1, \cdots, X_n)$ deux polynômes premiers entre eux tels que

$$R(X_1, \cdots, X_n) = \frac{P(X_1, \cdots, X_n)}{Q(X_1, \cdots, X_n)}$$

Prenons une transposition σ de S_n. On a :

$$\varphi_\sigma(R(X_1, \cdots, X_n)) = \frac{\varphi_\sigma(P(X_1, \cdots, X_n))}{\varphi_\sigma(Q(X_1, \cdots, X_n))}$$

et donc

$$P(X_1, \cdots, X_n)\varphi_\sigma(Q(X_1, \cdots, X_n)) = Q(X_1, \cdots, X_n)\varphi_\sigma(P(X_1, \cdots, X_n))$$

Comme P et Q sont premiers entre eux, on en déduit que P divise $\varphi_\sigma(P)$ et Q divise $\varphi_\sigma(Q)$. Soit $H(X_1, \cdots, X_n) \in K[X_1, \cdots, X_n]$, tel que

$$\frac{\varphi_\sigma(P(X_1, \cdots, X_n))}{P(X_1, \cdots, X_n)} = H(X_1, \cdots, X_n) = \frac{\varphi_\sigma(Q(X_1, \cdots, X_n))}{Q(X_1, \cdots, X_n)}$$

Puisque σ est une involution, en faisant opérer σ sur H, on trouve alors que

$$\frac{P(X_1, \cdots, X_n)}{\varphi_\sigma(P(X_1, \cdots, X_n))} = \varphi_\sigma(H(X_1, \cdots, X_n)) = \frac{Q(X_1, \cdots, X_n)}{\varphi_\sigma(Q(X_1, \cdots, X_n))}$$

c'est à dire que $\varphi_\sigma(P)$ divise P et $\varphi_\sigma(Q)$ divise Q. En comparant les coefficients de ces polynômes, on en déduit que

$$\begin{aligned}\varphi_\sigma(P(X_1,\cdots,X_n)) &= P(X_1,\cdots,X_n)\\ \varphi_\sigma(Q(X_1,\cdots,X_n)) &= Q(X_1,\cdots,X_n)\end{aligned}$$

Maintenant comme les transpositions engendrent S_n, on en déduit que $R(X_1,\cdots,X_n)$ est symétrique ssi $P(X_1,\cdots,X_n)$ et $Q(X_1,\cdots,X_n)$ sont des polynômes symétriques. Ainsi, l'espace des fractions rationnelles symétriques vaut $K(s_1^n,\cdots,s_n^n)$.

1.e.— Si l'on regarde maintenant S_n comme groupe d'automorphismes de $K(X_1,\cdots,X_n)$ *via* l'action décrite plus haut alors :

$$K(X_1,\cdots,X_n)^{S_n} = K(s_1^n,\cdots,s_n^n)$$

L'extension $K(X_1,\cdots,X_n)/K(s_1^n,\cdots,s_n^n)$ est alors galoisienne de groupe S_n. Comme $K[X_1,\cdots,X_n] \simeq K[s_1^n,\cdots,s_n^n]$, on a alors l'isomorphisme

$$K(X_1,\cdots,X_n) \simeq K(s_1^n,\cdots,s_n^n)$$

Par conséquent il existe une extension galoisienne de $K(X_1,\cdots,X_n)$ de groupe de Galois S_n.

2.— Soit A une partie de K^n finie, et $\alpha_i = (\alpha_{1,i},\cdots,\alpha_{n,i})$ $(i=1,\cdots,p)$ ses éléments. Considérons alors le polynôme

$$P(X_1,\cdots,X_n) = \prod_{i=1}^{p}\prod_{j=1}^{n}(X_j - \alpha_{j,i})$$

qui n'est visiblement pas nul. Il est clair que P s'annule en tout α_i et par suite A n'est pas Zariski-dense.
Par hypothèse, il existe un polynôme $A(X_1,\cdots,X_n) \in K[X_1,\cdots,X_n]$, non nul, qui s'annulle sur S. Supposons que $Z - S$ ne soit pas Zariski dense, alors il existe un polynôme $B(X_,\cdots,X_n) \in K[X_1,\cdots,X_n]$, non nul, qui s'annule sur $Z - S$. Le polynôme AB (qui n'est visiblement pas nul) s'annule sur Z ce qui contredit le fait que Z soit Zariski-dense.

2.a.i.— Soit $(x_1,\cdots,x_n) \in K^n$ n'appartenant pas à l'ensemble des pôles des Φ_k, alors le polynôme (en T)

$$P(x_1,\cdots,x_n,T) = \sum_{k=0}^{d}\Phi_k(x_1,\cdots,x_n)T^k$$

est un polynôme de degré d, qui admet donc des racines dans $\overline{K}$. On choisit arbitrairement une de ces racines α et on pose :

$$y(x_1, \cdots, x_n) = \alpha$$

Il ne reste plus qu'à choisir des valeurs au hasard pour $y(x_1, \cdots, x_n)$ en les $(x_1, \cdots, x_n)$ qui sont des pôles des Φ_k.
Note : On utilise ici l'axiome du choix !

2.a.ii.— Par hypothèse, $E/K(X_1, \cdots, X_n)$ est galoisienne. Ceci équivaut à dire que E est le corps de décomposition de $P(X_1, \cdots, X_n, T)$. Par conséquent pour tout $k = 1, \cdots, d$, $y_k(X_1, \cdots, X_n) \in E$. Puisque $y(X_1, \cdots, X_n)$ est un élément primitif de E, il existe des éléments

$$\alpha_{0,k}(X_1, \cdots, X_n), \cdots, \alpha_{d-1,k}(X_1, \cdots, X_n) \in K(X_1, \cdots, X_n)$$

tel que

$$y_k(X_1, \cdots, X_n) = \sum_{i=0}^{d-1} \alpha_{i,k}(X_1, \cdots X_n) y(X_1, \cdots, X_n)^i$$

On pose alors :

$$f_k(X_1, \cdots, X_n, T) = \sum_{i=0}^{d-1} \alpha_{i,k}(X_1, \cdots X_n) T^i$$

pour avoir le résultat annoncé.

2.a.iii.— Remarquons pour commencer que quitte à multiplier par un polynôme adéquat de $K[X_1, \cdots, X_n]$ on peut supposer que les coefficients de P sont dans $K[X_1, \cdots, X_n]$ (P n'est alors plus nécessairement unitaire).

Soit V une partie Zariski-dense de K^n telle que pour tout n-uplet $(x_1, \cdots, x_n) \in V$, $P(x_1, \cdots, x_n, T)$ soit un polynôme irréductible de $K[T]$. D'après l'indication, il existe une partie Zariski-dense $W \subset V$ vérifiant

$$\forall (x_1, \cdots, x_n) \in W, A(x_1, \cdots, x_n) \neq 0$$

où $A(X_1, \cdots, X_n) \in K[X_1, \cdots, X_n]$ est le coefficient dominant de P. Alors pour un tel n-uplet $(x_1, \cdots, x_n)$, le polynôme $P(x_1, \cdots, x_n, T)$ est irréductible de degré d. Posons

$$f_k(X_1, \cdots, X_n, T) = \sum_{i=0}^{d-1} \alpha_{i,k}(X_1, \cdots X_n) T^i$$

avec les $\alpha_{i,k}(X_1, \cdots X_n) \in K(X_1, \cdots, X_n)$. En ré-appliquant la propriété énoncée dans l'indication au dénominateur de chaque $\alpha_{i,k}(X_1, \cdots X_n)$, on trouve l'existence d'une partie $L \subset W$ Zariski-dense telle qu'aucun $(x_1, \cdots, x_n) \in L$ ne soit le pôle d'un des $\alpha_{i,k}$.

Pour tout $(x_1, \cdots, x_n) \in L$, il est clair qu'il existe un corps de rupture $E_{x_1,\cdots,x_n}$ de $P(x_1, \cdots, x_n, T)$ dans $\overline{K}$ contenant η, puisque η est une racine de $P(x_1, \cdots, x_n, T)$. Maintenant, pour tout $(x_1, \cdots, x_n) \in L$, on a $\alpha_{i,k}(x_1, \cdots, x_n) \in K$ donc :

$$f_k(x_1, \cdots, x_n, \eta) = \sum_{i=0}^{d-1} \alpha_{i,k}(x_1, \cdots, x_n)\eta^i \in E_{x_1,\cdots,x_n}$$

Supposons qu'il existe k et k' distincts tels que $f_k(x_1, \cdots, x_n, \eta) \neq f_{k'}(x_1, \cdots, x_n, \eta)$ sur seulement un ensemble de n-uplets $(x_1, \cdots, x_n) \in L$ non Zariski-dense. Alors il existe une partie Zariski-dense $M \subset L$ telle que

$$\forall (x_1, \cdots, x_n) \in M, \quad f_k(x_1, \cdots, x_n, \eta) = f_{k'}(x_1, \cdots, x_n, \eta)$$

M est obtenue en enlevant à la partie L, les n-uplets $(x_1, \cdots, x_n) \in L$ tels que $f_k(x_1, \cdots, x_n, \eta) \neq f_{k'}(x_1, \cdots, x_n, \eta)$. Ces n-uplets formant un ensemble non Zariski-dense, la question 2. assure en particulier que M est Zariski-dense.

On a alors pour tout $(x_1, \cdots, x_n) \in M$:

$$\sum_{i=0}^{d-1} \alpha_{i,k}(x_1, \cdots, x_n)\eta^i = \sum_{i=0}^{d-1} \alpha_{i,k'}(x_1, \cdots, x_n)\eta^i$$

mais comme $(1, \eta, \cdots, \eta^{d-1})$ forme une base de $K(\eta)/K$, on en déduit que pour tout $i = 0, \cdots, d-1$:

$$\alpha_{i,k}(x_1, \cdots, x_n) = \alpha_{i,k'}(x_1, \cdots, x_n)$$

Pour un i donné, écrivons $\alpha_{i,k}(X_1, \cdots, X_n) = \dfrac{P_1(X_1, \cdots, X_n)}{Q_1(X_1, \cdots, X_n)}$ et $\alpha_{i,k'}(X_1, \cdots, X_n) = \dfrac{P_2(X_1, \cdots, X_n)}{Q_2(X_1, \cdots, X_n)}$. Pour tout $(x_1, \cdots, x_n) \in M$, on a :

$$P_1Q_2(x_1, \cdots, x_n) = P_2Q_1(x_1, \cdots, x_n)$$

et par suite comme, M est Zariski-dense, on a :

$$P_1Q_2(X_1, \cdots, X_n) = P_2Q_1(X_1, \cdots, X_n)$$

c'est à dire que $\alpha_{i,k}(X_1, \cdots, X_n) = \alpha_{i,k'}(X_1, \cdots, X_n)$. Il vient alors

$$f_k(X_1, \cdots, X_n, y(X_1, \cdots, X_n)) = f_{k'}(X_1, \cdots, X_n, y(X_1, \cdots, X_n))$$

et par conséquent,

$$y_k(X_1, \cdots, X_n) = y_{k'}(X_1, \cdots, X_n)$$

Cette dernière égalité est absurde puisque $E/K(X_1, \cdots, X_n)$ étant une extension galoisienne, les $y_k(X_1, \cdots, X_n)$ sont nécessairement distincts deux à deux.

A un couple (k, k') d'éléments distincts fixés, il existe donc un ensemble Zariski-dense $N \subset L$ de n-uplets d'éléments de K tel que tout $(x_1, \cdots, x_n) \in M$, $f_k(x_1, \cdots, x_n, \eta) \neq f_{k'}(x_1, \cdots, x_n, \eta)$. En appliquant par récurrence finie, le raisonnement que nous venons de tenir à tous les couples (k, k') d'éléments distincts, on en déduit l'existence d'une partie Zariski-dense N (qui est donc infinie) de n-uplets d'éléments de K vérifiant les hypothèses de la question 2.a.ii.

2.a.iv.— Prenons un n-uplet $(x_1, \cdots, x_n) \in N$. Le polynôme irréductible $P(x_1, \cdots, x_n, T)$ a pour racines les

$$\eta_k = f_k(x_1, \cdots, x_n, \eta)$$

qui sont distinctes deux à deux et vivent toutes dans $E_{x_1, \cdots, x_n}$. Donc $P(x_1, \cdots, x_n, T)$ est un polynôme séparable et $E_{x_1, \cdots, x_n}/K$ est galoisienne de degré d.

2.a.v.— Prenons un automorphisme $\sigma \in G$, σ est entièrement défini par sa valeur en $y(X_1, \cdots X_n)$. Réciproquement, pour tout $k = 1, \cdots, d$, on définit un élément $\sigma_k \in G$ en posant $\sigma_k(y(X_1, \cdots, X_n) = y_k(X_1, \cdots, X_n)$ (ceci vient du fait bien connu que si σ et σ' sont dans G et sont tels que $\sigma(y(X_1, \cdots, X_n)) = \sigma'(y(X_1, \cdots, X_n))$ alors $\sigma = \sigma'$ et que pour tout $\sigma \in G$, il existe k tel que $\sigma(y(X_1, \cdots, X_n)) = y_k(X_1, \cdots, X_n)$).

Posons alors pour tout $k = 1, \cdots n$, $\varphi(\sigma_k) = s_k \in G'$ défini par $s_k(\eta) = f_k(x_1, \cdots, x_n, \eta)$. Il est clair que φ est un homomorphisme de groupes injectif entre G et G'. Maintenant G et G' ont même cardinal puisque $E/K(X_1, \cdots, X_n)$ et $E_{x_1, \cdots, x_n}/K$ sont toutes deux des extensions galoisiennes de degré d. Donc G et G' sont isomorphes.

2.b.— On a vu au 1.*e*. que S_n était groupe de Galois d'une extension galoisienne de $\mathbb{Q}(X_1, \cdots, X_n)$. D'après 2.a.iv., S_n est donc groupe de Galois d'une extension galoisienne de $\mathbb{Q}$.

2.c.— Soit G un groupe fini, et $n > 0$ l'ordre de G. Définissons l'application $\psi : G \to S_n$ (S_n étant vu comme l'ensemble des permutations de G) de la manière suivante : pour tout $g \in G$, $\psi(g) = \psi_g$ désigne la permutation de G :

$$\forall h \in G,\ \psi_g(h) = g.h$$

Pour tout couple $g, g^{'}$ d'éléments de G, on a :

$$\psi_{g.g^{'}} = \psi_g \circ \psi_{g^{'}}$$

ψ est donc un homomorphisme de groupes. Si $g \in Ker\psi$, alors pour tout $h \in G$, $g.h = 1$, ce qui implique bien $g = 1$. Donc ψ est injectif, il en résulte qu'il existe un sous-groupe de S_n isomorphe à G (on note encore abusivement G ce sous-groupe).

Considérons alors L une extension galoisienne de $\mathbb{Q}$ de groupe de Galois S_n. Posons $K = L^G$, L/K est alors galoisienne de groupe de Galois G. Les corps L et K sont visiblement des corps de nombres.

3.a.i.— Si p divise $\Phi_m(n)$ alors $n^m \equiv 1[p]$ car les polynômes cyclotomiques sont à coefficients entiers et

$$X^m - 1 = \prod_{d|m} \Phi_d(X)$$

(voir le problème sur les polynômes cyclotomiques.)

Donc m est un multiple de l'ordre de la classe de n modulo p. Deux cas se présentent alors :

1er cas : l'ordre de la classe de n modulo p est m. Dans ce cas m divise $p-1$ ($(\mathbb{Z}/p\mathbb{Z})^*$ est d'ordre $p-1$).

2ème cas : l'ordre de la classe de n modulo p est $\nu < m$, alors $\nu|m$. Dans ces conditions, on regarde le polynôme $T^m - 1$ dans $\mathbb{F}_p$. Comme on a

$$X^\nu - 1 = \prod_{d|\nu} \Phi_d(X)$$

on en déduit qu'il existe $d \leq \nu < m$ tel que $\Phi_d(n) \equiv 0[p]$). Maintenant comme p divise $\Phi_m(n)$, alors la classe de n est racine de $\Phi_m(X)$ modulo p. Mais comme

$$X^m - 1 = \prod_{d|m} \Phi_d(X)$$

on en conclut que la classe de n est au moins racine double de $X^m - 1$ modulo p. Donc la classe de n est racine de $(X^m - 1)^{'} = mX^{m-1}$ modulo

p. On a donc $mn^{m-1} \equiv 0[p]$, mais il est impossible que $n^{m-1} \equiv 0[p]$ (car $n^m \equiv 1[p]$). Donc $m \equiv 0[p]$.

3.a.ii.— Considérons un entier α tel que $\Phi_m(m^\alpha) \neq 1$ (un tel entier existe sinon $\Phi_m(X)$ vaut 1 sur un ensemble infini d'entiers et par suite est égal à 1, ce qui est impossible). Soit alors p_1 un diviseur premier de $\Phi_m(m^\alpha)$, alors p_1 ne peut pas diviser m car $m^{\alpha m} \equiv 1[p_1]$, donc d'après ce qui précède $p_1 \equiv 1[m]$.

Supposons, pour un entier $k \geq 1$, avoir des nombres premiers distincts deux à deux $p_1, \cdots, p_k$ tels que $p_i \equiv 1[m]$ pour tout $i = 1, \cdots, k$. A nouveau, considérons un entier α tel que $\Phi_m(m^\alpha p_1 \cdots p_k) \neq 1$. Soit p un diviseur premier de $\Phi_m(m^\alpha p_1 \cdots p_k)$, alors p ne divise pas $mp_1 \cdots p_k$ (car $(m^\alpha p_1 \cdots p_k)^m \equiv 1[p]$). Donc $p \equiv 1[m]$ et p est premier avec tous les p_i. Il suffit alors de poser $p_{k+1} = p$ pour trouver une famille de $k+1$ premiers distincts deux à deux congrus à 1 modulo m.

3.b.— Dans le problème sur les polynômes et les corps cyclotomiques on a montré que l'extension $\mathbb{Q}(\xi_p)/\mathbb{Q}$ est galoisienne et que son groupe de Galois s'identifie à

$$(\mathbb{Z}/p\mathbb{Z})^* \simeq \mathbb{Z}/(p-1)\mathbb{Z}$$

On a prouvé aussi que $\mathbb{Q}(\xi_n)/\mathbb{Q}$ est galoisienne et que

$$\begin{aligned} Gal(\mathbb{Q}(\xi_n)/\mathbb{Q}) &\simeq (\mathbb{Z}/n\mathbb{Z})^* = (\mathbb{Z}/p_1 \cdots p_r\mathbb{Z})^* \\ &\simeq \mathbb{Z}/(p_1-1)\mathbb{Z} \times \cdots \times \mathbb{Z}/(p_r-1)\mathbb{Z} \end{aligned}$$

3.c.— Soit A un groupe abélien fini et $m_1, \cdots, m_r$ des entiers non nuls tels que

$$A \simeq \mathbb{Z}/m_1\mathbb{Z} \times \cdots \times \mathbb{Z}/m_r\mathbb{Z}$$

D'après la question 3.a., pour tout $k = 1, \cdots, r$ il existe une infinité de nombres premiers congrus à 1 modulo m_k. Par conséquent, il existe des nombres premiers impairs $p_1, \cdots, p_r$ distincts deux à deux tels que $\dfrac{p_k - 1}{m_k} = n_k \in \mathbb{N}$ pour tout $k = 1, \cdots r$. On pose $n = p_1 \cdots p_r$ et $L = \mathbb{Q}(\xi_n)$ et

$$G = \mathbb{Z}/(p_1-1)\mathbb{Z} \times \cdots \times \mathbb{Z}/(p_r-1)\mathbb{Z}$$

le groupe de Galois $Gal(\mathbb{Q}(\xi_n)/\mathbb{Q})$. Alors, le groupe

$$H = \mathbb{Z}/n_1\mathbb{Z} \times \cdots \times \mathbb{Z}/n_r\mathbb{Z}$$

est un sous-groupe (visiblement distingué puisque G est abélien) de G. On pose $K = L^H$, alors $L/\mathbb{Q}$ est galoisienne et

$$Gal(L/\mathbb{Q}) = G/H \simeq \mathbb{Z}/m_1\mathbb{Z} \times \cdots \times \mathbb{Z}/m_r\mathbb{Z} \simeq A$$

Problème 15.— Corps P-réduisants

Soient $n \in \mathbb{N}$ et $P(X_1, \cdots, X_n, X) \in \mathbb{Q}[X_1, \cdots, X_n, X]$, on dit qu'un corps K de caractéristique 0 est P-réduisant si pour tout n-uplet $(x_1, \cdots, x_n) \in K^n$, le polynôme $P(x_1, \cdots, x_n, X) \in K[X]$ est scindé dans $K[X]$. On étudie dans ce problème quelques propriétés et quelques exemples de corps P-réduisants. Tous les corps considérés dans ce problème seront de caractéristique nulle.

1.— *Montrer que si K est algébriquement clos, alors K est P réduisant pour tout P. De manière générale, quels sont les corps K qui sont P-réduisants pour tout P ?*

2.— *Soit $P(X_1, \cdots, X_n, X) \in \mathbb{Q}[X_1, \cdots, X_n, X]$ un polynôme fixé.*

2.a.— *Montrer que si deux corps sont isomorphes, alors si l'un est P-réduisant, l'autre l'est aussi.*

2.b.— *Soit K un corps et $(K_i)_{i \in I}$ une famille d'extensions algébriques de K (vivant dans une même clôture algébrique donnée) telle que K_i soit P réduisant pour tout $i \in I$. Montrer que le corps $L = \bigcap_{i \in I} K_i$ est P-réduisant.*

2.c.— *En déduire que pour tout corps K, il existe une plus petite extension algébrique, appellée clôture P-réduisante de K et notée K_P, qui soit un corps P-réduisant.*

2.d.— *Montrer que K_P/K est une extension galoisienne.*

2.e.— *Expliciter un procédé itératif qui permet d'obtenir K_P à partir de K.*

2.f.— *On se donne dans cette question deux polynômes P et Q appartenant à $\mathbb{Q}[X_1, \cdots, X_n, X]$.*

2.f.i.— *A quoi équivaut le fait qu'un corps K soit à la fois P-réduisant et Q-réduisant.*

2.f.ii.— *Comparer alors K_{PQ} et $K_P(K_Q)$.*

3.— *On étudie ici quelques exemples de corps P-réduisants.*

3.a.— *On prend* $n = 0$ *et* $P \in \mathbb{Q}(X)$. *Caractériser les corps* P*-réduisants et expliciter* $\mathbb{Q}_P$.

3.b.— *On prend* $n \geq 2$ *et* $P(X_1, \cdots, X_n, X) = X^2 - X_1^2 - \cdots - X_n^2$. *Caractériser les corps* P*-réduisants et* K_P *pour un corps* K *quelconque.*

3.c.— *On prend* $n = 1$ *et* $P(X_1, X) = X^2 - X_1$. *Expliciter* $\mathbb{Q}_P$ *grâce au corps* **C** *des nombres constructibles (voir le problème sur la quadrature du cercle).*

3.d.— *On prend* $n \geq 1$ *et on pose*

$$P_n(X_1, \cdots, X_n, X) = X^n + X_1 X^{n-1} + \cdots + X_{n-1} X + X_n$$

et $K_n = \mathbb{Q}_{P_n}$.

3.d.i.— *Caractériser les corps* P_n*-réduisants.*

3.d.ii.— *Que vaut* $\bigcup_{n \in \mathbb{N}^*} K_n$ *?*

Solution du problème.

1.— Par définition, dans un corps algébriquement clos, les polynômes sont tous scindés, donc un corps algébriquement clos est P-réduisant pour tout P.

Réciproquement, considérons un corps K, P-réduisant pour tout P. Supposons que K ne soit pas algébriquement clos. En particulier, il existe un polynôme $Z(X) = X^n + a_n X^{n-1} + \cdots + a_1 \in K[X]$ de degré supérieur à 2 et irréductible. Considérons alors le polynôme

$$P(X_1, \cdots, X_n, X) = X^n + X_1 X^{n-1} + \cdots + X_{n-1}X + X_n$$

Comme K est P-réduisant, pour la spécialisation de $(a_n, \cdots, a_1)$, le polynôme $P(a_n, \cdots, a_1, X) = Z(X)$ est scindé dans $K[X]$ ce qui est absurde. Ainsi un corps est P-réduisant pour tout P ssi il est algébriquement clos.

2.a.— Soit K et L deux corps et $\sigma : K \longrightarrow L$ un isomorphisme entre ces deux corps. Supposons que K soit un corps P-réduisant. Soient $(y_1, \cdots, y_n) \in L^n$, posons alors $x_i = \sigma^{-1}(y_i)$ pour tout $i = 1, \cdots, n$. Par hypothèse, le polynôme $H(X) = P(x_1, \cdots, x_n, X) \in K[X]$ est scindé et s'écrit donc :

$$H(X) = \prod_i (X - \alpha_i)$$

avec $\alpha_i \in K$ pour tout i. Soit $D(X) = P(y_1, \cdots, y_n, X) \in K[X]$, comme $P(X_1, \cdots, X_n, X)$ est à coefficients rationnels et que σ laisse invariant $\mathbb{Q}$, on a $\sigma(H(X)) = D(X)$ et par suite

$$D(X) = \prod_i (X - \beta_i)$$

avec $\beta_i = \sigma(\alpha_i) \in L$. $D(X)$ est donc scindé dans $L[X]$ et par suite L est un corps P-rédùisant.

2.b.— Soit $(l_1, \cdots, l_n) \in L^n$ et $H(X) = P(l_1, \cdots, l_n, X)$. Par hypothèse, H est scindé dans $K_i[X]$ pour tout i. Dans $\overline{K}$, on écrit

$$H(X) = \prod_j (X - \alpha_j)$$

avec $\alpha_j \in \overline{K}$ pour tout i. Comme $K_i \subset \overline{K}$ on a $\alpha_j \in K_i$ pour tout i et tout j. Donc $\alpha_j \in \bigcap_i K_i = L$ et par suite H est scindé dans $L[X]$. L est donc un corps P-réduisant.

2.c.— Considérons l'ensemble $(K_i)_i$ des extensions algébriques de K qui sont des corps P-réduisants. $(K_i)_i$ n'est pas vide car $\overline{K}$ y appartient, donc d'après la question précédente, $\bigcap_i K_i$ est une extension algébrique de K qui est un corps P-réduisant. C'est visiblement la plus petite extension algébrique ayant cette propriété.

2.d.— Comme nous sommes en caractéristique 0, K_P/K est une extension séparable. Soit σ un K-isomorphisme de K_P. D'après la question 2.a., $\sigma^{-1}(K_P)$ est un corps P-réduisant, mais comme c'est une extension algébrique de K, on en déduit par minimalité de K_P que $K_P \subset \sigma^{-1}(K_P)$. En composant par σ on a alors $\sigma(K_P) \subset K_P$ ce qui assure que K_P/K est normale et par suite galoisienne.

2.e.— Soit $(K_n)_n$ la suite de corps définie ainsi :

• $K_0 = K$,

• pour $m \geq 0$, on obtient K_{m+1} en adjoignant à K_m toutes les racines de tous les polynômes $P(x_1, \cdots, x_n, X)$ pour tous les n-uplets $(x_1, \cdots, x_n) \in K_m^n$.

Considèrons le corps $L = \bigcup_{m \in \mathbb{N}} K_m$ et montrons que $L = K_P$. L est visiblement P-réduisant, puisque si $(x_1, \cdots, x_n) \in L^n$ alors, par construction même, il existe un entier m_0 tel que $(x_1, \cdots, x_n) \in K_{m_0}^n$. Le polynôme $H(X) = P(x_1, \cdots, x_n, X)$ est alors scindé dans $K_{m_0+1}[X]$ et par suite dans $L[X]$, on a donc $K_P \subset L$.

Réciproquement, comme $K_0 = K \subset K_P$, par récurrence immédiate on a $K_m \subset K_P$ pour tout m puisque K_P est P-réduisant. On conclut finalement que $L = K_P$.

2.f.i.— Si K est P-réduisant et Q-réduisant, alors pour tout n-uplet $(x_1, \cdots, x_n) \in K^n$, les polynômes $P(x_1, \cdots, x_n, X)$ et $Q(x_1, \cdots, x_n, X)$ sont scindés dans $K[X]$, il en est donc de même pour le polynôme $P(x_1, \cdots, x_n, X)Q(x_1, \cdots, x_n, X)$ et par suite K est PQ-réduisant.

Réciproquement, si K est PQ-réduisant, alors le même argument montre que K est à la fois P-réduisant et Q-réduisant.

2.f.ii.— Comme K_{PQ} est PQ-réduisant, il est donc P-réduisant et Q-réduisant. On a alors $K_P \subset K_{PQ}$ et $K_Q \subset K_{PQ}$, c'est à dire $K_P(K_Q) \subset K_{PQ}$.

3.a.— Dans cette situation, K est P-réduisant ssi il contient le corps de décomposition de P. $\mathbb{Q}_P$ est alors égal à ce corps de décomposition.

3.b.— Dans cette situation, K est P-rédusiant ssi toute somme de n carrés dans K est encore un carré dans K, ce qui, par récurrence immédiate, équivaut au fait que toute somme de carrés dans K est encore un carré dans K. Ainsi K est P-réduisant ssi K est pythagoricien. On a alors $K_P = K^{pyth}$.

3.c.— On rappelle que $\mathbf{C}$ est l'ensemble des nombres algébriques qui appartiennent à une tour d'extensions quadratiques réelle de $\mathbb{Q}$. Nous allons montrer que $\mathbb{Q}_P = \mathbf{C}(i)$.

Soit $x_1 \in \mathbf{C}(i)$. Si $x_1 \in \mathbf{C}$ et $x_1 \geq 0$ alors $\sqrt{x_1}$ appartient à une tour d'extensions quadratiques réelle de $\mathbb{Q}$ et par suite à $\mathbf{C}$. Si $x_1 \in \mathbf{C}$ et $x_1 \leq 0$ alors $\sqrt{-x_1} \in \mathbf{C}$ et donc $\sqrt{x_1} = \pm i\sqrt{-x_1} \in \mathbf{C}(i)$. Si maintenant $x_1 \notin \mathbf{C}(i)$, alors il existe $(a, b) \in \mathbf{C}^2$ avec $b \neq 0$ tel que $x_1 = a + ib$. Posons :

$$\begin{aligned}\alpha &= \sqrt{\frac{a+\sqrt{a^2+b^2}}{2}}\\ \beta &= \frac{b}{\sqrt{2(a+\sqrt{a^2+b^2})}}\end{aligned}$$

α et β sont visiblement des réels vérifiant $(\alpha + i\beta)^2 = a + ib = x_1$.

Soit $(K_n)_n$ et $(L_n)_n$ deux tours d'extensions quadratiques réelles de $\mathbb{Q}$ contenant respectivement a et b. On note $(u_n)_n$ une suite d'éléments de $\overline{\mathbb{Q}}$ telle que pour tout n, $u_n \in K_n$ et $K_{n+1} = K_n(\sqrt{u_n})$. Soient $n_0 \in \mathbb{N}$ et $m_0 \in \mathbb{N}$ tels que $a \in K_{n_0}$ et $b \in L_{m_0}$. La tour

$$\mathbb{Q} = L_0 \subset L_1 \subset \cdots \subset L_{m_0} \subset L_{m_0}(\sqrt{u_0}) \subset \cdots \subset L_{m_0}(\sqrt{u_0}, \cdots, \sqrt{u_{n_0-1}})$$

est visiblement une tour d'extensions quadratiques réelle (les inclusions considérées étant éventuellement des égalités). On en conclut que a et b appartiennent à une même tour d'extensions quadratiques réelle. Il est alors facile de voir que α et β appartiennent aussi à une tour d'extensions quadratiques réelle, ce qui assure que $(\alpha + i\beta) \in \mathbf{C}(i)$. Le polynôme $X^2 - x_1$ est donc scindé dans $\mathbf{C}(i)[X]$, c'est à dire que $\mathbf{C}(i)$ est un corps P-réduisant et par suite on a l'inclusion $\mathbb{Q}_P \subset \mathbf{C}(i)$.

Réciproquement, considérons $(K_n)_n$, une tour d'extensions quadratiques réelle de $\mathbb{Q}$. Montrons par récurrence sur n que $K_n \subset \mathbb{Q}_P$ pour tout n. Au rang $n = 0$, c'est clair. Si pour $n \geq 0$, $K_n \subset \mathbb{Q}_P$, alors il existe $\alpha \in \mathbb{R}^+$ tel que $K_{n+1} = K_n(\sqrt{\alpha})$. Le polynôme $X^2 - \alpha$ se scinde dans $\mathbb{Q}_P[X]$ donc $\sqrt{\alpha} \in \mathbb{Q}_P$ et par suite $K_{n+1} \subset \mathbb{Q}_P$.

On en déduit donc que $\mathbf{C} \subset \mathbb{Q}_P$ mais comme $i \in \mathbb{Q}_P$ (puisque le polynôme $X^2 + 1$ se scinde dans $\mathbb{Q}_P[X]$) on a alors $\mathbf{C}(i) \subset \mathbb{Q}_P$, ce qui achève la preuve.

3.d.i.— Un corps K est P_n-réduisant ssi il ne possède aucune extension de degré $\leq n$. En effet, si K est P_n-réduisant et possède une extension L de degré $p \leq n$, alors soit α un élément primitif (qui existe puisque nous sommes en caractéristique 0) de L/K et $Q(X) = X^d + a_d X^{d-1} + \cdots + a_1$ le polynôme minimal de α. Posons $H(X) = X^{n-d}Q(X)$, on a alors :

$$H(X) = P(a_d, \cdots, a_1, 0, \cdots, 0, X)$$

H se scinde dans $K[X]$ et par suite $Q(X)$ aussi, ce qui est impossible.

Réciproquement, supposons que K ne possède aucune extension de de degré $\leq n$ et prenons un n-uplet $(a_1, \cdots, a_n) \in K^n$. Si le polynôme $P(a_1, \cdots, a_n, X)$ ne se scinde pas sur $K[X]$, alors il possède un facteur irréductible de degré $1 < d \leq n$ qui engendrerait une extension de degré d sur K, ce qui est impossible.

3.d.ii.— On se convaint assez facilement que

$$\bigcup_{n \in \mathbb{N}^*} K_n = \overline{\mathbb{Q}}$$

en effet, $\overline{\mathbb{Q}}$ contient $\bigcup_{n \in \mathbb{N}^*} K_n$. De plus si $\alpha \in \overline{\mathbb{Q}}$ alors si n_0 désigne le degré de α sur $\mathbb{Q}$, le degré de α sur K_{n_0} est $\leq n_0$. Par la question précédente on en déduit que $\alpha \in K_{n_0}$.

Problème 16.— Corps différentiels

L'objectif de ce problème est d'introduire des notions élémentaires d'arithmétique des corps différentiels et de démontrer un théorème d'Ostrowski. Comme application de ce résultat, on montre que la primitive de la fonction $f(x) = e^{x^2}$ n'est pas une fonction "élémentaire".
Quelques définitions :
• *Si K désigne un corps commutatif, on appelle dérivation sur K toute application $D : K \to K$ vérifiant :*

$$\forall (u, v) \in K, \ D(u + v) = D(u) + D(v), \ D(uv) = D(u)v + D(v)u$$

• *Si D est une dérivation sur K on dit que le couple (K, D) est un corps différentiel.*

• *Si (K, D) est un corps différentiel, on appelle corps des constantes le sous-ensemble de K, noté K_{cst} et constitué des éléments $x \in K$ tel que $D(x) = 0$.*

• *Si (K, D) est un corps différentiel, on dit qu'un élément $v \in K$ est un logarithme de $u \in K^*$ si $D(v) = \dfrac{D(u)}{u}$. De même, on dit que v est une exponentielle de $u \in K^*$ si $D(u) = \dfrac{D(v)}{v}$.*

• *Un surcorps différentiel E d'un corps différentiel (K, D) est un surcorps de K muni d'une dérivation telle que la restriction de cette dérivation à K soit D et tel que $E_{cst} = K_{cst}$. On note alors abusivement (E, D) ce corps différentiel. Un surcorps différentiel E de K est dit logarithmique (resp. exponentiel) si $E = K(v)$ avec v un logarithme (resp. une exponentielle) d'un élément de K.*

• *Dans un corps différentiel (K, D), on dit qu'un élément x est une somme de Liouville s'il existe $y \in K$, $c_i \in K_{cst}$, $z_i \in K^*$ $(i = 1, \cdots, n)$, tels que :*

$$x = D(y) + \sum_{i=1}^{n} c_i \frac{D(z_i)}{z_i}$$

• *Un surcorps différentiel E de K est dit élémentaire s'il existe une tour finie d'extensions*

$$K = K_0 \subset K_1 \subset \cdots \subset K_n = E$$

tel que pour tout $i = 0, \cdots n-1$, soit K_{i+1}/K_i est une extension finie, soit K_{i+1} est logarithmique (resp. exponentiel) sur K_i.

Dans tout ce problème, les corps considérés seront toujours de caractéristique nulle.

1.— *On étudie ici quelques propriétés élémentaires des dérivations et des corps différentiels. On considère donc (K, D) un corps différentiel.*

1.a.i.— *Calculer $D(0)$ et $D(1)$ et pour tout $(u, v) \in K \times K^*$ et tout $(p, q) \in \mathbb{N}^2$, calculer $D\left(\frac{u^p}{v^q}\right)$ en fonction de $u, v, D(u)$ et $D(v)$.*

1.a.ii.— *Montrer qu'alors $\mathbb{Q} \subset K_{cst}$ et que K_{cst} est bien un sous-corps de K.*

1.a.iii.— *Quelle propriété possède l'application K^* dans K appelée "dérivée logarithmique" et notée Dl, définie par :*

$$\forall u \in K^*,\ Dl(u) = \frac{D(u)}{u}$$

1.b.i.— *Soit $P(X) = \sum_{k=0}^{n} a_k X^k \in K[X]$, on note P^D le polynôme $P^D(X) = \sum_{k=0}^{n} D(a_k) X^k$ et P' le polynôme $P'(X) = \sum_{k=1}^{n} k a_k X^{k-1}$. Pour tout $u \in K$, trouver une relation liant $D(P(u)), P'(u), D(u)$ et $P^D(u)$.*

1.b.ii.— *En déduire que si $x \in K$ est algébrique sur $\mathbb{Q}$ alors $x \in K_{cst}$ (i.e. $K \cap \overline{\mathbb{Q}} \subset K_{cst}$).*

2.— *On prend dans cette question le corps $K(X)$ des fractions rationnelles sur K muni d'une dérivation D qui fait de ce corps un surcorps différentiel de K (en particulier $D(K) \subset K$ et $K(X)_{cst} \subset K$).*

2.a.— *On suppose que $D(K[X]) \subset K[X]$. On considère une famille finie $(Q_i)_{i \in I}$ de polynômes premiers entre eux deux à deux tels que Q_i soit sans facteur carré pour tout $i \in I$. Soit alors $(P_i)_{i \in I}$ une famille de polynômes, P et Q deux polynômes premiers entre eux ($Q \neq 0$) tels que :*

$$\sum_{i \in I} \frac{P_i}{Q_i} = D\left(\frac{P}{Q}\right)$$

Montrer que Q divise $D(Q)$ et que si $i \in I$ est tel que p.g.c.d$(Q_i, Q) = 1$ alors Q_i divise P_i.

2.b.— *On suppose dans cette question que $D(X) \in K$.*

2.b.i.— *Montrer que si $R \in K(X)$ est tel que $D(R) \in K$ alors il existe $c \in K_{cst}$ et $g \in K$ tel que $R = cX + g$.*

2.b.ii.— *On suppose que $f \in K$ est une somme de Liouville dans $K(X)$. Montrer alors qu'il existe $R \in K(X)$, $f_j \in K^*$, $Q_j \in K[X] - \{0\}$ et $d_j \in K_{cst}$ (pour $j \in J$ fini) tels que :*

$$f = D(R) + \sum_{j \in I} d_j \frac{D(f_j)}{f_j} + \sum_{j \in J} d_j \frac{D(Q_j)}{Q_j}$$

les polynômes Q_j étant irréductibles, unitaires et distincts deux à deux.

2.b.iii.— *En déduire que si $f \in K$ est une somme de Liouville dans $K(X)$ alors il existe $c \in K_{cst}$ tel que $f - cD(X)$ soit une somme de Liouville dans K.*

2.b.iv.— *Montrer alors que si (K, D) est corps différentiel et si (E, D) est un surcorps différentiel de K tel que $E = K(v)$ avec v logarithme d'un élément de K et v transcendant sur K, alors si $x \in K$ est une somme de Liouville dans E, x est une somme de Liouville dans K.*

2.c.— *On suppose dans cette question que $\frac{D(X)}{X} \in K$.*

2.c.i.— *Montrer que si $R \in K(X)$ est tel que $D(R) \in K$ alors $R \in K$.*

2.c.ii.— *Montrer, en vous inspirant de la partie 2.b., que si $f \in K$ est une somme de Liouville dans $K(X)$ alors il existe $c \in K_{cst}$ tel que $f - c\frac{D(X)}{X}$ soit une somme de Liouville dans K.*

2.c.iii.— *En déduire que si (K, D) est corps différentiel et si (E, D) est un surcorps différentiel de K tel que $E = K(v)$ avec v une exponentielle dans E et v transcendant sur K, alors si $x \in K$ est une somme de Liouville dans E, x est une somme de Liouville dans K.*

2.c.iv.— *Soit $f \in K$, montrer que Xf est une somme de Liouville dans $K(X)$ si et seulement s'il existe $g \in K$ tel que $f = D(g) + g\frac{D(X)}{X}$.*

2.c.v.— *On se place dans les conditions de la question précédente et on suppose que* $K = k(T)$ *avec* k *un corps commutatif de caractéristique* 0. *On suppose que sur* K, D *est la dérivation usuelle des fractions rationnelles. Montrer que si* f *et* $\dfrac{D(X)}{X}$ *sont dans* $k[T]$ *alors* $g \in k[T]$.

3.— *On considère maintenant un corps différentiel* (K, D) *et un surcorps différentiel* (E, D) *tel que* E/K *soit fini. On note* N *(resp.* Tr*) la norme (resp. la trace) du corps* E *sur le corps* K.

3.a.— *On considère dans cette question une extension finie de corps* M/N. *On suppose que* (N, D) *est un corps différentiel. On note* α *un élément primitif de* M/N *et* $P(X) \in K[X]$ *son polynôme minimal.*

3.a.i.— *On suppose que* $(M, \overline{D})$ *soit un corps différentiel et que la restriction de* $\overline{D}$ *à* N *soit égale à* D. *Soit* $x \in E$ *et* $P_x(X) \in K[X]$ *tel que* $x = P_x(\alpha)$.

Calculer $\overline{D}(x)$ *en fonction de la valeur en* α *de polynômes attachés à* P_x *et* P.

Montrer que si σ *est un* N*-automorphisme de* M *alors pour tout* $x \in E$ *on a* $\overline{D}(\sigma(x)) = \sigma(\overline{D}(x))$.

3.a.ii.— *Réciproquement pour tout* $x \in M$ *et tout* $P_x \in K[X]$ *tel que* $P_x(\alpha) = x$, *on pose*

$$\overline{D}(x) = P_x^D(\alpha) - P_x'(\alpha)\frac{P^D(\alpha)}{P'(\alpha)}$$

Montrer que $\overline{D}(x)$ *est indépendant du choix de* P_x. *Prouver alors que* $(M, \overline{D})$ *est un corps différentiel tel que la restriction de* $\overline{D}$ *à* N *soit égale* D.

3.b.i.— *Montrer alors que* $\widetilde{E}$, *la clôture galoisienne de* E/K, *a canoniquement une structure de corps différentiel telle que la restriction de la dérivation de* $\widetilde{E}$ *sur* E *soit la dérivation sur* E.

3.b.ii.— *Montrer que pour tout* $x \in E$, $Tr(D(x)) = D(Tr(x))$.

3.c.— *Prouver que pour tout* $x \in E^*$, *on a :*

$$\frac{D(N(x))}{N(x)} = Tr\left(\frac{D(x)}{x}\right)$$

3.d.— *En déduire que si* $f \in K$ *est une somme de Liouville dans* E *alors* f *est une somme de Liouville dans* K.

4.— *Soit (K, D) un corps différentiel et E un surcorps différentiel élémentaire de K.*

4.a.— *Montrer que si $f \in K$ est une somme de Liouville sur E alors f est une somme de Liouville sur K.*

4.b.— *Prouver que si $f \in K$ est tel qu'il existe $g \in E$ avec $D(g) = f$, alors f est une somme de Liouville sur K (Théorème d'Ostrowski).*

4.c.i.— *Soit $v \in E$ tel que $D(v) \in K$. Montrer que si $v \notin K$ alors v est transcendant sur K.*

4.c.ii.— *En déduire une condition nécessaire et suffisante sur $u \in K$ pour que, si v désigne une exponentielle de u, v soit transcendant sur K.*

5.— *(Application à l'étude de $\int e^{x^2} dx$)*

On considère dans cette partie le corps $K = \mathbb{C}(T)$ des fractions rationnelles à coefficients complexes, muni de la dérivation traditionnelle. Par abus de notation, si $u \in K$, on note e^u n'importe quel élément appartenant à un surcorps différentiel de K qui soit une exponentielle de u.

5.a.— *Trouver un critère sur $u \in K$ pour que e^u soit transcendant sur K.*

5.b.— *Montrer alors le critère de Liouville : soient $f \in \mathbb{C}(T)$ et $u \in \mathbb{C}(T) - \mathbb{C}$, alors fe^u admet une primitive dans un surcorps élémentaire de $\mathbb{C}(T)$ si et seulement s'il existe $g \in \mathbb{C}(T)$ tel que $f = g' + gu'$.*

5.c.i.— *Montrer que dans le critère précédent, si l'on suppose que f et u sont des polynômes alors g est un polynôme et on a $d^\circ u \leq 1 + d^\circ f$.*

5.c.ii.— *En déduire que la fonction e^{x^2} n'admet aucune primitive appartenant à aucun surcorps élémentaire de $\mathbb{C}(X)$.*

Solution du problème.

1.a.i.— On a $D(0) = D(0+0) = D(0)+D(0) = 2D(0)$, et par conséquent

$$D(0) = 0$$

De même, on a $D(1) = D(1.1) = D(1).1 + 1.D(1) = 2D(1)$ c'est à dire :

$$D(1) = 0$$

On en déduit que $D(-1) = 0$ puisque $0 = D(0) = D(1-1) = D(1) + D(-1) = D(-1)$ et par suite pour tout $x \in K$, on a

$$D(-x) = D(-1.x) = D(-1).x + (-1)D(x) = -D(x)$$

Soit $v \in K^*$, on a

$$D\left(\frac{v}{v}\right) = \frac{1}{v}D(v) + vD\left(\frac{1}{v}\right)$$

on en déduit alors

$$D\left(\frac{1}{v}\right) = -\frac{D(v)}{v^2}$$

Montrons par récurrence sur $p \in \mathbb{N}$ que pour tout $u \in K$ on a :

$$D(u^p) = pu^{p-1}D(u)$$

C'est clair pour $p = 0$ et $p = 1$, supposons la propriété vraie pour $p \geq 1$, alors :

$$\begin{aligned} D(u^{p+1}) &= D(u.u^p) \\ &= u^pD(u) + uD(u^p) \\ &= u^pD(u) + u(pu^{p-1}D(u)) \\ &= (p+1)u^pD(u) \end{aligned}$$

ce qui achève la preuve par récurrence.

On trouve alors que pour tout $(u, v) \in K \times K^*$ et tout $(p, q) \in \mathbb{N}^2$ on a :

$$\begin{aligned} D(\frac{u^p}{v^q}) &= u^pD\left(\frac{1}{v^q}\right) + \frac{1}{v^q}D(u^p) \\ &= u^p.q\frac{1}{v^{q-1}}D\left(\frac{1}{v}\right) + \frac{1}{v^q}.pu^{p-1}D(u) \\ &= \frac{u^{p-1}}{v^{q+1}}(pvD(u) - quD(v)) \end{aligned}$$

1.a.ii.— Si p et q désignent deux entiers tels que $p \in \mathbb{Z}$ et $q \in \mathbb{N}^*$, alors d'après ce qui précède, on a :

$$D\left(\frac{p}{q}\right) = \frac{D(p)q - pD(q)}{q^2} = 0$$

puisque $D(p) = p.D(1) = 0$ et $D(q) = q.D(1) = 0$ et ainsi $\mathbb{Q} \subset K_{cst}$.

Soit x et y deux éléments de K_{cst}. On a :

$$D(x - y) = D(x) - D(y) = 0$$

ce qui assure que $x - y \in K_{cst}$ c'est à dire que K_{cst} est un sous-groupe additif de K. De même, si $y \neq 0$ alors :

$$D\left(\frac{x}{y}\right) = \frac{D(x)y - xD(y)}{y^2} = 0$$

ce qui assure que K_{cst}^* est un sous-groupe multiplicatif de K^*, et ainsi K_{cst} est un sous-corps de K.

1.a.iii.— Pour tout u et v dans K^*, $v \neq 0$, on a :

$$\begin{aligned} Dl\left(\frac{u}{v}\right) &= \frac{D\left(\frac{u}{v}\right)}{\left(\frac{u}{v}\right)} \\ &= \left(\frac{D(u)v - D(v)u}{v^2}\right)\left(\frac{v}{u}\right) \\ &= \frac{D(u)}{u} - \frac{D(v)}{v} \\ &= Dl(u) - Dl(v) \end{aligned}$$

ainsi Dl est un morphisme du groupe $(K^*, .)$ vers le groupe $(K, +)$.

1.b.i.— En appliquant les règles de dérivation que nous venons d'établir, on trouve :

$$\begin{aligned} D(P(u)) &= D\left(\sum_{k=0}^{n} a_k u^k\right) \\ &= \sum_{k=0}^{n} \left(D(a_k)u^k + a_k D(u^k)\right) \\ &= P^D(u) + \sum_{k=0}^{n} a_k k u^{k-1} D(u) \\ &= P^D(u) + P'(u)D(u) \end{aligned}$$

1.b.ii.— Si x est algébrique sur $\mathbb{Q}$, alors notons $P \in \mathbb{Q}[X]$ son polynôme minimal. En appliquant la formule précédente, on trouve :

$$0 = D(0) = D(P(x)) = P^D(x) + P'(x)D(x)$$

Maintenant, comme $P \in \mathbb{Q}[X]$, on a $P^D = 0$ et donc

$$P'(x)D(x) = 0$$

mais comme P est le polynôme minimal de x et que nous sommes en caractéristique 0, on a $P'(x) \neq 0$ et donc $D(x) = 0$.

2.a.— Posons $H = \prod_{i\in I} Q_i$, il existe alors un polynôme $N(X) \in K[X]$ tel que :

$$\sum_{i\in I} \frac{P_i}{Q_i} = \frac{N}{H} = \frac{D(P)Q - PD(Q)}{Q^2}$$

en multipliant par H, on trouve donc que Q^2 divise $H(D(P)Q - PD(Q))$. Mais comme H est sans facteur carré, Q divise alors $D(P)Q - PD(Q)$ et par suite Q divise $PD(Q)$. Comme P et Q sont premiers entre eux, il en résulte que Q divise $D(Q)$.

Prenons maintenant un $j \in I$ tel que Q_j et Q soient premiers entre eux. Q_j divise NQ^2 et par conséquent N, or :

$$N(X) = \sum_{i\in I} P_i \prod_{k\neq i} Q_k$$

Pour tout $i \neq j$, Q_j divise $P_i \prod_{k\neq i} Q_k$, donc Q_j divise $P_j \prod_{k\neq j} Q_k$, mais comme Q_j est premier avec $\prod_{k\neq j} Q_k$ par hypothèse, on en déduit que Q_j divise P_j.

2.b.i.— Ecrivons R sous forme irréductible $R = \dfrac{P}{Q}$ avec P et Q deux polynômes premiers entre eux et Q normalisé. Si $D(R) = a \in K$, on a alors

$$D(P)Q - PD(Q) = aQ^2$$

Q divise donc $D(Q)$. Ecrivons $Q = X^n + a_{n-1}X^{n-1} + \cdots + a_0$, on a alors

$$D(Q) = Q^D(X) + D(X)Q'(X)$$

mais comme Q est unitaire on a $d^\circ Q^D < d^\circ Q$, d'autre part, comme $D(X) \in K$ on a alors $d^\circ D(Q) < d^\circ Q$. Puisque Q divise $D(Q)$, on a alors

$Q \in K$, mais comme Q est unitaire, on a $Q = 1$ c'est à dire $R \in K[X]$.

Ecrivons $R(X) = b_n X^n + \cdots + b_0$ avec $b_n \neq 0$, on a alors $D(R) = R^D(X) + R'(X)D(X) \in K$. Si R n'est pas constant, en examinant le terme de degré n de $D(R)$ on a immédiatement $D(b_n) = 0$ c'est à dire $b_n \in K_{cst}$. Si R est supposé de degré ≥ 2, alors en regardant le terme de degré $n-1$ de $D(R)$, on obtient

$$nb_n D(X) + D(b_{n-1}) = 0$$

c'est à dire que $D(nb_n X + b_{n-1}) = 0$ et donc que $nb_n X + b_{n-1} \in K_{cst}$ ce qui est absurde puisque $K_{cst} \subset K$ et que $nb_n \neq 0$. On en déduit donc que R est de degré au plus 1 et donc $R(X) = cX + g$ avec $c \in K_{cst}$ et $g \in K$.

2.b.ii.— f est somme de Liouville dans $K(X)$, donc il existe $R \in K(X)$, $F_l \in K(X) - \{0\}$ (pour $l \in L$ fini) et $c_l \in K_{cst}$ tels que :

$$f = D(R) + \sum_l c_l \frac{D(F_l)}{F_l}$$

Posons $F_l = \prod_{k \in L_l} \frac{P_{l,k}}{Q_{l,k}}$ avec $P_{l,k}$ et $Q_{l,k}$ deux familles finies de polynômes irréductibles tels que pour tout k, $Q_{l,k}$ soit un polynôme premier avec tous les $P_{l,k'}$. En utilisant les propriétés de la dérivation logarithmique, il vient alors :

$$\frac{D(F_l)}{F_l} = \sum_k \frac{D(P_{l,k})}{P_{l,k}} - \frac{D(Q_{l,k})}{Q_{l,k}}$$

Soit $(H_j)_{j \in J}$ l'ensemble des polynômes $P_{l,k}$ et $Q_{l,k}$ (les H_j étant cette fois-ci distincts deux à deux), en regroupant les termes obtenus plus haut en utilisant le fait que K_{cst} est un corps, on trouve l'existence d'une famille $(d_j)_j$ d'éléments de K_{cst} telle que :

$$f = D(R) + \sum_{j \in J} d_j \frac{D(H_j)}{H_j}$$

Maintenant, si l'on écrit $H_j = f_j Q_j$ avec $f_j \in K$ et Q_j normalisé, comme précédemment, il vient :

$$f = D(R) + \sum_{j \in J} d_j \frac{D(f_j)}{f_j} + \sum_{j \in J} d_j \frac{D(Q_j)}{Q_j}$$

2.b.iii.— Posons $\lambda = f - \sum_{j\in J} d_j \frac{D(f_j)}{f_j} \in K$ et $R(X) = \frac{P(X)}{Q(X)}$ avec P et Q deux polynômes premiers enters eux et Q normalisé. On a donc :

$$D(R) = D\left(\frac{P}{Q}\right) = \frac{\lambda}{1} + \sum_{j\in J} \frac{D(-d_jQ_j)}{Q_j}$$

d'après la question 2.a. (que l'on peut ici utiliser puisque par hypothèse $D(X) \in K$ et $D(K) \subset K$ donc $D(K[X]) \subset K[X]$), Q divise $D(Q)$ et comme $d^\circ D(Q) < d^\circ Q$ on a par suite $Q = 1$. Ainsi $D(R) = D(P) \in K[X]$ et donc $D(-d_jQ_j) = 0$ sinon la décomposition en éléments simples de $D(P)$ dans $K(X)$ ferait apparaitre des facteurs en $1/Q_j$. Ainsi

$$D(R) = \lambda \in K$$

et en vertu de 2.b.i., cela implique $R = cX + g$ avec $c \in K_{cst}$ et $g \in K$. On a donc :

$$f - cD(X) = D(g) + \sum_{j\in J} d_j \frac{D(f_j)}{f_j}$$

ce qui assure bien que $f - cD(X)$ est somme de Liouville dans K.

2.b.iv.— Puisque v est transcendant sur K, en particulier E est un corps isomorphe à $K(X)$. Soit φ un K-isomorphisme de E sur $K(X)$ tel que $\varphi(v) = X$. Posons sur $K(X)$ la fonction suivante :

$$\forall R \in K(X),\ \widetilde{D}(R) = \varphi \circ D \circ \varphi^{-1}(R)$$

Il est clair que $\widetilde{D}$ est une dérivation de $K(X)$ et que $(K(X), \widetilde{D})$ est un surcorps différentiel de (K, D). Maintenant comme $D(v) = \frac{D(u)}{u}$ pour un certain $u \in K$, on en déduit que $\widetilde{D}(X) \in K$. On peut donc appliquer tout ce qui précède.

Soit $x \in K$ tel que

$$x = D(y) + \sum_{i=1}^{n} c_i \frac{D(z_i)}{z_i}$$

avec $y \in E$, $c_i \in E_{cst} = K_{cst}$, $z_i \in E^*$. Posons $R_i = \varphi(z_i)$ et $G = \varphi(y)$, on a alors $\widetilde{D}(R_i) = \varphi(D(z_i))$ et $\widetilde{D}(G) = \varphi(D(y))$ et comme $K_{cst} \subset K$ on trouve

$$\varphi(x) = \widetilde{D}(G) + \sum_{i=1}^{n} c_i \frac{\widetilde{D}(R_i)}{R_i}$$

avec $G \in K(X)$, $c_i \in K(X)_{cst} = K_{cst}$, $R_i \in K(X)^*$, c'est à dire que $\varphi(x)$ est un élément de K qui est une somme de Liouville dans $K(X)$. D'après ce qui précède, il existe $c \in K_{cst}$, $g \in K$, $\alpha_i \in K_{cst}$ et $f_i \in K$ ($i \in I$ fini) tels que :

$$\varphi(x) - c\widetilde{D}(X) = \widetilde{D}(g) + \sum_{i \in I} \alpha_i \frac{\widetilde{D}(f_i)}{f_i}$$

En posant $u_i = \varphi^{-1}(f_i) \in K$ et $h = \varphi^{-1}(g) \in K$, on en déduit que

$$x - cD(v) = D(g) + \sum_{i \in I} \alpha_i \frac{D(f_i)}{f_i}$$

c'est à dire que x est une somme de Liouville sur K (puisque $D(v) = \dfrac{D(u)}{u}$ en est aussi une).

2.c.i.— Soient P et Q deux polynômes premiers entre eux tels que $R = \dfrac{P}{Q}$. Comme $D(R) \in K$, on trouve comme précédemment que Q divise $D(Q)$. Ecrivons $Q(X) = a_n X^n + \cdots + a_0$, on a alors

$$D(Q) = Q^D(X) + \alpha X Q'(X)$$

avec $\alpha \in K$. Il existe donc $\omega \in K$ tel que $D(Q) = \omega Q$ (puisque $d^\circ D(Q) \leq d^\circ Q$) et donc pour tout $k = 0, \cdots, n$:

$$D(a_k) + \alpha k a_k = \omega a_k$$

Supposons qu'il existe $p < n$ tel que $a_p \neq 0$. Alors on a :

$$\alpha(n-p) = \frac{D(a_p)}{a_p} - \frac{D(a_n)}{a_n}$$

or $\alpha(n-p) = \dfrac{D(X^{n-p})}{X^{n-p}}$ et comme de plus $\dfrac{D(a_p)}{a_p} - \dfrac{D(a_n)}{a_n} = \dfrac{D(a_p/a_n)}{a_p/a_n}$, on a donc :

$$\begin{aligned} 0 &= \frac{D(X^{n-p})}{X^{n-p}} - \frac{D(a_p/a_n)}{a_p/a_n} \\ &= \frac{D(\frac{a_n}{a_p} X^{n-p})}{\frac{a_n}{a_p} X^{n-p}} \end{aligned}$$

Ainsi il existe $c \in K_{cst}$ tel que $X^{n-p} = c\dfrac{a_p}{a_n} \in K$ ce qui est absurde, donc $Q(X) = a_n X^n$.

On peut donc écrire

$$R(X) = \sum_{k=-n}^{h} b_k X^k$$

avec $b_k \in K$. On a alors :

$$D(R(X)) = \sum_{k=-n}^{h} D(b_k)X^k + \alpha \sum_{k=-n}^{h} k a_k X^k$$

On a donc pour tout $k \neq 0$, $\alpha k a_k + D(a_k) = 0$. Comme précédemment cette dernière égalité implique $a_k = 0$, c'est à dire que $R \in K$.

2.c.ii.— On reprend les notations de la partie 2.b.iii. :

$$D(R) = D\left(\frac{P}{Q}\right) = \frac{\lambda}{1} + \sum_{j\in J} \frac{D(-d_j Q_j)}{Q_j}$$

en appliquant 2.a. (ce qui est possible car $\dfrac{D(X)}{X} \in K$ et par suite $D(K[X]) \subset K[X]$) on obtient alors que Q divise $D(Q)$ et d'après ce qui précède on a alors $Q = a_n X^n$. De plus, si Q_j ne divise pas X^n alors toujours d'après 2.a., Q_j divise $D(Q_j)$ et donc $Q_j = t_j X^{n_j}$. Comme Q_j est normalisé et irréductible on a $Q_j(X) = X$ ce qui est absurde par hypothèse. Donc la somme $\displaystyle\sum_{j\in J} \frac{D(-d_j Q_j)}{Q_j}$ comporte au maximum un élement qui est celui pour lequel $Q_j = X$ et dans ce cas cette somme vaut $d\dfrac{D(X)}{X}$ qui appartient à K par hypothèse. Donc $D(R) \in K$ et par suite, $R \in K$. Le résultat demandé en découle aussitôt.

2.c.iii.— Exactement comme pour la question 2.b.iv., on montre que $x - c\dfrac{D(v)}{v}$ est une somme de Liouville dans K, ce qui, en tenant compte du fait que $\dfrac{D(v)}{v} = D(u)$, implique que x est une somme de Liouville dans K.

2.c.iv.— Si $f = D(g) + g\dfrac{D(X)}{X}$ alors $Xf = D(Xg)$ qui est bien une somme de Liouville dans $K(X)$. Réciproquement, supposons que :

$$Xf = D(g) + \sum_{i=1}^{n} c_i \frac{D(f_i)}{f_i}, \ g, f_i \in K(X)$$

Comme dans la question 2.b.ii., en appliquant les propriétés de la dérivée logarithmique, on peut supposer que les f_i sont des polynômes irréductibles. Alors on voit, en appliquant le même raisonnement qu'à la question 2.c.ii., que les f_i sont de la forme $a_iX^{n_i}$. On a donc

$$\begin{aligned} Xf &= D(g) + \sum_{i=1}^{n} c_i \frac{D(a_iX^{n_i})}{a_iX^{n_i}} \\ &= D(g) + \sum_{i=1}^{n} c_i \frac{D(a_i)}{a_i} + \sum_{i=1}^{n} c_i \frac{D(X^{n_i})}{X^{n_i}} \\ &= D(g) + \sum_{i=1}^{n} c_i \frac{D(a_i)}{a_i} + \sum_{i=1}^{n} n_i c_i \alpha \end{aligned}$$

et par suite $D(g)$ est un polynôme de degré ≤ 1. Un argument similaire à celui de la question 2.c.i. montre alors que g est un polynôme de degré ≤ 1.

Ainsi, il existe a, b, k trois élément de K tels que $Xf = D(aX+b)+k$. On a alors

$$f = D(a) + a\frac{D(X)}{X} + \frac{k}{X}$$

comme $D(a) + a\dfrac{D(X)}{X} \in K$, on a alors $k = 0$ et le résultat annoncé en découle immédiatement.

2.c.v.— Ecrivons $g = \dfrac{p}{q}$ où p et q sont deux polynômes premiers entre eux de $k[T]$. On a alors $D(g) = \dfrac{p'q - q'p}{q^2}$, ce qui implique :

$$q^2 f = p'q - q'p + qp\frac{D(X)}{X}$$

et ainsi q divise q' ce qui n'est possible que si q est constant. Donc $g \in k[T]$.

3.a.i.— D'après la question 1.c.i., on a :

$$\overline{D}(x) = \overline{D}(P_x(\alpha)) = P_x^{\overline{D}}(\alpha) + P_x'(\alpha)\overline{D}(\alpha)$$

P étant un polynôme annulateur de α, on a :

$$0 = \overline{D}(P(\alpha)) = P^{\overline{D}}(\alpha) + P'(\alpha)\overline{D}(\alpha)$$

donc $\overline{D}(\alpha) = -\dfrac{P^{\overline{D}}(\alpha)}{P'(\alpha)}$ et par suite :

$$\overline{D}(x) = P_x^{\overline{D}}(\alpha) - P_x'(\alpha)\frac{P^{\overline{D}}(\alpha)}{P'(\alpha)}$$

Soit σ un K-automorphisme de E, on pose $\beta = \sigma(\alpha)$ (β admet aussi P pour polynôme minimal). On a alors $\sigma(x) = P_x(\beta)$ et comme de plus :

$$\begin{aligned}
\overline{D}(\beta) &= -\frac{P^{\overline{D}}(\beta)}{P'(\beta)} \\
&= -\sigma\left(\frac{P^{\overline{D}}(\alpha)}{P'(\alpha)}\right) \\
&= \sigma(\overline{D}(\alpha))
\end{aligned}$$

on a finalement :

$$\begin{aligned}
\overline{D}(\sigma(x)) &= P_x^{\overline{D}}(\beta) + P_x'(\beta)\overline{D}(\beta) \\
&= \sigma(P_x^{\overline{D}}(\alpha)) + \sigma(P_x'(\alpha))\sigma(\overline{D}(\alpha)) \\
&= \sigma\left(P_x^{\overline{D}}(\alpha) + P_x'(\alpha)\overline{D}(\alpha)\right) \\
&= \sigma(\overline{D}(x))
\end{aligned}$$

3.a.ii.— Soit P_x et Q_x deux polynômes de $K[X]$ tels que $x = P_x(\alpha) = Q_x(\alpha)$ et $H(X) = (P_x - Q_x)(X)$. Posons :

$$\begin{aligned}
A &= \left(P_x^D(\alpha) - P_x'(\alpha)\tfrac{P^D(\alpha)}{P'(\alpha)}\right) - \left(Q_x^D(\alpha) - Q_x'(\alpha)\tfrac{P^D(\alpha)}{P'(\alpha)}\right) \\
&= (P_x^D(\alpha) - Q_x^D(\alpha)) - \left(P_x'(\alpha) - Q_x'(\alpha)\right)\tfrac{P^D(\alpha)}{P'(\alpha)} \\
&= H^D(\alpha) - H'(\alpha)\tfrac{P^D(\alpha)}{P'(\alpha)}
\end{aligned}$$

H est un polynôme annulateur de α, donc il existe $Q(X) \in K[X]$ tel que $H = QP$. On a alors $H^D = (PQ)^D = P^DQ + PQ^D$ et $H' = (PQ)' = P'Q + PQ'$, ainsi :

$$\begin{aligned}
A &= Q^D(\alpha)P(\alpha) + Q(\alpha)P^D(\alpha) \\
&\quad - \left(Q'(\alpha)P(\alpha) + Q(\alpha)P'(\alpha)\right)\frac{P^D(\alpha)}{P'(\alpha)} \\
&= \left(Q^D(\alpha) - P^D(\alpha)\frac{Q'(\alpha)}{P'(\alpha)}\right)P(\alpha) \\
&= 0
\end{aligned}$$

et ainsi la définition de $\overline{D}(X)$ ne dépend pas du choix de P_x.

Il est évident que pour tout $(x,y) \in E^2$ on a $\overline{D}(x+y) = \overline{D}(x)+\overline{D}(y)$ puisque que si $x = P_x(\alpha)$ et $y = P_y(\alpha)$ alors $x + y = (P_x + P_y)(\alpha)$.

De même, on a $xy = (P_xP_y)(\alpha)$, on en déduit que :

$$\begin{aligned}
\overline{D}(xy) &= (P_xP_y)^D(\alpha) - (P_xP_y)'(\alpha)\frac{P^D(\alpha)}{P'(\alpha)} \\
&= P_x^D(\alpha)P_y(\alpha) + P_y^D(\alpha)P_x(\alpha) \\
&\quad - \left(P_x'(\alpha)P_y(\alpha) + P_y'(\alpha)P_x(\alpha)\right)\frac{P^D(\alpha)}{P'(\alpha)} \\
&= P_x(\alpha)\left(P_y^D(\alpha) - P_y'(\alpha)\frac{P^D(\alpha)}{P'(\alpha)}\right) \\
&\quad +P_y(\alpha)\left(P_x^D(\alpha) - P_x'(\alpha)\frac{P^D(\alpha)}{P'(\alpha)}\right) \\
&= x\overline{D}(y) + y\overline{D}(x)
\end{aligned}$$

Donc $\overline{D}$ est bien une dérivation. Il est clair que $\overline{D}(x) = D(x)$ pour tout $x \in K$.

3.b.i.— L'extension $\widetilde{E}/E$ est finie (rappelons que $\widetilde{E} = K(\alpha_1, \cdots, \alpha_n)$ où $\alpha_1, \cdots, \alpha_n$ représentent les conjugués de α). Par application de la question précédente, il existe une dérivation sur $\widetilde{E}$ qui a pour restriction sur E, D.

3.b.ii.— Soit $n = [E : K]$. On se place dans $\widetilde{E}$ muni d'une dérivation (notée encore D) qui prolonge D. Il existe alors n automorphismes de $Gal(\widetilde{E}/K)$ tels que la restriction $\sigma_1, \cdots, \sigma_n$ de ces automorphismes à E soit les n K-isomorphismes de corps de E/K (ce choix n'est bien évidemment pas unique). Pour tout $x \in E$, on a :

$$Tr(x) = \sum_{i=1}^{n} \sigma_i(x)$$

On a alors, en vertu de ce qui précède :

$$\begin{aligned}
D(Tr(x)) &= D\left(\sum_{i=1}^{n} \sigma_i(x)\right) &= \sum_{i=1}^{n} D(\sigma_i(x)) \\
&= \sum_{i=1}^{n} \sigma_i(D(x)) &= Tr(D(x))
\end{aligned}$$

3.c.— On garde les notations de la question précédente. On a pour tout $x \in E^*$:

$$N(x) = \prod_{i=1}^{n} \sigma_i(x)$$

Ainsi

$$\begin{aligned}\frac{D(N(x))}{N(x)} &= \frac{\sum_{i=1}^{n} D(\sigma_i(x)) \prod_{j\neq i} \sigma_j(x)}{\prod_{i=1}^{n} \sigma_i(x)} &= \sum_{i=1}^{n} \frac{D(\sigma_i(x))}{\sigma_i(x)} \\ &= \sum_{i=1}^{n} \sigma_i \left(\frac{D(x)}{x}\right) &= Tr\left(\frac{D(x)}{x}\right)\end{aligned}$$

3.d.— Ecrivons f sous la forme :

$$f = D(y) + \sum_{i=1}^{n} c_i \frac{D(z_i)}{z_i}, \; y \in E, \; c_i \in E_{cst}, \; z_i \in E^*$$

comme $f \in K$, on a $Tr(f) = nf$. Comme E est un surcorps différentiel de K, on a $E_{cst} = K_{cst}$ et par suite $Tr(c_i x) = c_i Tr(x)$ pour tout $x \in E$. Ainsi, en prenant la trace, on obtient :

$$\begin{aligned} nf &= Tr(D(y)) + \sum_{i=1}^{n} Tr\left(c_i \frac{D(z_i)}{z_i}\right) \\ &= D(Tr(y)) + \sum_{i=1}^{n} c_i \frac{D(N(z_i))}{N(z_i)} \end{aligned}$$

Comme $Tr(y)$ et $N(z_i)$ sont des éléments de K, on en déduit que f est somme de Liouville sur K.

4.a.— C'est évident d'après les questions 2.b.iv., 2.c.iii. et 3.d.

4.b.— Si $f = D(g)$, alors f est somme de Liouville sur E, donc sur K d'après ce qui précède.

4.c.i.— Supposons que v soit algébrique sur K. Soit alors $P(X) = X^n + \sum_{k=0}^{n-1} a_k X^k$ son polynôme minimal. En dérivant, on trouve :

$$0 = D(P(v)) = \sum_{k=0}^{n-2} (D(a_k) + (k+1)a_{k+1} D(v)) v^k + (D(a_{n-1}) + nD(v)) v^{n-1}$$

et ainsi le polynôme $\sum_{k=0}^{n-2} (D(a_k) + (k+1)a_{k+1} D(v)) X^k + (D(a_{n-1}) + nD(v)) X^{n-1}$ est un polynôme annulateur de v de degré $< n$ ce qui implique qu'il est nul. En particulier on a

$$D(a_{n-1}) + nD(v) = 0$$

ce qui implique $a_{n-1} + nv \in K_{cst}$ c'est à dire $v \in K$ ce qui est absurde.

4.c.ii.— Supposons que v soit algébrique, soit alors $P(X) = X^n + \sum_{k=0}^{n-1} a_k X^k$ son polynôme minimal. En dérivant, on trouve :

$$0 = D(P(v)) = nD(u)v^n + \sum_{k=0}^{n-1}(D(a_k) + ka_k D(u))v^k$$

et ainsi, si $u \notin K_{cst}$, le polynôme $nD(u)X^n + \sum_{k=0}^{n-1}(D(a_k) + ka_k D(u))X^k$ est un polynôme annulateur de v de degré n ce qui implique qu'il est proportionnel à P (le coefficient de proportionalité étant visiblement égal à $nD(u)$). En examinant le terme constant des deux polynômes on trouve :

$$nD(u).a_0 = D(a_0)$$

c'est à dire que nu est le logarithme d'un élément de K. Si $D(u) = 0$, on a le même résultat.

Réciproquement, s'il existe $n \in \mathbb{N}^*$ et $a_0 \in K$ tel que nu soit un logarithme de a_0, alors :

$$n\frac{D(v)}{v} = D(nu) = \frac{D(a_0)}{a_0}$$

et par suite $\dfrac{D(\frac{v^n}{a_0})}{\frac{v^n}{a_0}} = 0$, c'est à dire qu'il existe $c \in K_{cst}$ tel que :

$$v^n = ca_0$$

et donc v est algébrique sur K.

Ainsi v est transcendant sur K ssi il n'existe pas d'entier n tel que nu soit un logarithme d'un élément de K.

5.a.— Si $u \in K_{cst} = \mathbb{C}$, alors $e^u \in \mathbb{C}$, puisqu'alors $D(e^u) = D(u)e^u = 0$.

Supposons que $u \in \mathbb{C}(T)$ ne soit pas constant. Pour prouver que e^u est transcendant, il suffit d'après la question 4.c.ii., de montrer que $n.u$

n'est le logarithme d'aucun $v \in \mathbb{C}(T)$. Posons alors $nu = R(T) \in \mathbb{C}(X)$ et $v = S(T) \in \mathbb{C}(X)$, et vérifions que l'équation :

$$\frac{S'(T)}{S(T)} = R'(T)$$

est impossible. Notons $S(T) = \prod_{i=1}^{n} P_i^{\alpha_i}(T)$ la décomposition en facteurs premiers de S dans $\mathbb{C}(T)$ (α_i est un entier relatif) et $R(T) = \dfrac{P(T)}{Q(T)}$ avec P et Q deux polynômes premiers entre eux. On a alors :

$$\sum_{i=1}^{n} \alpha_i \frac{P_i'}{P_i} = \frac{P'Q - Q'P}{Q^2}$$

Comme $d^\circ P_i' < d^\circ P_i$, on en déduit que le membre de gauche de l'inégalité est la décomposition en éléments simples de $\dfrac{P'Q - Q'P}{Q^2}$. Cette décomposition en facteurs premiers n'a que des pôles simples, donc Q divise nécessairement $P'Q - Q'P$, c'est à dire que Q divise $Q'P$, mais comme Q est premier avec P, Q divise Q', ce qui implique au vu des degrés que Q est constant.

Alors, on a $\sum_{i=1}^{n} \alpha_i \frac{P_i'}{P_i} = aP'$ avec $a \in \mathbb{C}$. Par unicité de la décomposition en éléments simples, on en déduit que la somme est nulle et par suite que R est constant, c'est à dire $u \in \mathbb{C}$, ce qui est absurde par hypothèse.

5.b.— Si $f = g' + gu'$ alors $fe^u = g'e^u + gu'e^u$ et par suite $fe^u = D(ge^u)$ admet bien une primitive dans le corps $\mathbb{C}(T)(e^u)$ qui est visiblement élémentaire.

Réciproquement, supposons que fe^u admette une primitive dans un surcorps élémentaire de $\mathbb{C}(T)$. Comme $u \notin \mathbb{C}$, e^u est transcendant sur $\mathbb{C}(T)$ et le corps $\mathbb{C}(T)(e^u)$ est donc isomorphe à $\mathbb{C}(T)(X)$. En transférant la dérivation à $\mathbb{C}(T)(X)$, on en déduit (question 2.c.iv.) que si $e^u f$ est somme de Liouville dans $\mathbb{C}(T)(e^u)$ alors il existe $g \in \mathbb{C}(T)$ tel que $f = g' + gu'$. On sait alors (question 4.b.) que fe^u admet une primitive dans un surcorps différentiel élémentaire ssi fe^u est somme de Liouville dans $\mathbb{C}(T)(e^u)$, d'où le résultat.

5.c.i.— Si u et f sont dans $\mathbb{C}[T]$, alors d'après la question 2.c.v., g est un polynôme. Comme $f = g' + gu'$ on a immédiatement $d^\circ u' \leq d^\circ f$ et donc $d^\circ u \leq 1 + d^\circ f$.

5.c.ii.— Si $\int e^{x^2} dx$ appartenait à un surcorps différentiel élémentaire de $\mathbb{C}(T)$, alors il existerait un polynôme $g \in \mathbb{C}[T]$ tel que :

$$1 = g' + 2Tg$$

ce qui est visiblement impossible au vu des degrés.

Problème 17.— Morphismes préservant l'ordre

L'objectif de ce problème est d'étudier les morphismes d'objets algébriques inclus dans $\mathbb{R}$ qui préservent l'ordre.

1.— *On étudie ici les morphismes continus de sous-ensembles de $\mathbb{R}$.*

1.a.— *Soit f un endomorphisme du groupe $(\mathbb{R},+)$.*

1.a.i.— *Prouver que si f est continu, alors il existe $\alpha \in \mathbb{R}$ tel que*

$$\forall x \in \mathbb{R},\ f(x) = \alpha x$$

1.a.ii.— *Prouver qu'il en est de même si f est juste supposé continu en un point $a \in \mathbb{R}$.*

1.a.iii.— *Prouver qu'il en est de même si f est juste supposé monotone.*

1.a.iv.— *En déduire les endomorphismes de corps de $(\mathbb{R},+,.)$.*

1.b.— *On considère un morphisme $f : (\mathbb{R},+) \to (\mathbb{R}^{*+},.)$ qui préserve l'ordre (i.e. $\forall (x,y) \in \mathbb{R}^2,\ x \leq y \Longrightarrow f(x) \leq f(y)$).*

Montrer que f est continu et en déduire alors la forme générale des morphismes préservant l'ordre de $(\mathbb{R},+)$ dans $(\mathbb{R}^{*+},.)$.

1.c.— *On considère maintenant un morphisme $f : (\mathbb{R}^{*+},.) \to (\mathbb{R},+)$ qui conserve l'ordre.*

Montrer que f est continu et en déduire alors la forme générale des morphismes préservant l'ordre de $(\mathbb{R}^{*+},.)$ dans $(\mathbb{R},+)$.

1.d.— *On considère enfin un endomorphisme f de $(\mathbb{R}^{*+},.)$ qui conserve l'ordre.*

Montrer que f est continu et en déduire alors la forme générale des endomorphismes préservant l'ordre de $(\mathbb{R}^{*+},.)$.

2.— *Le but de cette partie est d'étudier les automorphismes qui préservent l'ordre de $(\mathbb{Q}^{+*},.)$.*

2.a.— *On considère deux sous-groupes A et B de $(\mathbb{R},+)$ et un homomorphisme $\sigma : A \to B$ préservant l'ordre. Montrer qu'il existe $\alpha \geq 0$ tel que pour tout $x \in A$, $\sigma(x) = \alpha x$ (Théorème de Hion).*

2.b.— *Soit G un sous groupe multiplicatif de $\mathbb{R}^{+*}$ et σ un automorphisme de G préservant l'ordre. Montrer qu'il existe $\alpha \in \mathbb{R}^{+*}$ tel que pour tout $x \in G$, $\sigma(x) = x^\alpha$.*

2.c.— *Soit $x \in \mathbb{C}$, on dit que x est transcendant si x n'est pas algébrique sur $\mathbb{Q}$ (i.e. $x \notin \overline{\mathbb{Q}}$). On admet pour la suite de notre problème les deux théorèmes suivants :*

Théorème des six exponentielles.— Soient x_1, x_2, x_3 trois nombres complexes linéairement indépendants sur $\mathbb{Q}$ et y_1, y_2 deux nombres complexes linéairement indépendants sur $\mathbb{Q}$. Au moins un des six nombres complexes

$$(e^{x_i y_j})_{1 \leq i \leq 3, 1 \leq j \leq 2}$$

est transcendant.

Théorème de Gel'fond-Schneider.— Soient α et β deux nombres algébriques, $\alpha \neq 0$ et $\beta \notin \mathbb{Q}$. Soit $log(\alpha)$ une détermination non nulle du logarithme de α, alors le nombre complexe

$$\alpha^\beta = exp(\beta \log \alpha)$$

est transcendant.

Montrer alors que si a est un nombre complexe algébrique ($a \neq 0$) et que r est un nombre complexe irrationnel, alors au moins un des trois nombres complexes a^r, a^{r^2}, a^{r^3} est transcendant.
(Note : à nouveau, a^r désigne le complexe $exp(r \log a)$ où $\log a$ désigne une détermination non nulle du logarithme de a.)

2.d.— *Soit G un sous-groupe mutliplicatif de $\overline{\mathbb{Q}} \cap \mathbb{R}^{+*}$ et σ un automorphisme de G préservant l'ordre. Montrer qu'il existe un nombre rationnel r tel que $\sigma(x) = x^r$ pour tout $x \in G$.*

2.e.— *En déduire qu'il n'existe qu'un seul automorphisme du groupe $(\mathbb{Q}^{+*}, .)$ préservant l'ordre.*
(Ind. On pourra regarder à quelles conditions sur p et q entiers, le réel $2^{\frac{p}{q}}$ reste rationnel.)

2.f.— *Montrer qu'il en est de même si l'on remplace $\mathbb{Q}$ dans la question précédente par un corps de nombres K (i.e. extension finie de $\mathbb{Q}$) inclus dans $\mathbb{R}$.*

Solution du problème.

1.a.i.— Notons $\alpha = f(1)$. Pour tout $n \in \mathbb{N}$, on a $f(n) = n.f(1) = \alpha n$. Maintenant si $n \neq 0$, $f(\frac{n}{n}) = n.f(\frac{1}{n}) = \alpha$, on en déduit donc que pour tout rationnel $\frac{p}{q}$ ($(p,q) \in \mathbb{Z} \times \mathbb{N}^*$), on a $f(\frac{p}{q}) = pf(\frac{1}{q}) = \frac{p}{q}\alpha$, ainsi

$$\forall r \in \mathbb{Q},\ f(r) = \alpha r$$

Si f est continue, comme f coincide avec la fonction αx sur $\mathbb{Q}$ qui est dense dans $\mathbb{R}$, on en déduit que

$$\forall x \in \mathbb{R},\ f(x) = \alpha x$$

1.a.ii.— Soit $x_0 \in \mathbb{R}$. Pour tout $x \in \mathbb{R}$, on écrit $f(x) - f(x_0) = f(x) - f(a) + f(a) - f(x_0) = f(x - x_0 + a) - f(a)$. Quand x tend vers x_0 alors $t = (x - x_0)$ tend vers 0 et $(x - x_0 + a)$ tend vers a. Comme f est continue en a, on a

$$\lim_{x \to x_0} (f(x) - f(x_0)) = \lim_{t \to 0} f(t + a) - f(a) = 0$$

Ainsi f est continue en x_0 et donc partout sur $\mathbb{R}$.

1.a.iii.— Si f est monotone, d'après le théorème de la limite monotone, elle admet en tout point une limite à droite et une limite à gauche. Posons $l_1 = \lim_{x \to 0^-} f(x)$ et $l_2 = \lim_{x \to 0^+} f(x)$. Supposons par exemple que f soit croissante, on a donc $l_1 \leq l_2$.

Pour tout $x \in \mathbb{R}$, on a $f(2x) = 2f(x)$. Par passage à la limite, on obtient $l_1 = 2l_1$ et $l_2 = 2l_2$. Donc $l_1 = l_2 = 0$ et f est continue en 0.

1.a.iv.— Soit $f : \mathbb{R} \to \mathbb{R}$ tel que pour tout $(x,y) \in \mathbb{R}^2$, $f(x+y) = f(x) + f(y)$ et $f(xy) = f(x)f(y)$. Prenons un couple $(x,y) \in \mathbb{R}^2$ tel que $x < y$, on a donc $t = y - x > 0$. Ainsi,

$$f(y) - f(x) = f(y - x) = f(t) = f(\sqrt{t}\sqrt{t}) = \left(f(\sqrt{t})\right)^2 \geq 0$$

et donc f est croissante.

D'après la question 1.a.iii., il existe $\alpha \in \mathbb{R}$ tel que $f(x) = \alpha x$ pour tout $x \in \mathbb{R}$. En prenant $x = 1$, on a $\alpha^2 = f(1.1) = f(1) = \alpha$, donc

$\alpha = 0, 1$. Par conséquent il n'y a que deux endomorphismes de corps de $(\mathbb{R}, +, .)$, à savoir l'identité et l'endomorphisme nul.

1.b.— Considérons l'application $\sigma : \mathbb{R} \to \mathbb{R}$ définie par

$$\forall x \in \mathbb{R}, \ \sigma(x) = \log(f(x))$$

Il est clair que σ est un endomorphisme du groupe $(\mathbb{R}, +)$. De plus f étant croissante et $x \longmapsto \log(x)$ l'étant aussi, σ est monotone, donc continu et par 1.a.i., il existe $\alpha \in \mathbb{R}$ tel que $\sigma(x) = \alpha x$ pour tout $x \in \mathbb{R}$ (notons que $\alpha \geq 0$ car σ est croissante). En posant $a = exp(\alpha)$ on en déduit que

$$\forall x \in \mathbb{R}, \ f(x) = a^x$$

Il est clair que réciproquement, toute application $f(x) = a^x$ avec $a \geq 1$ est un morphisme de $(\mathbb{R}, +)$ vers $(\mathbb{R}^{*+}, .)$ qui préserve l'ordre.

1.c.— Considérons l'application $\sigma : \mathbb{R} \to \mathbb{R}$ définie par

$$\forall x \in \mathbb{R}, \ \sigma(x) = f(e^x)$$

Il est clair que σ est un morphisme du groupe $(\mathbb{R}, +)$. De plus f étant croissante et $x \longmapsto exp(x)$ l'étant aussi, σ est monotone, donc continu et par 1.a.i., il existe $\alpha \in \mathbb{R}$ tel que $\sigma(x) = \alpha x$ pour tout $x \in \mathbb{R}$ (notons que $\alpha \geq 0$ car σ est croissante). Si $\alpha = 0$, alors f est l'application nulle. Si $\alpha \neq 0$, en posant $a = exp(\frac{1}{\alpha})$ on en déduit que

$$\forall x \in \mathbb{R}, \ f(x) = \log_a(x)$$

Il est clair que réciproquement, toute application $f(x) = log_a(x)$ avec $a > 1$ est un morphisme de $(\mathbb{R}^{*+}, .)$ vers $(\mathbb{R}, +)$ qui préserve l'ordre.

1.d.— Considérons l'application $\sigma : \mathbb{R} \to \mathbb{R}$ définie par

$$\forall x \in \mathbb{R}, \ \sigma(x) = \log(f(e^x))$$

Il est clair que σ est un morphisme du groupe $(\mathbb{R}, +)$. Comme précédemment, σ est monotone, donc continu et par 1.a.i., il existe $\alpha \in \mathbb{R}$ tel que $\sigma(x) = \alpha x$ pour tout $x \in \mathbb{R}$ (notons que $\alpha \geq 0$ car σ est croissante). On en déduit que

$$\forall x \in \mathbb{R}^{+*}, \ f(x) = x^\alpha$$

Il est clair que réciproquement, toute application $f(x) = x^\alpha$ avec $\alpha \geq 0$ est un endomorphisme de $(\mathbb{R}^{*+}, .)$ qui préserve l'ordre.

2.a.— Soit $\sigma : A \to B$ un morphisme tel que pour tout $(x, y) \in A^2$, $x \leq y \Rightarrow \sigma(x) \leq \sigma(y)$. Supposons qu'il existe $a > 0$ dans A tel que $\sigma(a) = 0$, alors pour tout $x > 0$ dans A, il existe $n \in \mathbb{N}$ tel que $na \geq x$ (propriété d'Archimède). Par conséquent, $0 \leq \sigma(x) \leq n\sigma(a) = 0$ donc $\sigma(x) = 0$ et par suite σ est nul sur A.

Supposons maintenant que pour tout $x > 0$ dans A, $\sigma(x) \neq 0$. Prenons x et y deux éléments de A strictement positifs. Supposons que $\frac{x}{y} \neq \frac{\sigma(x)}{\sigma(y)}$, par exemple $\frac{x}{y} < \frac{\sigma(x)}{\sigma(y)}$. Comme $\mathbb{Q}$ est dense dans $\mathbb{R}$, il existe un rationnel $r = \frac{n}{m}$ avec n et m entiers positifs tel que :

$$\frac{x}{y} < \frac{n}{m} < \frac{\sigma(x)}{\sigma(y)}$$

On a donc $m\sigma(x) > n\sigma(y)$ et de même $ny \geq mx$, mais en composant cette dernière inégalité par σ on obtient $m\sigma(x) \leq n\sigma(y)$, ce qui est absurde. Donc $\frac{x}{y} = \frac{\sigma(x)}{\sigma(y)}$.

Posons $\alpha = \sigma(1)$, $\alpha > 0$ et

$$\forall x \in A,\ \sigma(x) = \alpha x$$

2.b.—Si G est réduit à 1 la proprosition est triviale. Sinon, considérons l'ensemble $log(G) = \{\log(x)/\ x \in G\}$. Il est clair que $log(G)$ est un sous-groupe additif de $\mathbb{R}$. Soit alors l'application $\varphi : log(G) \to \mathbb{R}$ définie par :

$$\forall t \in log(G),\ \varphi(t) = \log(\sigma(e^t))$$

Il est clair que φ est un morphisme additif de $log(G)$ dans $\mathbb{R}$ qui préserve l'ordre. D'après le théorème d'Hion, il existe $\alpha > 0$ tel que $\varphi(t) = \alpha t$ pour tout $t \in log(G)$ (α ne peut pas être nul car $log(G)$ n'est pas réduit à 0 et σ est bijectif). On a donc pour tout $x \in G$, $\sigma(x) = x^\alpha$.

2.c.— Considérons les trois complexes $x_1 = \log(a), x_2 = r\ log(a), x_3 = r^2\ log(a)$. Si x_1, x_2, x_3 sont linéairement dépendants sur $\mathbb{Q}$, alors il existe trois rationnels l_1, l_2, l_3 non tous nuls tels que

$$l_1x_1 + l_2x_2 + l_3x_3 = 0$$

Ceci implique que r est racine du polynôme $l_3X^2 + l_2X + l_1 = 0$, c'est à dire que r appartient à une extension quadratique de $\mathbb{Q}$.

Supposons que ce ne soit pas le cas, alors comme r est supposé irrationnel, les deux complexes $y_1 = 1, y_2 = r$ sont linéairement indépendants sur $\mathbb{Q}$. En appliquant le théorème des six exponentielles, au moins un des six nombres complexes suivants

$$e^{log(a)}, e^{rlog(a)}, e^{r^2 log(a)}, e^{rlog(a)}, e^{r^2 log(a)}, e^{r^3 log(a)}$$

est transcendant, c'est à dire au moins un des quatre nombres complexes

$$a, a^r, a^{r^2}, a^{r^3}$$

Mais comme par hypothèse a est algébrique, au moins un des trois nombres complexes a^r, a^{r^2}, a^{r^3} est transcendant.

Supposons maintenant que r appartienne à une extension quadratique de $\mathbb{Q}$. En particulier r est algébrique et irrationnel. Par application du théorème de Gel'fond-Schneider, a^r est transcendant, ce qui achève la preuve.

2.d.— Si G est réduit à 1, le résultat est évident. Si G n'est pas réduit à 1, d'après la question 2.b. il existe un réel r strictement positif tel que $\sigma(x) = x^r$ pour tout $x \in G$. Maintenant, σ est un automorphisme de G, donc $\sigma \circ \sigma$ et $\sigma \circ \sigma \circ \sigma$ le sont aussi. Prenons un élément $a \in G$ différent de 1, on a

$$\sigma(a) = a^r \in G,\ \sigma \circ \sigma(a) = a^{r^2} \in G,\ \sigma \circ \sigma \circ \sigma(a) = a^{r^3} \in G$$

Comme tous les éléments de G sont algébriques, d'après la question 2.c. on en déduit que $r \in \mathbb{Q}$.

2.e.— Soit σ un automorphisme de $(\mathbb{Q}^{+*}, .)$ qui préserve l'ordre et $r = p/q$ un rationnel tel que :

$$\forall x \in \mathbb{Q}^{+*},\ \sigma(x) = x^r$$

Prenons $x = 2$, il existe donc deux entiers a et b strictement positifs et premiers entre eux tels que :

$$2^{\frac{p}{q}} = \frac{a}{b}$$

On a donc $2^p = \dfrac{a^q}{b^q}$ et par suite $b = 1$, c'est à dire que a est une puissance de 2, ce qui implique que q divise p. Par conséquent r est un entier, mais comme σ^{-1} est un aussi un automorphisme de $(\mathbb{Q}^{+*}, .)$, on a $\sqrt[r]{2} \in \mathbb{Q}$ ce qui n'est possible que pour $r = 1$. Donc $\sigma = Id$.

2.f.— Soit $G = (K^{+*}, .)$ où K est un corps de nombres inclus dans $\mathbb{R}$. Soit σ un automorphisme de G qui préserve l'ordre. Il existe donc $r = p/q > 0$ rationnel tel que :

$$\forall x \in G, \ \sigma(x) = x^r$$

En composant q fois σ avec lui-même, on en déduit que $x \longmapsto x^p$ est un automorphisme de G et en prenant l'inverse de celui-ci, on en déduit que $x \longmapsto \sqrt[p]{x}$ est aussi un automorphisme de G, notons le φ. On a donc $\varphi^n(x) = \sqrt[p^n]{x}$ pour tout n entier (φ^n désigne $\varphi \circ \cdots \circ \varphi$, n fois).

Supposons que $p \neq 1$, alors pour tout $n \in \mathbb{N}$, $\sqrt[p^n]{2} \in K$. Il est clair que pour tout $k > 1$, $\sqrt[k]{2} \notin \mathbb{Q}$. On en déduit alors (voir le problème "L'équation $X^n - a = 0$") que le polynôme $X^{p^n} - 2$ est irréductible sur $\mathbb{Q}$ et qu'ainsi le degré de $\sqrt[p^n]{2} \in K$ sur $\mathbb{Q}$ est p^n. Si K contenait $\sqrt[p^n]{2}$ pour tout $n \in \mathbb{N}$, alors K serait de degré infini sur $\mathbb{Q}$, ce qui est absurde par hypothèse.

Donc $p = 1$ et $r = 1/q$, mais en appliquant à nouveau le même raisonnement à q, on trouve $q = 1$. C'est à dire $\sigma = Id$.

Problème 18.— Corps ordonnables

Soit K un corps commutatif et $\leq$ un ordre sur K. On dit que $(K, \leq)$ est un corps ordonné si $\leq$ est total (i.e. $\forall (x,y) \in K^2$, $x \leq y$ ou $y \leq x$) et si les deux propriétés suivantes sont vérifiées :

$$P_1) \ \forall (x,y,z) \in K^3, \ x \leq y \Longrightarrow x+z \leq y+z.$$

$$P_2) \ \forall (x,y,z) \in K^3, \ x \leq y \text{ et } z \geq 0 \Longrightarrow x.z \leq y.z.$$

Si $\leq$ désigne un ordre quelconque sur K, on dit que $\leq$ est compatible sur K si $(K, \leq)$ est un corps ordonné. Enfin on dit qu'un corps K est ordonnable s'il existe un ordre compatible sur K.

L'objectif de ce problème est de montrer un théorème d'Artin et Schreier qui affirme qu'un corps commutatif K est ordonnable si et seulement si -1 n'est pas somme de carrés dans K.

1.a.— *Montrer qu'un corps K est ordonnable si et seulement s'il existe une partie $P \subset K$ vérifiant :*

1) $P \cap (-P) = \{0\}$
2) $P \cup (-P) = K$
3) $P + P \subset P$
4) $P.P \subset P$

(Ici $-P$ désigne l'ensemble constitué des opposés des éléments de P, $P+P$ (resp. $P.P$) l'ensemble constitué des sommes (resp. des produits) de deux éléments de P.)

Quelle correspondance y-a-t-il entre les ordres compatibles sur K et les parties P vérifiant les propriétés ci-dessus ?

Dans la suite si $\leq$ est un ordre compatible sur K, l'ensemble P correspondant à $\leq$ sera appelé ensemble des éléments positifs de K.

1.b.— *Montrer que si $(K, \leq)$ est un corps ordonné et que L est un sous-corps de K, alors L est naturellement ordonné par $\leq$. En déduire qu'un corps ordonnable est de caractéristique 0.*

1.c.— *Soient $(K, \leq)$ un corps ordonné et σ un isomorphisme de K sur un autre corps L. Montrer que σ induit naturellement un ordre $\leq_0$*

compatible sur L. En déduire que si deux corps sont isomorphes alors si l'un est ordonnable l'autre l'est aussi.

1.d.— *Montrer que* $\mathbb{Q}$ *est un corps ordonnable et qu'il n'existe qu'un seul ordre compatible sur* $\mathbb{Q}$.

1.e.— *Prouver que si* $(K, \leq)$ *est un corps ordonné, alors l'ensemble des carrés de* K*, noté* K^2*, est un sous-ensemble des éléments positifs de* K. *En déduire que* $\mathbb{R}$ *ne possède qu'un seul ordre compatible.*

1.f.— *Prouver que dans un corps ordonné* K *si* $a_1, \cdots, a_n$ *sont des éléments de* K *alors* $a_1^2 + \cdots + a_n^2 = 0$ *entraîne* $a_1 = \cdots = a_n = 0$.
En déduire que pour tout n*-uplet* $(a_1, \cdots, a_n)$ *d'éléments de* K,

$$-1 \neq a_1^2 + \cdots + a_n^2$$

Montrer alors qu'aucun corps algébriquement clos n'est ordonnable.

2.— *Soit* K *un corps ordonnable et* F *une partie de* K. *On dit que* F *est formellement positive si* $0 \in F$ *et* $1 \in F$ *et s'il existe un ordre compatible sur* K *tel que* F *soit inclus dans l'ensemble des éléments positifs* P *de* K.
Si A *désigne une partie quelconque de* K *contenant* 0 *et* 1*, on appelle saturé de* A *la partie* $\widetilde{A}$ *formée des produits finis quelconques d'éléments de* A. *On dit que* A *est saturé si* $\widetilde{A} = A$.

2.a.— *Soit* K *un corps ordonnable. Donner des exemples de parties formellement positives et saturées.*

2.b.— *Soit* K *un corps de caractéristique différente de* 2 *et* F *une partie saturée de* K *contenant* 0 *et* 1. *Montrer que les propositions suivantes sont équivalentes :*

i) K *est ordonnable et* F *est formellement positif*

ii) $K \neq \sum FK^2$

iii) $(-F) \cap \sum FK^2 = \{0\}$

iv) si $\sum_{i=1}^{n} a_i x_i^2 = 0$ *avec* $a_i \in F - \{0\}$ *et* $x_i \in K$ *alors* $x_1 = \cdots = x_n = 0$

v) il existe un sous-ensemble S *de* K *tel que* $K^2 \subset S$, $F \subset S$, $S + S \subset S$, $S.S \subset S$ *et* $S \cap (-S) = \{0\}$.

($\sum FK^2$ désigne les sommes d'éléments de la forme ax^2 avec $a \in F$ et $x \in K$.)

2.c.— *Montrer alors le théorème d'Artin et Schreier : un corps K est ordonnable si et seulement si -1 n'est pas une somme de carrés dans K.*

Solution du problème.

1.a.— Soit P une partie de K vérifiant les propriétés de l'énoncé. Définissons dans K la relation $\leq$ par :

$$\forall (x,y) \in K^2,\ x \leq y \Longleftrightarrow y - x \in P$$

et vérifions que $\leq$ est un ordre compatible sur K :

• $\leq$ est une relation réflexive : en effet $0 \in P$ par définition, donc pour tout $x \in K$, $x - x \in P$ et par suite $x \leq x$.

• $\leq$ est une relation transitive : en effet, soient $(x,y,z) \in K^3$ tels que $x \leq y$ et $y \leq z$. On a alors $y - x \in P$ et $z - y \in P$, mais comme $P + P \subset P$, il s'ensuit que $z - x = (z - y) + (y - x) \in P$ et donc que $x \leq z$.

• $\leq$ est une relation antisymétrique : Soient x et y deux éléments de K tels que $x \leq y$ et $y \leq x$. On a alors $x - y \in P$ et $y - x \in P$, mais comme $(y - x) = -(x - y)$ on a donc $y - x \in -P$ et comme $P \cap -P = \{0\}$ il vient $x = y$.

$\leq$ est donc une relation d'ordre. Cet ordre est total puisque si x et y sont deux éléments de K alors comme $P \cup -P = K$ on a forcément, soit $y - x \in P$ et alors $x \leq y$, soit $y - x \in -P$ et alors $y \leq x$.

Vérifions maintenant que $\leq$ est compatible avec l'arithmétique de K.

• P_1) Soit $(x,y,z) \in K^3$ tel que $x \leq y$. On a donc $y - x \in P$ et ainsi en additionnant et soustrayant z on obtient $(y+z) - (x+z) \in P$. On a bien $x + z \leq y + z$.

• P_2) Soit $(x,y,z) \in K^3$ tel que $x \leq y$ et $z \geq 0$. Comme $P.P \subset P$ et que $y - x \in P$, on a $z(y-x) \in P$ et donc $zx \leq zy$.

Réciproquement soit $\leq$ un ordre compatible sur K. Posons

$$P = \{x \in K,\ 0 \leq x\}$$

• 1) Soit $x \in P \cap -P$, on a donc $0 \leq x$ et $0 \leq -x$. En ajoutant x à la dernière inéquation on trouve $x + 0 \leq x - x$ et donc $x \leq 0$. Par suite $x = 0$.

• 2) Soit $x \in K$, si $x \notin P$ alors $x \leq 0$ puisque l'ordre est total. En ajoutant à cette dernière inégalité $-x$ on trouve $x - x \leq 0 - x$ et donc $0 \leq -x$ c'est à dire $x \in -P$. Donc $P \cup -P = K$.

• 3) Si x et y sont deux éléments de P tels que $x \in P$ et $y \in P$ alors comme $0 \leq x$ en ajoutant y on a $y \leq x + y$ mais comme $0 \leq y$ et que $\leq$ est transitive, on a $0 \leq x+y$ c'est à dire $x+y \in P$. On a donc $P+P \subset P$.

• 4) Si x et y sont deux éléments de P tels que $x \in P$ et $y \in P$ alors comme $0 \leq x$ et que $0 \leq y$ en multipliant par y on a $0 \leq xy$. Ainsi $xy \in P$ et on a donc $P.P \subset P$.

L'ensemble P associé (par cette correspondance) à un ordre $\leq$ compatible sur K est donc l'ensemble des éléments $x \in K$ tels que $0 \leq x$ c'est à dire l'ensemble des éléments positifs dans le sens usuel.

1.b.— Soit P_K l'ensemble des éléments positifs de K pour $\leq$. Posons $P_L = P_K \cap L$, il est clair que P_L vérifie les quatre conditions de la question 1.a. et donc que $\leq$ induit naturellement une structure de corps ordonné sur L.

Pour montrer qu'un corps de caractéristique non nulle n'est pas ordonnable, il suffit donc de prouver ce fait pour un corps premier de caractéristique non nulle. Soit p un nombre premier et $K = \mathbb{F}_p$. Supposons qu'il existe un ordre $\leq$ compatible sur K.

Si $1 \leq 0$ alors $0 \leq -1$ et donc $0 \leq -1. - 1$. On a alors $1 = 0$ ce qui est absurde. Donc $0 \leq 1$, et en ajoutant p fois 1 à cette inégalité on trouve

$$0 \leq 1 \leq 1+1 \leq \cdots \leq \overbrace{1 + \cdots + 1}^{\text{p fois}} = 0$$

et ainsi $1 \leq 0$ ce qui implique $1 = 0$ d'où l'absurdité.

1.c.— Définissons la relation binaire $\leq_0$ sur L par :

$$\forall (x,y) \in L^2,\ x \leq_0 y \Longleftrightarrow \sigma^{-1}(x) \leq \sigma^{-1}(y)$$

Notons P_K l'ensemble des éléments positifs de K pour $\leq$ et P_L l'ensemble des éléments positifs de L pour $\leq_0$ (i.e. les éléments $z \in L$ tels que $0 \leq_0 z$). On a alors $\sigma(P_K) = P_L$ et comme σ est un isomorphisme de corps on a $\sigma(-P_K) = -P_L$. On a alors :

$P_L \cap -P_L = \sigma(P_K) \cap \sigma(-P_K) = \sigma(P_K \cap -P_K) = \sigma(\{0\}) = \{0\}$.

$P_L \cup -P_L = \sigma(P_K) \cup \sigma(-P_K) = \sigma(P_K \cup -P_K) = \sigma(K) = L$.

$$P_L + P_L = \sigma(P_K) + \sigma(P_K) = \sigma(P_K + P_K) \subset \sigma(P_K) = P_L.$$

$$P_L.P_L = \sigma(P_K).\sigma(P_K) = \sigma(P_K.P_K) \subset \sigma(P_K) = P_L.$$

Ainsi $\leq_0$ est un ordre compatible sur L. Maintenant, si K est ordonnable, il existe un ordre compatible sur K, par σ cet ordre est transféré sur L qui est donc ordonnable.

1.d.— Soit $\leq$ un ordre compatible sur $\mathbb{Q}$ et P l'ensemble des éléments de $\mathbb{Q}$ positifs pour $\leq$. Comme nous l'avons déjà remarqué, 1 est nécessairement positif. Par récurrence immédiate on obtient $\mathbb{N} \subset P$.

Soit maintenant $r \in \mathbb{Q}$ et $(p,q) \in \mathbb{Z} \times \mathbb{N}^*$ l'unique couple d'entiers premiers entre eux tels que $r = \frac{p}{q}$. Comme $0 \leq q$ on a $0 \leq \frac{1}{q}$, en effet si ce n'est pas le cas alors $\frac{1}{q} \leq 0$ et en multipliant par q on aurait $1 \leq 0$, ce qui est absurde. On a donc :

$$0 \leq r \Longleftrightarrow 0 \leq r.q \Longleftrightarrow 0 \leq p$$

On a donc nécessairement

$$\begin{aligned} P &= \left\{r \in \mathbb{Q},\ r = \frac{p}{q} \text{ } avec \ (p,q) \in \mathbb{Z} \times \mathbb{N}^*, p.g.c.d(p,q) = 1, 0 \leq p\right\} \\ &= \left\{r \in \mathbb{Q},\ r = \frac{p}{q} \text{ } avec \ (p,q) \in \mathbb{N} \times \mathbb{N}^*\right\} \end{aligned}$$

Ainsi si $\mathbb{Q}$ est ordonnable, il l'est d'une seule façon. Réciproquement, il est facile de voir que l'ordre que nous venons de définir est compatible sur $\mathbb{Q}$ (c'est l'ordre usuel).

1.e.— Soit $x \in K$, si $x \in P$ alors $x^2 = x.x \in P$. Si maintenant $x \in -P$ alors $-x \in P$ et donc $x^2 = -x. - x \in P$. Ainsi $K^2 \subset P$.

Rappelons que $\mathbb{R}$ est un corps ordonné, archimédien et complet (c'est une caractérisation axiomatique de $\mathbb{R}$). En particulier $\mathbb{R}$ vérifie le théorème de la borne supérieure. Cette dernière propriété implique que pour tout $x \in \mathbb{R}$ tel que $0 \leq x$ ($\leq$ désigne l'ordre usuel sur $\mathbb{R}$), il existe $y \in \mathbb{R}$ tel que $0 \leq y$ et tel que $y^2 = x$. En effet, il suffit de considérer l'ensemble $D_x = \{t \in \mathbb{R},\ 0 \leq t,\ t^2 \leq x\}$. D_x est majoré et non vide, il est facile de voir que la borne supérieure y de D_x vérifie $y^2 = x$. En particulier les éléments positifs de $\mathbb{R}$ sont exactement les carrés.

Soit $\leq_0$ un ordre compatible sur $\mathbb{R}$ et P l'ensemble des éléments de $\mathbb{R}$ positifs pour $\leq_0$. On vient de prouver que $\mathbb{R}^2 \subset P$, mais comme

$\mathbb{R}^2 \cup -\mathbb{R}^2 = \mathbb{R} = P \cup -P$ on en déduit que $P = \mathbb{R}^2$ (puisque $P \cap -P = \{0\}$) et donc que $\leq_0 = \leq$.

1.f.—Comme tous les a_i^2 sont positifs, on a donc en sommant :

$$0 \leq a_1^2 \leq a_1^2 + \cdots + a_n^2 = 0$$

Supposons qu'au moins un des a_i soit non nul (par exemple a_1), alors on a $0 \leq a_1^2 \leq 0$ c'est à dire $a_1^2 = 0$ et donc $a_1 = 0$ ce qui est absurde par hypothèse.

Si l'on pouvait écrire $-1 = a_1^2 + \cdots + a_n^2$ alors on aurait

$$0 = 1^2 + a_1^2 + \cdots + a_n^2$$

ce qui impliquerait, d'après ce qui précède, que $1 = 0$, ce qui est bien sûr absurde.

Note : Remarquons que réciproquement si -1 n'est pas une somme de carrés dans un corps K (non nécessairement ordonnable) alors si $a_1, \cdots, a_n$ sont des éléments de K tels que $a_1^2 + \cdots + a_n^2 = 0$, on a nécessairement $a_1 = \cdots = a_n = 0$.

Dans tout corps algébriquement clos $\overline{K}$, le polynôme $X^2 + 1$ admet une racine α, on a donc $\alpha^2 = -1$ ce qui implique par conséquent que $\overline{K}$ n'est pas ordonnable.

2.a.— La partie $F = \{0, 1\}$ est bien évidemment saturée, elle est aussi formellement positive puisque 0 et 1 sont toujours des éléments positifs pour n'importe quel ordre compatible.

Nous savons que si un corps est ordonné, alors les carrés sont automatiquement positifs. Par suite, l'ensemble des sommes finies de carrés d'éléments de K, noté $\sum K^2$, est toujours inclus dans l'ensemble des éléments positifs de K (quel que soit l'ordre), c'est donc une partie formellement positive. Il est clair que $\sum K^2$ est un ensemble saturé.

Enfin si P est l'ensemble des éléments positifs de K pour un certain ordre, il est évident que P est formellement positif et saturé.

2.b.—

i) $\Rightarrow$ *ii)* : F étant formellement positif, il existe un ordre $\leq$ compatible sur K tel que $F \subset P$. Comme on a toujours $K^2 \subset P$, il s'ensuit que $FK^2 \subset P$ et par suite que $\sum FK^2 \subset P \neq K$.

ii) $\Rightarrow$ *iii)* : Considérons $x \in -F \cap \sum FK^2$ et $x \neq 0$. Prenons un $y \in K$

et posons

$$z = \frac{y - x}{2x}$$

Alors, il vient

$$y = 2xz + x = x(z+1)^2 - xz^2 \in (\sum FK^2)K^2 + FK^2 = \sum FK^2$$

Comme y est quelconque, on en déduit que $K = \sum FK^2$ ce qui est contraire à ii).

$iii) \Rightarrow iv)$: Supposons que

$$\sum_{i=1}^{n} a_i x_i^2 = 0$$

($a_i \in F - \{0\}$ et $x_i \in K$) et qu'il existe un $x_i \neq 0$ (par exemple x_1), alors

$$-a_1 = \sum_{i=2}^{n} a_i \left(\frac{x_i}{x_1}\right)^2 \in \sum FK^2 \cap -F$$

ainsi $a_1 = 0$ d'après iii), ce qui est absurde.

$iv) \Rightarrow v)$: Posons $S = \sum FK^2$. Il est clair que $K^2 \subset S$, $F \subset S$, $S + S \subset S$ et $S.S \subset S$.

Soit $x \in S \cap -S$, alors il existe des éléments $(x_i)_{1 \leq i \leq n}$ dans K, $(y_i)_{1 \leq i \leq m}$ dans K, $(a_i)_{1 \leq i \leq n}$ dans $F - \{0\}$ et $(b_i)_{1 \leq i \leq m}$ dans $F - \{0\}$ tels que

$$\sum_{i=1}^{n} a_i x_i^2 = -\sum_{i=1}^{m} b_i y_i^2$$

ce qui conduit à :

$$\sum_{i=1}^{n} a_i x_i^2 + \sum_{i=1}^{m} b_i y_i^2 = 0$$

et d'après le iv, $x_1 = \cdots = x_n = y_1 = \cdots = y_m = 0$ et donc $x = 0$.

$v) \Rightarrow i)$: Considérons l'ensemble

$$\mathcal{E} = \{Q \subset K /\ K^2 \subset Q, F \subset Q, Q + Q \subset Q, Q.Q \subset Q, Q \cap -Q = \{0\}\}$$

$\mathcal{E}$ est un ensemble de parties ordonné par l'inclusion. Il est facile de voir que $\mathcal{E}$ est inductif. Maintenant, par v), on a que $\mathcal{E} \neq \emptyset$, l'axiome de Zorn assure alors que $\mathcal{E}$ possède un élément maximal que nous noterons

P.

Nous allons montrer que $P \cup -P = K$, on en déduira donc que K est ordonnable et comme $F \subset P$, on en déduira aussi que F est formellement positive. Pour $x \in K$, $x \notin P$, considérons l'ensemble

$$P' = P - xP = \{a - xb/\ a, b \in P\}$$

Il est clair que $P \subset P'$, $K^2 \subset P'$, $F \subset P'$ et que $P' + P' \subset P'$.

Prenons $a, b, c, d \in P$, alors

$$(a - xb)(c - xd) = (ac + bdx^2) - x(ad + bc)$$

Comme $K^2 \subset P$, on a $(ac + bdx^2) \in P$ et comme $(ad + bc) \in P$, on en déduit que $P'.P' \subset P'$.

De même, si $a, b, c, d \in P$ vérifient $(a - xb) = -(c - xd)$ alors $a + c = x(b + d)$. Si $b + d = 0$, alors $a + c = 0$, mais alors $a = -c \in P \cap -P = \{0\}$ et donc $a = c = 0$. On obtient de même $b = d = 0$ et ainsi $(a - xb) = 0$. Si maintenant $b + d \neq 0$, alors

$$x = \frac{(a + c)(b + d)}{(b + d)^2} \in K^2 P \subset P$$

ce qui est absurde par hypothèse. Donc $P' \cap -P' = \{0\}$ et ainsi $P' \in \mathcal{E}$, mais comme $P \subset P'$ et que P est un élément maximal, on a automatiquement $P = P'$ et donc $-x \in P$ et par suite $P \cup -P = K$, C.Q.F.D.

2.c.— Il est clair que le théorème d'Artin et Schreier est vrai pour les corps de caractéristique 2 puisque ceux-ci ne sont pas ordonnables et que -1 est toujours un carré. Plaçons-nous alors dans le cas où K n'est pas de caractéristique 2 et prenons l'ensemble (visiblement saturé) $F = \{0, 1\}$. Avec ce choix, le $i)$ de la question 2.b. équivaut à

$i')$, K est ordonnable

puisque F est toujours formellement positive quel que soit le corps ordonnable considéré. De même le $iv)$ équivaut à

$iv')$, si $\sum_{i=1}^{n} x_i^2 = 0$ avec $x_i \in K$ alors $x_1 = \cdots = x_n = 0$

Maintenant, $iv')$ équivaut au fait que -1 n'est pas somme de carrés dans K, d'où le théorème d'Artin-Schreier.

Problème 19.— Sur les éléments de torsion d'un groupe de Galois absolu

Etant donné un corps K de caractéristique 0, on appelle groupe de Galois absolu de K, le groupe $G_K = Gal(\overline{K}/K)$. L'objectif de ce problème est de montrer que les éléments de torsion de G_K sont des involutions et de regarder à quels corps correspondent ces involutions quand elles existent. On utilise dans ce problème toutes les notions et toùs les résultats présentés dans le problème "Corps ordonnables".

Un corps K est dit réel clos, s'il est ordonné et s'il n'existe aucune extension algébrique ordonnée non triviale de K prolongeant l'ordre de K.

Dans tout ce problème, les corps considérés sont de caractéristique nulle.

1.— *Dans cette question K désigne un corps tel que $\sqrt{-1} \notin K$ et $\overline{K} = K(\sqrt{-1})$*

1.a.— *Montrer que K est pythagoricien (i.e., toute somme de carrés d'éléments de K est un carré dans K).*
(Ind. On pourra regarder la décomposition dans $K[X]$ du polynôme $(X^2 - a)^2 + b^2$ où a et b désignent deux éléments de K et prouver alors que $\sqrt{a^2+b^2} \in K$.)

1.b.— *En déduire que K est un corps ordonnable et par suite un corps réel clos.*

1.c.— *Montrer que tout élément de K est, soit un carré, soit l'opposé d'un carré. Combien d'ordres compatibles possède K ?*

2.— *On s'intéresse ici à la réciproque de la propriété précédente. On considère donc un corps K réel clos et on veut prouver que $K(\sqrt{-1}) = \overline{K}$.*

2.a.— *Soit $\leq$ un ordre compatible sur K et P l'ensemble des éléments positifs de K pour $\leq$. Montrer que $P = K^2$, en déduire qu'un corps réel clos ne possède qu'un seul ordre compatible.*
(Ind. On pourra raisonner par l'absurde et supposer qu'il existe un élément $\alpha \in P$ tel que $\alpha \notin K^2$. On regardera alors le corps $K(\sqrt{\alpha})$.)

2.b.— *On admettra que dans un corps réel clos, tout polynôme de degré* *impair admet une racine. Montrer alors que si K est réel clos, on a* $K(\sqrt{-1}) = \overline{K}$.

2.c.— *Déduire de ce qui précède un caractérisation des involutions du groupe G_K quand K est un corps de caractéristique* 0.

3.— *On veut maintenant prouver qu'un élément de torsion dans un groupe de Galois absolu est nécessairement une involution.*

3.a.— *A quel type de corps correspondent les éléments de torsion de* G_K *?*

3.b.— *On considère donc un corps K tel que $K \neq \overline{K}$ et tel que* $[\overline{K} : K] < \infty$.

3.b.i.— *Montrer que $\overline{K}/K$ est galoisienne, que dire de $Gal(\overline{K}/K)$?*

3.b.ii.— *Soit σ un élément de $G = Gal(\overline{K}/K)$ d'ordre un nombre premier q (on rappelle qu'un tel élément existe en vertu du théorème de Sylow). On note H le sous-groupe de G engendré par σ et F le sous-corps des invariants par H de $\overline{K}$.*

Montrer que F contient les racines q-ièmes de l'unité et en déduire qu'il existe $a \in F$ tel que $P(X) = X^q - a$ soit irréductible sur $F[X]$ et que $\overline{K}$ soit le corps de décomposition de P sur F.

3.b.iii.— *Montrer que le polynôme $Q(X) = X^{q^2} - a \in F[X]$ est le produit $\prod_{i=1}^{q} Q_i(X))$ de q facteurs irréductibles de degré q sur $F[X]$.*

3.b.iv.— *On considère $b \in \overline{K}$ tel que $b^{q^2} = a$. Montrer que le terme constant de Q_1 est de la forme ηb^q où η est une racine primitive q^2-ième de l'unité.*

3.b.v.— *Soit λ une racine primitive q^3-ième de l'unité. Quel est le corps* $F(\lambda)$ *?*

3.b.vi.— *Montrer que $K_1 = F \cap \mathbb{Q}(\lambda)$ est un corps qui vérifie* $[\mathbb{Q}(\lambda) : K_1] = q$.

3.b.vii.— *Soit $\mu = \lambda^q$ et $K_2 = \mathbb{Q}(\mu)$. Montrer que $[\mathbb{Q}(\lambda) : K_2] = q$ et que $K_1 \neq K_2$.*

3.b.viii.— *En déduire que $q = 2$.*

3.b.ix.— *Montrer alors que* $[\overline{K} : K] = 1$ *ou* 2 *et que dans le cas* $[\overline{K} : K] = 2$, K *est un corps réel clos.*
(Ind. On pourra se ramener au cas où $i = \sqrt{-1} \in K$*)*

3.c.— *Caractériser alors les éléments de torsion de* G_K *et les corps qui y correspondent. Donner une condition nécessaire et suffisante pour que* G_K *possède des éléments de torsion.*

Solution du problème.

1.a.— Posons $i = \sqrt{-1}$. On a dans $K(i)$:

$$\begin{aligned} P(X) &= (X^2 - a)^2 + b^2 \\ &= (X^2 - (a+ib))(X^2 - (a-ib)) \\ &= (X - \sqrt{a+ib})(X + \sqrt{a+ib})(X - \sqrt{a-ib})(X + \sqrt{a-ib}) \end{aligned}$$

On suppose $b \neq 0$, sinon $a^2 + b^2$ est trivialement un carré dans K. Par hypothèse $K(i)$ est algébriquement clos et $[K(i) : K] = 2$, donc les polynômes irréductibles sur K sont de degré au plus 2. Cherchons les facteurs irréductibles de $P(X)$, ils sont visiblement de degré 2. Comme $a + ib \notin K$ et $a - ib \notin K$, alors un des deux facteurs irréductibles de P est égal à

$$(X - \sqrt{a+ib})(X - \sqrt{a-ib}) = X^2 - (\sqrt{a+ib} + \sqrt{a-ib})X + \sqrt{a^2+b^2}$$

ou bien à

$$(X - \sqrt{a+ib})(X + \sqrt{a-ib}) = X^2 - (\sqrt{a+ib} - \sqrt{a-ib})X - \sqrt{a^2+b^2}$$

dans les deux cas on a $\sqrt{a^2+b^2} \in K$. Donc $a^2 + b^2$ est un carré dans K et par suite K est pythagoricien.

1.b.— On sait que K est ordonnable ssi -1 n'est pas somme de carrés dans K (voir problème sur les corps ordonnables). Comme K est pythagoricien, K est ordonnable ssi -1 n'est pas un carré dans K, ce qui est bien l'hypothèse faite sur K.

K est nécessairement réel clos, puisque la seule extension algébrique non triviale de K est par hypothèse $\overline{K}$ qui n'est pas ordonnable.

1.c.— Soit $x \in K$, comme $K(i)$ est algébriquement clos, il existe a et b dans K tels que $\sqrt{x} = a + ib$. Mais alors $x = a^2 - b^2 + 2iab$, on a donc soit $a = 0$ et x est l'opposé d'un carré dans K, soit $b = 0$ et x est un carré dans K.

Soit $\leq$ un ordre compatible sur K et P l'ensemble de ses éléments positifs. On sait que $K^2 \subset P$, mais comme $K = K^2 \cup -K^2$ on en déduit que $P = K^2$, ce qui assure que $\leq$ est unique.

2.a.— On sait déjà que $K^2 \subset P$, supposons qu'il existe $\alpha \in P$, $\alpha \notin K^2$. On considère alors le corps $L = K(\sqrt{\alpha})$. Clairement, L est une extension algébrique stricte de K. Nous allons expliciter un ordre compatible sur

L qui étend celui de K, ce qui constituera une contradiction. On définit donc une partie, notée encore P, de L de la manière suivante :

Pour tout $x = a + \sqrt{\alpha}b \in L$ $(a, b \in K)$, on dit que $x \in P$ ssi l'une des conditions suivantes est remplie :

C_1 : $a \geq 0$ et $b \geq 0$

C_2 : $a \geq 0$, $b \leq 0$ et $a^2 \geq \alpha b^2$

C_3 : $a \leq 0$ et $b \geq 0$ et $a^2 \leq \alpha b^2$

Vérifions que P définit bien un ordre compatible :

Soit $x = a + \sqrt{\alpha}b \in P \cap -P$. Si $a \geq 0$, alors $-a \leq 0$ et comme $-x \in P$ on a par C_3, $-b \geq 0$, c'est à dire $b \leq 0$ et par C_2, $a^2 \geq \alpha b^2$. Puisque $-b \geq 0$ et $-a \leq 0$ et que $-x \in P$, on a par C_3, $(-a)^2 \leq \alpha(-b)^2$ et donc $a^2 = \alpha b^2$. Comme α n'est pas un carré dans K cela implique $a = b = 0$. De la même façon on arrive à cette conclusion si on suppose $a \leq 0$. Ainsi $P \cap -P = \{0\}$.

Soit $x \in L$, $x = a + \sqrt{\alpha}b \notin P$. Si $a \leq 0$ et $b \leq 0$, alors $-x \in P$. Si $a \leq 0$ et $b \geq 0$ alors à cause de C_3, on a $a^2 \geq \alpha b^2$ et là encore $-x \in P$. Si $a \geq 0$ alors à cause de C_1 on a $b \leq 0$ et à cause de C_2 on a $a^2 \leq \alpha b^2$ et là encore $-x \in P$. On a traité tous les cas possibles donc on peut conclure que $P \cup -P = L$.

Soient $x, y \in L$, $x = a + \sqrt{\alpha}b \in P$ et $y = c + \sqrt{\alpha}d \in P$, on a

$$x + y = (a + c) + \sqrt{\alpha}(b + d) \text{ et } xy = (ac + \alpha bd) + \sqrt{\alpha}(ad + bc)$$

Il y a alors neuf cas à traiter (suivant que x, respectivement y, vérifie C_1, C_2, C_3), pour vérifier que $x + y \in P$ et $xy \in P$. Nous laissons ce travail sans difficulté (mais un peu long) au lecteur attentionné.

Ainsi $P + P \subset P$ et $P.P \subset P$ et donc P confère à L un ordre qui étend celui de K ce qui est contadictoire avec les hypothèses. Donc $P = K^2$ et comme précédemment cela implique qu'il n'y a qu'un seul ordre compatible sur K.

Remarque : L'ordre que nous avons décrit sur L est celui pour lequel $\sqrt{\alpha}$ est positif. Nous aurions pu, de la même manière, décrire un autre ordre compatible pour lequel $\sqrt{\alpha}$ aurait été négatif.

2.b.— Montrons que dans $K(i)$ tout élément admet une racine carrée. Soit $x = a + ib \in K(i)$ $(a, b \in K,\ b \neq 0$ sinon soit $a \in K^2$ et $\sqrt{a} \in$

$K \subset K(i)$, soit $-a \in K^2$ et $i\sqrt{-a} \in K(i)$ vérifie $(i\sqrt{-a})^2 = a$). On a vu que $K = K^2 \cup -K^2$ donc $\sqrt{a^2+b^2}$ existe dans K^2. Il est clair que $a + \sqrt{a^2+b^2}$ est un élément positif de K (ici $\sqrt{a^2+b^2}$ désigne la racine positive de a^2+b^2), donc les deux éléments

$$\begin{aligned} \alpha &= \sqrt{\frac{a+\sqrt{a^2+b^2}}{2}} \\ \beta &= \frac{b}{\sqrt{2(a+\sqrt{a^2+b^2})}} \end{aligned}$$

existent dans K. On a alors

$$a + ib = (\alpha + i\beta)^2$$

et par suite, tout élément de $K(i)$ est un carré dans $K(i)$. La question 3. du problème "$\mathbb{C}$ est algébriquement clos" montre alors que ce dernier résultat couplé avec le fait que tout polynôme de degré impair de $K[X]$ admet une racine dans K implique que $K(i)$ est algébriquement clos.

2.c.— Si K est un corps ordonnable et si R est une extension algébrique ordonnée maximale de K alors $Gal(\overline{K}/R)$ est d'ordre 2 d'après ce que l'on vient de voir. Il lui correspond une involution de G_K.

Réciproquement, soit σ une involution de G_K et soit R le sous-corps des invariants de $\overline{K}$ par σ. On a donc $[\overline{K} : R] = 2$ puisque $\overline{K}/R$ est galoisienne. Si $i \notin R$ alors $\overline{K} = R(i)$ et par suite R est réel clos. Si $i \in R$, alors il existe $a \in R$ tel que $\overline{R} = R(\alpha)$ avec $\alpha = \sqrt{a}$ (en particulier a n'est pas un carré dans R). Considérons le polynôme $P(X) = X^4 - a \in R[X]$, puisque $\sqrt[4]{a} \notin R$, les facteurs irréductibles de P sur $R[X]$ sont de degré 2 (les polynômes irréductibles de $R[X]$ sont de degré 1 ou 2 puisque $[\overline{K} : R] = 2$). Ainsi comme

$$P(X) = (X - \sqrt[4]{a})(X + \sqrt[4]{a})(X - i\sqrt[4]{a})(X + i\sqrt[4]{a})$$

on en déduit qu'un des facteurs irréductibles de P sur $R[X]$ est de la forme

$$(X - \sqrt[4]{a})(X - i\sqrt[4]{a}) = X^2 - \sqrt[4]{a}(1+i)X + i\sqrt{a}$$

ou de la forme

$$(X - \sqrt[4]{a})(X + i\sqrt[4]{a}) = X^2 - \sqrt[4]{a}(1-i)X - i\sqrt{a}$$

dans les deux cas, cela implique en particulier que $\sqrt{a} \in R$ ce qui est absurde.

Donc R est un corps réel clos qui contient K et par suite les involutions de G_K correspondent bijectivement aux extensions algébriques ordonnées maximales de K. On peut ainsi dire que G_K possède des involutions ssi K est ordonnable, car d'après le lemme de Zorn si K est ordonnable, K possède des extensions algébriques ordonnées maximales.

3.a.— Si σ est un élément d'ordre n de G_K alors l'extension $\overline{K}/\overline{K}^{\sigma}$ est une extension galoisienne de groupe de Galois le sous-groupe de G_K généré par σ (qui est d'ordre n). Ainsi $[\overline{K} : \overline{K}^{\sigma}] = n$. Ainsi les éléments de torsion de G_K correspondent à des sous-corps de $\overline{K}$ de degré fini contenant K. Il n'est pas clair pour l'instant que cette correspondance soit biunivoque.

3.b.i.— $\overline{K}/K$ est bien évidemment galoisienne puisque l'extension est normale par définition de $\overline{K}$, elle est séparable puisque K est de caractéristique nulle. On a alors $[\overline{K} : K] = \sharp Gal(\overline{K}/K) < +\infty$.

3.b.ii.— Soit ξ une racine primitive q-ième de l'unité. On a $F \subset F(\xi) \subset \overline{F}$. On en déduit que $[F(\xi) : F]$ vaut 1 ou q puisque q est premier. Mais comme

$$\xi^{q-1} + \cdots + \xi + 1 = 0$$

on en déduit que ξ est de degré au plus $q - 1$ sur F, donc est de degré 1 c'est à dire $\xi \in F$. Ainsi F contient les racines q-ièmes de l'unité.

Comme $\overline{K}/F$ est cyclique de degré q et que F contient les racines q-ièmes de l'unité, c'est une extension kummérienne et par suite il existe $a \in F$ tel que $\overline{K}$ soit le corps de décomposition du polynôme $X^q - a$ (voir problème sur l'équation $X^n - a = 0$).

3.b.iii.— Les polynômes irréductibles de $F[X]$ sont de degré 1 ou q. Le polynôme $Q(X)$ est donc réductible sur $F[X]$, et comme il n'admet visiblement pas de racine dans F, ses facteurs irréductibles sont de degré q. Le degré de Q étant q^2, on en déduit que $Q = \prod_{i=1}^{q} Q_i$ où les Q_i sont des polynômes irréductibles de $F[X]$ de degré q.

3.b.iv.— Soit ψ une racine primitive q^2-ième de l'unité. On a dans $\overline{K}$:

$$Q(X) = \prod_{i=0}^{q^2-1} (X - \psi^i b)$$

Le polynôme Q_1 est le produit de q termes de cette décomposition, son terme constant a_1 est donc de la forme $a_1 = \eta b^q$ où η est un produit de

q racines q^2-ième de l'unité. Ainsi η est une racine q^2-ième de l'unité, reste à prouver qu'elle est primitive.

On a $\eta = a_1 b^{-q}$, $a_1 \in F$ et $b^q \notin F$ (car a n'est pas la puissance q-ième d'un élément de F puisque $X^q - a$ est irréductible sur $F[X]$) donc $\eta \notin F$ et η est une racine q^2-ième de l'unité qui n'est pas une racine q-ième de l'unité, elle est par conséquent primitive q^2-ième.

3.b.v.— On a clairement $F(\lambda) = \overline{K}$ puisque $\lambda \notin F$ (sinon F contiendrait η ce qui n'est pas possible d'après ce que nous venons d'établir) et que F n'admet que $\overline{K}$ pour extension algébrique non triviale.

3.b.vi.— Soit H le polynôme minimal de λ sur F, alors H est un facteur de

$$X^{q^3} - 1 = \prod_{i=0}^{q^3-1} (X - \lambda^i)$$

et ainsi les coefficients de H sont dans $\mathbb{Q}(\lambda)$ et par suite dans $\mathbb{Q}(\lambda) \cap F = K_1$. H est donc irréductible sur K_1. On a $K_1 \subset \mathbb{Q}(\lambda) \subset K_1(\lambda)$ et comme $[K_1(\lambda) : K_1] = d^\circ H = q$, on en déduit que $\mathbb{Q}(\lambda) = K_1(\lambda)$ ou $\mathbb{Q}(\lambda) = K_1$. La deuxième possibilité est impossible puisque $\lambda \notin K_1$. ainsi $\mathbb{Q}(\lambda) = K_1(\lambda)$ et par suite $[\mathbb{Q}(\lambda) : K_1] = q$.

3.b.vii.— On a clairement $K_2 \subset \mathbb{Q}(\lambda)$ et $K_2(\lambda) = \mathbb{Q}(\lambda)$. Comme K_2 contient les racines q-ièmes de l'unité, $\mathbb{Q}(\lambda)$ est par conséquent le corps de décomposition du polynôme $X^q - \mu \in K_2[X]$. Mais alors, soit μ est la puissance q-ième d'un élément de K_2, soit μ ne l'est pas et $X^q - \mu$ est irréductible (voir problème sur l'équation $X^n - a = 0$).

Le premier cas est exclu, sinon on aurait $\lambda \in \mathbb{Q}(\lambda) = \mathbb{Q}(\eta) = K_2$ ce qui est contraire aux hypothèses. Ainsi $X^q - \mu$ est irréductible et par suite $[\mathbb{Q}(\lambda) : K_2] = q$.

Si $K_1 = K_2$ alors $\lambda^q \in F$, ce qui est exclu puisque F ne contient pas de racine primitive q^2-ième de l'unité (cf. 3.b.iv.).

3.b.viii.— Ainsi $\mathbb{Q}(\lambda)$ contient deux sous-corps distincts K_1 et K_2 tels que $[\mathbb{Q}(\lambda) : K_1] = [\mathbb{Q}(\lambda) : K_2] = q$, c'est à dire que $Gal(\mathbb{Q}(\lambda)/\mathbb{Q})$ contient deux sous-groupes cycliques distincts d'ordre q. On sait par ailleurs (voir le problème sur les corps cyclotomiques) que $Gal(\mathbb{Q}(\lambda)/\mathbb{Q}) \simeq (\mathbb{Z}/q^3\mathbb{Z})^*$. Si q est impair, on a alors l'isomorphisme

$$(\mathbb{Z}/q^3\mathbb{Z})^* \simeq \mathbb{Z}/q^2\mathbb{Z} \times \mathbb{Z}/(q-1)\mathbb{Z}$$

qui n'a visiblement qu'un seul sous-groupe d'ordre q. On en déduit que $q = 2$.

3.b.ix.— Supposons que $K \neq \overline{K}$ et que $i \in K$, alors l'étude précédente montre que F ne contient pas η racine primitive 4-ième de l'unité ce qui est absurde puisque les racines primitives 4-ième de l'unité sont i et $-i$. Ainsi, si $K \neq \overline{K}$, alors $i \notin K$. $K(i)$ est un sous-corps de $\overline{K}$ de degré fini. On a nécessairement $K(i) = \overline{K}$ puisque sinon, d'après ce que l'on vient de prouver, $i \notin K(i)$. Ainsi, si $K \neq \overline{K}$ alors $K(i) = \overline{K}$ et K est donc réel clos.

3.c.— Il y a donc une correspondance biunivoque entre les éléments de torsion non triviaux de G_K et les corps réels clos R contenant K, en particulier les éléments de torsion de G_K sont automatiquement des involutions (s'ils existent).

Il est alors clair que G_K contient des éléments de torsion ssi K est un corps ordonnable. Par exemple $G_{\mathbb{Q}(i)}$ est sans torsion alors que $G_{\mathbb{Q}}$ possède des involutions (la conjugaison complexe en est une).

Problème 20.— Sous-corps de $\mathbb{C}$ de degré fini

Ce problème est une application des deux problèmes "Corps ordonnables" et "Sur les éléments de torsion d'un groupe de Galois absolu". On y utilise donc la terminologie introduite dans ces deux problèmes ainsi que les résultats qui y sont démontrés.

L'objectif de ce problème est de montrer qu'au contraire de $\overline{\mathbb{Q}}$, les sous-corps de $\mathbb{C}$ de degré fini ne sont pas tous isomorphes. (Un sous-corps de degré fini d'un corps K est un corps $K_0 \subset K$ tel que $1 < [K : K_0] < +\infty$.)

Si K désigne un corps, on rappelle qu'une extension L/K est dite transcendante pure s'il existe un ensemble d'indices I non vide tel que L soit isomorphe au corps des fractions rationnelles $K(X_i)_i$ en les variables $(X_i)_{i\in I}$. Dans ce cas le cardinal de I est un invariant lié à L, c'est à dire que si L est isomorphe à $K(X_i)_{i\in I}$ et à $K(X_j)_{j\in J}$, alors les ensembles I et J sont équipotents. On appelle alors degré de transcendance de l'extension L/K le cardinal de l'ensemble I tel que L soit isomorphe à $K(X_i)_{i\in I}$. On rappelle aussi que si L/K et M/K sont deux extensions transcendantes pures telles que $L \subset M$, alors le degré de transcendance de L/K est plus petit que celui de M/K.

On admettra dans ce problème le théorème suivant : si $(K, \leq)$ est un corps ordonné et si $(R_1, \leq_1)$ et $(R_2, \leq_2)$ sont deux extensions ordonnées algébriques maximales de K telles que $\leq_1$ (resp. $\leq_2$) prolonge l'ordre $\leq$, alors il existe un unique K-isomorphisme de R_1 sur R_2.

1.— *Montrer que si L/K est une extension transcendante, alors il existe un corps $T \subset L$ tel que L/T soit une extension algébrique et T/K soit une extension transcendante pure.*

2.— *Soit $\overline{\mathbb{Q}}$ la clôture algébrique de $\mathbb{Q}$ dans $\mathbb{C}$. On note $\mathbb{Q}^{reel}$ le corps $\overline{\mathbb{Q}} \cap \mathbb{R}$.*

2.a.— *Prouver que $\mathbb{Q}$ admet un unique ordre compatible.*

2.b.— *Montrer que $\mathbb{Q}^{reel}$ est une extension ordonnée maximale de $\mathbb{Q}$.*

2.c.— *Soit R un sous-corps de $\overline{\mathbb{Q}}$ de degré fini. Montrer que R est isomorphe à $\mathbb{Q}^{reel}$.*

3.— *Soit $(K, \leq)$ un corps ordonné. Pour tout $P \in K[X]$, on note $h(P)$ le coefficient du terme de plus haut degré de P.*

Montrer que la relation $\leq_h$ définie sur $K[X]$ par :

$$\forall (P,Q) \in K[X]^2,\ P \leq_h Q \iff h(Q-P) \geq 0$$

est un ordre total sur $K[X]$ qui induit de manière canonique un ordre sur $K(X)$, noté encore $\leq_h$, défini par : si R_1 et R_2 sont deux éléments de $K(X)$ que l'on représente sous la forme $R_1 = \dfrac{P_1}{Q_1}$ et $R_2 = \dfrac{P_2}{Q_2}$ (avec P_1, P_2 dans $K[X]$ et Q_1, Q_2 dans $K[X]$ normalisés), alors

$$R_1 \leq_h R_2 \iff P_1Q_2 \leq_h Q_1P_2$$

et qui confère à $K(X)$ une structure de corps ordonné.

4.a.— *On reprend les notations de la question 1. On pose $K = \mathbb{Q}$ et $L = \mathbb{R}$. Prouver alors que le corps T est isomorphe à un corps $\Omega(X)$ où Ω est un corps ordonnable.*
(Ind. On pourra admettre que si I est un ensemble infini d'indices, si $i_0 \in I$ et si K est un corps alors $K(X_i)_{i\in I} \simeq K(X_i)_{i\in I/\{i_0\}}(X_{i_0})$.)

4.b.— *Montrer que la question 3. permet de définir un ordre $\leq_0$ compatible sur T.*

4.c.— *On considère R, une extension algébrique ordonnée maximale de $(T, \leq_0)$. Montrer que R est un sous-corps de $\mathbb{C}$ de degré fini qui n'est pas isomorphe à $\mathbb{R}$.*
(Ind. On pourra regarder comment se positionnent les éléments de $\mathbb{Q}$ dans $(\mathbb{R}, \leq)$ et $(R, \leq_0)$.)

Solution du problème.

1.— Soit $\mathcal{F}$ l'ensemble des extensions transcendantes pures incluses dans L. L'ensemble $\mathcal{F}$ est inductif pour l'inclusion. En effet si $(F_j)_{j\in J}$ désigne une chaîne dans $\mathcal{F}$ et si pour tout $j \in J$, $F_j \simeq K(X_i)_{i\in I_j}$ alors les ensembles d'indices I_j forment aussi une chaîne. Soit $I = \bigcup_j I_j$, alors $\bigcup_j F_j \simeq K(X_i)_{i\in I}$.

D'après l'axiome de Zorn, il existe donc un élément T maximal dans $\mathcal{F}$. On a alors T/K transcendante pure, supposons que L/K ne soit pas algébrique, alors il existe un élément transcendant $\alpha \in L$ sur K. Mais alors $T \subset K(\alpha) \simeq K(X_i)_{i\in I}(X)$ ce qui contredit l'hypothèse de maximalité de T.

2.a.— Voir le problème "Corps ordonnables".

2.b.— Il est clair que $\mathbb{Q}^{reel}$ est ordonnable (par exemple par l'ordre induit par $\mathbb{R}$). La conjugaison complexe c étant un $\mathbb{Q}$-automorphisme de $\mathbb{C}$ et comme $\overline{\mathbb{Q}}/\mathbb{Q}$ est une extension galoisienne, la restriction de c à $\overline{\mathbb{Q}}$ est un automorphisme de $\overline{\mathbb{Q}}$. Soit $x \in \overline{\mathbb{Q}}$, il existe donc $(\alpha, \beta) \in \mathbb{R}^2$ tels que $\alpha + i\beta = x$, mais alors $c(x) = \alpha - i\beta \in \overline{\mathbb{Q}}$. On en déduit que α et β sont des éléments de $\mathbb{Q}^{reel}$. Ainsi $\overline{\mathbb{Q}} = \mathbb{Q}^{reel}(i)$.

On a $i \notin \mathbb{Q}^{reel}$, et ainsi $[\overline{\mathbb{Q}} : \mathbb{Q}^{reel}] = 2$. Le théorème d'Artin-Schreier affirme alors que $\mathbb{Q}^{reel}$ est une extension ordonnée maximale de $\mathbb{Q}$ (puisque $\mathbb{Q} \subset \mathbb{Q}^{reel}$.

2.c.— Si R est un sous-corps de $\overline{\mathbb{Q}}$ de degré fini, alors R est une extension ordonnée maximale de $\mathbb{Q}$, d'après les résultats établis dans le problème "Eléments de torsion d'un groupe de Galois absolu".

R et $\mathbb{Q}^{reel}$ sont donc tous deux des extensions ordonnées maximales de $\mathbb{Q}$ pour le même ordre puisqre $\mathbb{Q}$ n'a qu'un seul ordre compatible. On en déduit donc que R et $\mathbb{Q}^{reel}$ sont isomorphes en vertu du théorème admis dans l'introduction.

3.— Il est clair que $\leq_h$ est bien un ordre total sur $K[X]$. Montrons que la définition de $\leq_h$ sur $K(X)$ est indépendante du choix des fractions qui représentent les éléments de $K(X)$. Soient donc $R_1 = \dfrac{P_1}{Q_1}$ et $R_2 = \dfrac{P_2}{Q_2}$ deux fractions (avec Q_1 et Q_2 normalisés) telles que $P_1Q_2 \leq_h Q_1P_2$. Soient maintenant $\dfrac{P_1'}{Q_1'}$ et $\dfrac{P_2'}{Q_2'}$ deux autres représentant de R_1 et R_2 avec

Q_1' et Q_2' tous deux normalisés.

Q_1' et Q_2' sont normalisés, donc $Q_1'Q_2'$ l'est aussi. Ainsi $Q_1'Q_2' \geq_h 0$ et comme $P_1Q_2 \leq_h P_2Q_1$ on a alors :

$$Q_1'Q_2'P_1Q_2 \leq_h P_2Q_1Q_1'Q_2'$$

mais comme $P_1'Q_1 = P_1Q_1'$ et $P_2'Q_2 = P_2Q_2'$ on a alors

$$(Q_1Q_2)Q_2'P_1' \leq_h (Q_1Q_2)Q_1'P_2'$$

ce qui implique

$$P_1'Q_2' \leq_h P_2'Q_1'$$

sinon l'ordre étant total on aurait $P_1'Q_2' \geq_h P_2'Q_1'$ et comme Q_1Q_2 est normalisé, par suite on aurait $(Q_1Q_2)Q_2'P_1' \geq_h (Q_1Q_2)Q_1'P_2'$.

L'ordre $\leq_h$ de $K[X]$ se prolonge donc de manière naturelle en un ordre (visiblement total) sur $K(X)$. Montrons que cet ordre est compatible avec l'arithmétique de $K(X)$. Pour cela notons $P_{\leq_h}$ l'ensemble des éléments positifs :

$$P_{\leq_h} = \{R \in K(X) / \ R \geq_h 0\}$$

A partir de maintenant, quand nous écrirons un élément R de $K(X)$ sous forme de fraction P/Q nous supposerons toujours que Q est normalisé.

L'ordre $\leq_h$ étant total, on a bien

$$P_{\leq_h} \cup (-P_{\leq_h}) = K(X)$$

Soit $R = P/Q \in P_{\leq_h} \cap (-P_{\leq_h})$. On a alors $P \in P_{\leq_h} \cap (-P_{\leq_h})$ ce qui équivaut à dire que le coefficient du terme de plus haut degré de P est 0, c'est à dire $R = P = 0$. Ainsi

$$P_{\leq_h} \cap (-P_{\leq_h}) = \{0\}$$

$R = P/Q \in P_{\leq_h}$ équivaut à $P \in P_{\leq_h}$. Donc si $R = P/Q$ et $R' = P'/Q'$ sont deux éléments de $P_{\leq_h}$, alors $RR' = PP'/QQ' \in P_{\leq_h}$ puisque $h(PP') \geq 0$. Donc

$$P_{\leq_h}.P_{\leq_h} \subset P_{\leq_h}$$

De même $R + R' = \dfrac{PQ' + P'Q}{QQ'} \in P_{\leq_h}$ puisque

$$h(PQ' + P'Q) = h(P), h(P') \ ou \ h(P) + h(P')$$

et que dans les trois cas ces éléments de K sont positifs. On a donc

$$P_{\leq_h} + P_{\leq_h} \subset P_{\leq_h}$$

Ainsi, $(K(X), \leq_h)$ est un corps ordonné.

4.a.— Le corps T est isomorphe au corps $\mathbb{Q}(X_i)_{i\in I}$ pour un certain ensemble d'indices I. Pour une raison évidente de cardinalité, il est clair que I est équipotent à $\mathbb{R}$ et par conséquent, I est infini. Soit $i_0 \in I$ fixé. Le corps $\mathbb{Q}(X_i)_{i\in I-\{i_0\}}$ est alors isomorphe à un sous-corps K de T et comme $T \subset \mathbb{R}$, K est clairement ordonnable. Maintenant on a $K(X) \simeq \mathbb{Q}(X_i)_{i\in I-\{i_0\}}(X) \simeq T$.

4.b.— Soit $\leq$ l'ordre induit par $\mathbb{R}$ sur K. La question 3 nous permet alors de définir de manière naturelle un ordre $\leq_0$ sur $K(X)$. Un isomorphisme donné φ entre $K(X)$ et T définit l'ordre compatible $\leq_0$ sur T par :

$$\forall (x,y) \in T^2,\ x \leq_0 y \iff \varphi^{-1}(x) \leq_0 \varphi^{-1}(y)$$

4.c.— Remarquons pour commencer que R est bien un sous-corps de $\mathbb{C}$ de degré fini puisque R est réel clos (voir le problème "Eléments de torsion d'un groupe de Galois absolu"). Supposons qu'il existe un isomorphisme σ de R sur $\mathbb{R}$. Alors σ transfert l'ordre $\leq_0$ de R en un ordre $\leq_1$ compatible sur $\mathbb{R}$ par :

$$\forall (x,y) \in \mathbb{R}^2,\ x \leq_1 y \iff \sigma^{-1}(x) \leq_0 \sigma^{-1}(y)$$

Il n'y a qu'un seul ordre compatible sur $\mathbb{R}$ (propriété générale des corps réels clos) donc $\leq_1 = \leq$.

Soit r un nombre rationnel. Le polynôme $P(X) = X - r$ est visiblement positif dans $K[X]$ pour l'ordre $\leq_h$. Reprenons l'isomorphisme φ entre T et $K(X)$ fixé à la question précédente et posons $\alpha = \varphi^{-1}(X)$. On a alors $\alpha - r \geq_0 0$ pour tout nombre rationnel r (puisque $\varphi^{-1}(X - r) = \varphi^{-1}(X) - \varphi(r) = \alpha - r$).

Posons $z = \sigma(\alpha) \in \mathbb{R}$. Comme $\alpha - r \geq_0 0$ pour tout nombre rationnel r, on en déduit que z est un nombre réel plus grand que tout nombre rationnel dans $\mathbb{R}$, ce qui est impossible puisque $\mathbb{Q}$ est dense dans $\mathbb{R}$ pour l'ordre.

Remarque : Le fait que le corps R ne soit pas isomorphe au corps $\mathbb{R}$ tient à l'existence d'un élément $\alpha \in R$ qui est plus grand que tout rationnel. On vient en fait de donner un exemple de corps réel clos de $\mathbb{C}$

qui n'est pas archimédien puisqu'il n'existe aucun entier $n \in \mathbb{N}$ tel que $n.1 \geq_0 \alpha$. Ce fait explique bien pourquoi R n'est pas isomorphe à $\mathbb{R}$, puisque la propriété d'être archimédien est un des axiomes qui permet de définir $\mathbb{R}$. Le plus troublant dans tout cela est que dans $\overline{\mathbb{Q}}$ tous les corps réels clos sont archimédiens et que cette propriété n'est plus vraie dans $\mathbb{C}$. La raison profonde de cette pathologie est liée au fait qu'il n'y a pas dans $\mathbb{C}$ d'équivalent pour $\overline{\mathbb{Q}}$ du corps $\mathbb{Q}$, c'est à dire qu'il n'existe pas de corps $K \subset \mathbb{C}$ tel que :

• $\mathbb{C}/K$ soit algébrique,

• K possède un seul ordre compatible,

• pour tout corps $L \subset \mathbb{C}$ tel que $\mathbb{C}/L$ soit algébrique, il existe $K^{'} \subset L$ avec $L/K^{'}$ algébrique et $K^{'}$ isomorphe à K.

Problème 21.— Niveau d'un corps

Si K désigne un corps commutatif, on appelle niveau du corps K l'élément $\nu(K)$ de $\mathbb{N}^* \cup \{\infty\}$ défini par :

$\nu(K) = \infty$ *si* -1 *n'est pas une somme de carrés d'éléments de* K.

$\nu(K) = Inf\{n \in \mathbb{N}^* / \exists(x_1, \cdots, x_n) \in K^n,\ x_1^2 + \cdots + x_n^2 = -1\}$ *sinon.*

L'objectif de ce problème est de montrer que le niveau d'un corps est toujours une puissance de 2 et que pour n'importe quel $k \in \mathbb{N}$, il existe un corps K tel que $\nu(K) = 2^k$.

1.— *Quelques exemples.*

1.a.— *Montrer que si K et L sont deux corps isomorphes, alors $\nu(K) = \nu(L)$. La réciproque est-elle vraie ?*

1.b.i.— *Prouver que si p désigne un nombre premier alors tout corps K de caractéristique p a un niveau fini. Trouver alors un majorant de $\nu(K)$.*

1.b.ii.— *Soit p un nombre premier et $n > 0$ un entier. Montrer que*

$$\nu(\mathbb{F}_{p^n}) = \begin{cases} 2 \text{ si } p \equiv 3[4] \text{ et } n \text{ impair} \\ 1 \text{ sinon} \end{cases}$$

1.c.— *Calculer $\nu(K)$ pour $K = \mathbb{Q}(\sqrt{-2})$ et $K = \mathbb{Q}(j)$.*

1.d.— *Donner un exemple de corps K algébrique sur $\mathbb{Q}$ tel que $K \not\subset \mathbb{R}$ et $\nu(K) = \infty$.*

1.e.— *Montrer que si K est un corps quelconque alors K et $K(X)$ ont même niveau.*

2.— *On considère maintenant un corps K de caractéristique différente de 2. Pour tout entier $n \geq 1$, on considère le polynôme*

$$Q(X_1, \cdots, X_n) = \sum_{i=1}^{n} X_i^2$$

2.a.— *Montrer que si Q est isotropique (i.e. il existe $(x_1, \cdots, x_n) \neq (0, \cdots, 0)$ tel que $Q(x_1, \cdots, x_n) = 0$) alors*

$$G_Q = \{Q(x_1, \cdots, x_n) \neq 0 / \ (x_1, \cdots, x_n) \in K^n\} = K^*$$

2.b.— *On suppose ici que $n = 2^k$ avec $k \in \mathbb{N}$.*

2.b.i.— *Montrer que si Q n'est pas isotropique alors si $(x_1, \cdots, x_n) \in K^n$ est tel que $(x_1, \cdots, x_n) \neq (0, \cdots, 0)$, il existe une matrice $T_{x_1, \cdots, x_n} \in \mathcal{M}_n(K)$ telle que :*

1) ${}^tT_{x_1, \cdots, x_n} T_{x_1, \cdots, x_n} = Q(x_1, \cdots, x_n) I$.

2) La première ligne de $T_{x_1, \cdots, x_n}$ est $(x_1, \cdots, x_n)$.

2.b.ii.— *En déduire que si K est un corps de caractéristique différente de 2, alors l'ensemble des sommes (non nulles) de 2^k carrés d'éléments de K est un groupe multiplicatif.*

3.a.— *Montrer que si le niveau d'un corps est fini, alors celui-ci est une puissance de 2.*

3.b.— *Montrer que $\nu(\mathbb{Q}(\sqrt{-7})) = 4$. (On pourra admettre que 7 n'est pas la somme de trois carrés dans $\mathbb{Q}$.)*

4.— *On veut maintenant construire pour tout $k \in \mathbb{N}$, un corps de niveau 2^k. Si $n > 0$ désigne un entier et A un anneau, on note $\boxed{n}_A$ l'ensemble des éléments de A qui sont somme de n carrés.*

4.a.— *Soit K un corps de caractéristique différente de 2.*

4.a.i.— *Montrer que si $-1 \in \boxed{n\text{-}1}_{K[X]}$ alors*

$$K[X] \cap \boxed{n}_{K(X)} = \boxed{n}_{K[X]}$$

4.a.ii.— *Soit $f \in K[X]$ tel qu'il existe $(h, g_1, \cdots, g_n) \in K[X]^{n+1}$, $h \neq 0$, vérifiant*

$$h^2 f = \sum_{i=1}^{n} g_i^2$$

Pour tout $i = 1, \cdots, n$ on effectue la division euclidienne de g_i par h et on écrit

$$g_i = h\mu_i + r_i$$

où $\mu_i, r_i \in K[X]$ et $d^\circ r_i < d^\circ h$. On pose

$$\overline{h} = fh - h\left(\sum_{i=1}^{n} \mu_i^2\right) - 2\left(\sum_{i=1}^{n} r_i\mu_i\right)$$

Montrer que

$$\overline{h}h = \sum_{i=1}^{n} r_i^2$$

et que

$$\overline{h}^2 f = \sum_{i=1}^{n} \overline{g_i}^2$$

avec $\overline{g_i} = \lambda g_i + t\mu_i$ *où* $\lambda = \sum_{i=1}^{n} \mu_i^2 - f$ *et* $t = 2\left(fh - \sum_{i=1}^{n} g_i\mu_i\right)$.

4.a.iii.— *Déduire de la question précédente que si* $-1 \notin \boxed{n\text{-}1}_{K[X]}$ *alors*

$$K[X] \cap \boxed{n}_{K(X)} = \boxed{n}_{K[X]}$$

(Ind. En partant d'une équation $h^2 f = \sum_{i=1}^{n} g_i^2$ *où* f, h, g_i *sont des éléments de* $K[X]$, *on pourra montrer que si* h *n'est pas constant, il existe un* $\overline{h}$ *dans* $K[X]$ *de degré strictement plus petit que celui de* h *et des* $\overline{g_i}$ *dans* $K[X]$ *tel que* $\overline{h}^2 f = \sum_{i=1}^{n} \overline{g_i}^2$*)*

4.a.iv.— *Montrer que le résultat établi dans cette partie reste vrai si* K *est de caractéristique 2.*

4.b.— *Montrer que si* K *est un corps de caractéristique différente de 2 et* $d \in K$ *alors*

$$X^2 + d \in \boxed{n}_{K(X)} \iff -1 \in \boxed{n\text{-}1}_K \text{ ou } d \in \boxed{n\text{-}1}_K$$

4.c.i.— *Montrer que si* $\nu(K) \geq 2^k$ *et que* $(x_1, \cdots x_{2^k})$ *et* $(y_1, \cdots y_{2^k})$ *sont deux* 2^k*-uplets d'éléments de* K, *alors il existe un* 2^k*-uplet* $(z_1, \cdots z_{2^k})$ *tel que*

$$z_1 = \sum_{i=1}^{2^k} x_i y_i \text{ et } \left(\sum_{i=1}^{2^k} x_i^2\right)\left(\sum_{i=1}^{2^k} y_i^2\right) = \sum_{i=1}^{2^k} z_i^2$$

(Ind. On pourra étudier le polynôme $\sum_{i=1}^{2^k}\left(x_i(X-z_1)+y_i\sum_{i=1}^{2^k}x_i^2\right)^2$ *et utiliser alors la question 4.b.)*

4.c.ii.— *Soit d un entier positif tel que* $d \notin \boxed{2^n-1}_{\mathbb{Q}}$. *Montrer que* $\nu(\mathbb{Q}(\sqrt{-d})) \geq 2^n$.

Retrouver alors le résultat de la question 3.b.

4.d.— *Pour tout entier* $n \in \mathbb{N}^*$, *on pose* $K = \mathbb{R}(X_1, \cdots, X_n)$.

4.d.i.— *Montrer que* $\nu(K) = \infty$.

4.d.ii.— *Prouver alors que*

$$X_1^2 + \cdots + X_n^2 \notin \boxed{n\text{-}1}_{\mathbb{R}(X_1,\cdots,X_n)}$$

4.d.iii.— *On prend* $n = 2^k$. *Soit* $y \in \overline{K}$ *tel que* $y^2 = -\sum_{i=1}^{2^k} X_i^2$.

Montrer que $\nu(K(y)) = 2^k$.

Solution du problème.

1.a.— Soit $\sigma : K \to L$ un isomorphisme. Soit $(x_1, \cdots, x_n) \in K^n$, alors

$$\sigma(x_1^2 + \cdots x_n^2) = \sigma(x_1)^2 + \cdots + \sigma(x_n)^2$$

Donc si -1 n'est pas une somme de carrés d'éléments de K, il n'est pas non plus une somme de carrés d'éléments de L. Remarquons que le fait qu'un corps soit de niveau infini équivaut au fait qu'il soit ordonnable (voir le problème sur les corps ordonnables).

Maintenant, si -1 est somme de n carrés d'éléments de K, alors il est une somme de n carrés d'éléments de L. Ceci assure bien que $\nu(K) = \nu(L)$.

La réciproque est visiblement fausse, puisque :

$$\nu(\overline{\mathbb{Q}}) = \nu(\mathbb{Q}(i)) = 1$$

et que $\overline{\mathbb{Q}} \neq \mathbb{Q}(i)$.

1.b.i.— Soit K un corps de caractéristique p. K contient $\mathbb{F}_p$, or dans $\mathbb{F}_p$ tout élément (donc -1) est somme de 2 carrés (voir le problème sur les corps finis). On a donc

$$\nu(K) \leq 2$$

1.b.ii.— Si $p = 2$ alors dans $\mathbb{F}_{2^n}$ on a $-1 = 1 = 1^2$ et donc $\nu(\mathbb{F}_{2^n}) = 1$.

Prenons maintenant un nombre premier p impair, on sait (voir le problème sur le symbole de Legendre) que -1 est un carré dans $\mathbb{F}_p$ ssi

$$(-1)^{\frac{p-1}{2}} = 1$$

c'est à dire ssi $p \equiv 1[4]$. S'il en est ainsi, alors -1 est un carré dans $\mathbb{F}_p$ donc dans $\mathbb{F}_{p^n}$. Ainsi $\nu(\mathbb{F}_{p^n}) = 1$.

Supposons maintenant que $p \equiv 3[4]$, le polynôme $X^2 + 1$ est donc irréductible sur $\mathbb{F}_p$. Soit $\xi \in \overline{\mathbb{F}_p}$ une racine de X^2+1, l'extension $\mathbb{F}_p(\xi)/\mathbb{F}_p$ est de degré 2 et est par conséquent égale à $\mathbb{F}_{p^2}$ (voir le problème sur les corps finis). Ainsi -1 est un carré dans $\mathbb{F}_{p^n}$ ssi $\xi \in \mathbb{F}_{p^n}$, c'est à dire ssi $\mathbb{F}_{p^2} \subset \mathbb{F}_{p^n}$ ou encore ssi n est pair, ce qui achève la preuve puisque l'on a établi précédemment que $\nu(\mathbb{F}_{p^n}) \leq 2$.

1.c.— $K = \mathbb{Q}(\sqrt{-2})$, il est clair que $i \notin K$, donc $\nu(K) \geq 2$. Maintenant, comme

$$-1 = (\sqrt{-2})^2 + 1^2$$

on a alors $\nu(K) = 2$.

$K = \mathbb{Q}(j)$, il est clair que $i \notin K$, de plus on a

$$-1 = \frac{1}{4}(1 + j - j^2)^2 + \frac{1}{4}(1 - j + j^2)^2$$

donc $\nu(K) = 2$,

1.d.— Prenons par exemple $K = \mathbb{Q}(j\sqrt[3]{2})$. Ce corps est isomorphe à $\mathbb{Q}(\sqrt[3]{2}) \subset \mathbb{R}$, donc $\nu(K) = \nu(\mathbb{Q}(\sqrt[3]{2})) = \infty$. Il est clair que $K \not\subset \mathbb{R}$.

1.e.— Il est clair que $\nu(K(X)) \leq \nu(K)$ (de manière générale, si L/K est une extension, on a toujours $\nu(L) \leq \nu(K)$).

Supposons que $\nu(K)$ soit fini. Considérons n fractions rationnelles non nulles $R_1(X), \cdots, R_n(X)$ telles que

$$-1 = R_1^2(X) + \cdots + R_n^2(X)$$

en réduisant au même dénominateur, l'équation devient

$$0 = P_0^2(X) + P_1^2(X) + \cdots + P_n^2(X)$$

où $P_0, \cdots P_n$ sont des polynômes de $K[X]$. Soit $(a_i)_i$ la famille des coefficients dominants (donc tous non nuls) des P_i. En regardant le coefficient dominant de $P_0^2(X) + P_1^2(X) + \cdots + P_n^2(X)$, on en déduit l'existence d'une partie non vide $D \subset \{0, \cdots, n\}$ telle que

$$\sum_{i \in D} a_i^2 = 0$$

par conséquent -1 est somme de $\sharp D - 1$ carrés dans K. Comme $\sharp D \leq n + 1$, en prenant $n = \nu(K(X))$, on en déduit $\nu(K(X)) \geq \nu(K)$. Donc $\nu(K(X)) = \nu(K)$.

Si $\nu(K) = \infty$, alors K est ordonnable. On sait qu'alors (voir problème sur les sous-corps de degré fini de $\mathbb{C}$) $K(X)$ est aussi ordonnable, c'est à dire que $\nu(K(X)) = \infty$.

2.a.— Considérons un n-uplet $(x_1, \cdots, x_n) \in K^n$ tel que $(x_1, \cdots, x_n) \neq (0, \cdots, 0)$ et tel que $Q(x_1, \cdots, x_n) = 0$. Soient $j \in \{1, \cdots, n\}$ tel que $x_j \neq 0$ et $c \in K^*$, posons

$$u = \frac{c}{4x_j^2}, \ \forall i \neq j \ y_i = x_i(1 - u), \ y_j = x_j(1 + u)$$

Alors on a

$$\begin{aligned}
Q(y_1, \cdots, y_n) &= \sum_{i=1}^{n} y_i^2 = x_j^2(1+u)^2 + \sum_{i \neq j} x_i^2(1-u)^2 \\
&= \sum_{i=1}^{n} x_i^2 + 2\left[x_j^2 - \sum_{i \neq j} x_i^2\right] u + \left[\sum_{i=1}^{n} x_i^2\right] u^2 \\
&= 2(x_j^2 + x_j^2)u = c
\end{aligned}$$

Ainsi $G_Q = K^*$.

2.b.i.— Procédons par récurrence sur k. Pour $k = 1$, la matrice

$$T_{x_1,x_2} = \begin{pmatrix} x_1 & x_2 \\ -x_2 & x_1 \end{pmatrix}$$

convient. Supposons maintenant la propriété vraie pour $k-1 \geq 0$ et considérons alors deux 2^{k-1}-uplets $y = (y_1, \cdots, y_{2^{k-1}})$ et $z = (z_1, \cdots, z_{2^{k-1}})$ tels que $x = (x_1, \cdots, x_{2^k}) = (y_1, \cdots, y_{2^{k-1}}, z_1, \cdots, z_{2^{k-1}})$ soit non nul. Pour m entier, posons

$$Q_m(X_1, \cdots, X_m) = \sum_{i=1}^{m} X_i^2$$

on a alors

$$Q_{2^k}(x) = Q_{2^{k-1}}(y) + Q_{2^{k-1}}(z)$$

Considérons les trois situations suivantes :

1/ $y = (0, \cdots, 0)$ (donc $z \neq (0, \cdots, 0)$). Par hypothèse de récurrence, il existe $T_{z_1,\cdots,z_{2^{k-1}}}$ tel que

$${}^tT_{z_1,\cdots,z_{2^{k-1}}} T_{z_1,\cdots,z_{2^{k-1}}} = Q_{2^{k-1}}(z) I_{2^{k-1}}$$

En posant alors

$$T_{x_1,\cdots,x_{2^k}} = \begin{pmatrix} 0 & T_{z_1,\cdots,z_{2^{k-1}}} \\ -T_{z_1,\cdots,z_{2^{k-1}}} & 0 \end{pmatrix}$$

(la matrice ci-dessus est une "matrice par bloc"), on obtient en posant $T = T_{z_1,\cdots,z_{2^{k-1}}}$:

$${}^tT_{x_1,\cdots,x_{2^k}} T_{x_1,\cdots,x_{2^k}} = \begin{pmatrix} {}^tTT & 0 \\ 0 & {}^tTT \end{pmatrix}$$

ce qui implique

$$ {}^tT_{x_1,\cdots,x_{2^k}} T_{x_1,\cdots,x_{2^k}} = Q_{2^{k-1}}(z)I_{2^k} = Q_{2^k}(x)I_{2^k} $$

Enfin il est clair que la première ligne de $T_{x_1,\cdots,x_{2^k}}$ vaut bien

$$ x = (y_1, \cdots, y_{2^{k-1}}, z_1, \cdots, z_{2^{k-1}}) $$

2/ $z = (0, \cdots, 0)$ (donc $y \neq (0, \cdots, 0)$). On recommence alors comme précédemment avec la matrice

$$ T_{x_1,\cdots,x_{2^k}} = \begin{pmatrix} 0 & T_{y_1,\cdots,y_{2^{k-1}}} \\ -T_{y_1,\cdots,y_{2^{k-1}}} & 0 \end{pmatrix} $$

3/ $y \neq (0, \cdots, 0)$ et $z \neq (0, \cdots, 0)$. En prenant la matrice

$$ T_{x_1,\cdots,x_{2^k}} = \begin{pmatrix} T_{y_1,\cdots,y_{2^{k-1}}} & T_{z_1,\cdots,z_{2^{k-1}}} \\ -T_{z_1,\cdots,z_{2^{k-1}}} & {}^tT^{-1}_{z_1,\cdots,z_{2^{k-1}}}\,{}^tT_{y_1,\cdots,y_{2^{k-1}}} T_{z_1,\cdots,z_{2^{k-1}}} \end{pmatrix} $$

la vérification de l'hypothèse de récurrence au rang k s'établit sans peine.

2.b.ii.— Soit $n = 2^k$, $Q(X_1, \cdots, X_n) = \sum_{i=1}^{n} X_i^2$ et $\mathcal{S}$ l'ensemble des sommes de n carrés de K non nulles. Si Q est isotropique, on sait alors que $\mathcal{S} = K^*$.

Supposons que Q ne soit pas isotropique. Prenons $x = (x_1, \cdots, x_n)$ et $y = (y_1, \cdots, y_n)$ tels que $Q(x) \neq 0$ et $Q(y) \neq 0$ (on regarde x et y comme des vecteurs). On a alors

$$ \begin{aligned} Q(x).Q(y) &= Q(x)^t y.y \\ &= {}^ty(Q(x)I)y \\ &= {}^ty.{}^tT_{x_1,\cdots,x_n}.T_{x_1,\cdots,x_n}y \\ &= {}^t(T_{x_1,\cdots,x_n}.y).(T_{x_1,\cdots,x_n}.y) \\ &= Q(z) \end{aligned} $$

où $z = (z_1, \cdots, z_n)$ est le vecteur $T_{x_1,\cdots,x_n}.y$ de K^n. Donc $Q(x)Q(y) \in \mathcal{S}$.

Maintenant,

$$ \frac{Q(x)}{Q(y)} = \frac{Q(x)Q(y)}{Q^2(y)} = \frac{Q(z)}{Q^2(y)} = Q\left(\frac{1}{Q(y)} z\right) $$

donc $\dfrac{Q(x)}{Q(y)} \in \mathcal{S}$ et ainsi $\mathcal{S}$ est un sous-groupe de K^*.

3.a.— Soit K un corps de niveau $\nu(K)$ fini. Considérons l'entier k tel que

$$2^k \leq \nu(K) < 2^{k+1}$$

soit alors $(x_1, \cdots, x_{\nu(K)}) \in K^{\nu(K)}$ tel que

$$-1 = x_1^2 + \cdots + x_{\nu(K)}^2$$

Ecrivons cette dernière relation sous la forme :

$$0 = (1 + x_1^2 + \cdots + x_{2^k-1}^2) + (x_{2^k}^2 + \cdots + x_{\nu(K)}^2)$$

Remarquons que $a = (1 + x_1^2 + \cdots + x_{2^k-1}^2)$ ne peut pas être nulle par minimalité de $\nu(K)$, en divisant par a (qui est une somme de 2^k carrés), on a alors :

$$-1 = \frac{x_{2^k}^2 + \cdots + x_{\nu(K)}^2}{a}$$

or $x_{2^k}^2 + \cdots + x_{\nu(K)}^2$ est une somme de 2^k carrés, donc -1 est somme de 2^k carrés en vertu de la question précédente. Ainsi $\nu(K) = 2^k$.

3.b.— Remarquons pour commencer que :

$$-1 = (\sqrt{-7})^2 + 2^2 + 1^2 + 1^2$$

On a ainsi $\nu(\mathbb{Q}(\sqrt{-7})) \leq 4$ et donc $\nu(\mathbb{Q}(\sqrt{-7})) = 1, 2, 4$. $\nu(\mathbb{Q}(\sqrt{-7})) = 1$ est exclu puisque $i \notin \mathbb{Q}(\sqrt{-7})$.

Supposons que $\nu(\mathbb{Q}(\sqrt{-7})) = 2$, prenons alors des rationnels a, b, c, d tels que :

$$(a + b\sqrt{-7})^2 + (c + d\sqrt{-7})^2 = -1$$

Cette équation équivaut à

$$a^2 + c^2 - 7(b^2 + d^2) = -1 \textit{ et } ab + cd = 0$$

Posons $K = b^2 + d^2$, on a alors

$$7K^2 = a^2b^2 + c^2d^2 + a^2d^2 + b^2c^2 + b^2 + d^2$$

Comme de plus $a^2b^2 + c^2d^2 = -2abcd$, on a donc

$$a^2d^2 + b^2c^2 - 2abcd + b^2 + d^2 = 7K^2$$

c'est à dire :

$$7 = \left(\frac{ad - bc}{K}\right)^2 + \left(\frac{b}{K}\right)^2 + \left(\frac{d}{K}\right)^2$$

et 7 est somme de trois carrés de rationnels, ce qui est absurde. Ainsi $\nu(\mathbb{Q}(\sqrt{-7})) = 4$.

4.a.i.— On écrit

$$-1 = \sum_{i=1}^{n-1} g_i^2 \textit{ avec } g_i \in K[X]$$

On a alors pour tout $f \in K[X]$,

$$4f = (f+1)^2 + \sum_{i=1}^{n-1}(f-1)^2 g_i^2$$

Par conséquent, tout polynôme est somme de n carrés dans $K[X]$.

4.a.ii.— On a

$$\begin{aligned}
h\overline{h} &= fh^2 - h^2\left(\sum_{i=1}^{n}\mu_i^2\right) - 2h\left(\sum_{i=1}^{n} r_i\mu_i\right)\\
&= \sum_{i=1}^{n} g_i^2 - h^2\left(\sum_{i=1}^{n}\mu_i^2\right) - 2h\left(\sum_{i=1}^{n} r_i\mu_i\right)\\
&= \sum_{i=1}^{n}(h^2\mu_i^2 + r_i^2 + 2h\mu_i r_i) - h^2\left(\sum_{i=1}^{n}\mu_i^2\right) - 2h\left(\sum_{i=1}^{n} r_i\mu_i\right)\\
&= \sum_{i=1}^{n} r_i^2
\end{aligned}$$

Pour prouver la deuxième égalité, commencons par remarquer que :

$$\begin{aligned}
\lambda h + t &= -fh + h\sum_{i=1}^{n}\mu_i^2 + 2fh - 2\sum_{i=1}^{n} g_i\mu_i\\
&= fh + h\sum_{i=1}^{n}\mu_i^2 - 2\sum_{i=1}^{n}(h\mu_i + r_i)\mu_i\\
&= fh + h\sum_{i=1}^{n}\mu_i^2 - 2h\sum_{i=1}^{n}\mu_i^2 - 2\sum_{i=1}^{n} r_i\mu_i\\
&= fh - h\sum_{i=1}^{n}\mu_i^2 - 2\sum_{i=1}^{n} r_i\mu_i\\
&= \overline{h}
\end{aligned}$$

On a alors

$$\begin{aligned}\overline{h}^2 f = \sum_{i=1}^{n} \overline{g_i}^2 \quad &\Longleftrightarrow \quad f(\lambda h + t)^2 - \sum_{i=1}^{n} (\lambda g_i + \mu_i t)^2 = 0 \\ &\Longleftrightarrow \quad \lambda^2 h^2 f + t^2 f + 2\lambda h t f \\ &\qquad -\lambda^2 \sum_{i=1}^{n} g_i^2 - t^2 \sum_{i=1}^{n} \mu_i^2 - 2\lambda t \sum_{i=1}^{n} g_i \mu_i = 0 \\ &\Longleftrightarrow \quad 2\lambda t \left(hf - \sum_{i=1}^{n} g_i \mu_i \right) + t^2 \left(f - \sum_{i=1}^{n} \mu_i^2 \right) = 0 \\ &\Longleftrightarrow \quad \lambda t^2 - \lambda t^2 = 0\end{aligned}$$

ce qui achève la preuve.

4.a.iii.— Soit $f \in K[X] \cap \boxed{\text{n}}_{K(X)}$, en réduisant au même dénominateur, on obtient l'existence de polynômes $h, g_1, \cdots, g_n$ tels que

$$h^2 f = \sum_{i=1}^{n} g_i^2$$

Si h est constant non nul, on a alors $f \in \boxed{\text{n}}_{K[X]}$. Si ce n'est pas le cas, considérons alors les polynômes $\overline{h}, \overline{g_1}, \cdots, \overline{g_n}$ obtenus à la question précédente (on garde dans cette question toutes les notations de la précédente).

Si $\overline{h} = 0$, alors puisque $\overline{h}h = \sum_{i=1}^{n} r_i^2$ on a $r_i = 0$ pour tout $i = 1, \cdots, n$ (sinon $-1 \in \boxed{\text{n-1}}_{K[X]}$) et par suite $g_i = h\mu_i$. On a alors $h^2 f = h^2 \sum_{i=1}^{n} \mu_i^2$ et donc

$$f = \sum_{i=1}^{n} \mu_i^2 \in \boxed{\text{n}}_{K[X]}$$

Supposons maintenant que $\overline{h} \neq 0$. On a alors

$$d^\circ(h\overline{h}) = d^\circ \sum_{i=1}^{n} r_i^2 \leq Sup(2d^\circ r_i) < 2d^\circ h$$

donc $d^\circ \overline{h} < d^\circ h$ et ainsi on peut écrire

$$\overline{h}^2 f = \sum_{i=1}^{n} \overline{g_i}^2$$

avec un polynôme $\overline{h}$ non nul de degré strictement inférieur à celui de h. En répétant le procédé au plus $d^\circ h$ fois, on arrive au cas où $\overline{h}$ est constant, ce qui assure bien que $h \in \boxed{\text{n}}_{K[X]}$.

4.a.iv.— Soit $f \in K[X]$ avec K de caractéristique 2. Supposons qu'il existe $2n$ polynomes $p_1, \cdots, p_n, q_1, \cdots, q_n$ tels que

$$f = \sum_{i=1}^{n} \frac{p_i^2}{q_i^2} = \left(\sum_{i=1}^{n} \frac{p_i}{q_i} \right)^2$$

(la dernière égalité vient du fait que K est de caractéristique 2.)

En réduisant au même dénominateur la somme $\sum_{i=1}^{n} \frac{p_i}{q_i}$, on en déduit qu'il existe deux polynômes p et q premiers entre eux tels que $f = \frac{p^2}{q^2}$, mais alors q^2 divise p^2 et donc q divise p, on en déduit alors que q est constant et donc que f est un carré dans $K[X]$.

4.b.— Si $d \in \boxed{\text{n-1}}_K$, il est clair que $X^2 + d \in \boxed{\text{n}}_{K(X)}$. De même, si $-1 \in \boxed{\text{n-1}}_K$ alors

$$-1 = a_2^2 + \cdots + a_n^2$$

pour un certain $n-1$-uplet $(a_2, \cdots, a_n) \in K^{n-1}$, on a donc

$$X^2 + d = \left(\frac{(X^2+d)+1}{2} \right)^2 + \sum_{i=2}^{n} \left(\frac{a_i((X^2+d)-1)}{2} \right)^2 \in \boxed{\text{n}}_{K(X)}$$

Réciproquement, supposons que $X^2 + d \in \boxed{\text{n}}_{K(X)}$ et $-1 \notin \boxed{\text{n-1}}_K$. D'après le 4.a., $X^2 + d \in \boxed{\text{n}}_{K[X]}$. On pose

$$X^2 + d = \sum_{i=1}^{n} P_i^2(X), \text{ avec } P_i(X) \in K[X]$$

Chaque P_i est de degré 1 sinon en regardant le terme de plus haut degré du polynôme de droite, il existerait une famille $(b_1, \cdots, b_n) \neq (0, \cdots, 0)$ telle que

$$\sum_{i=1}^{n} b_i^2 = 0$$

et donc $-1 \in \boxed{\text{n-1}}_K$ ce qui est impossible par hypothèse. On écrit

$$P_i(X) = a_i X + b_i \text{ avec } (a_i, b_i) \in K^2$$

- si $b_n \neq 1$, il existe $a \in K$ tel que $b_n a + c_n = a$,
- si $b_n = 1$, il existe $a \in K$ tel que $b_n a + c_n = -a$.

Dans les deux cas on a

$$a^2 + d = \sum_{i=1}^{n} (b_i a + c_i)^2 = \sum_{i=1}^{n-1} (b_i a + c_i)^2 + a^2$$

et donc $d = \sum_{i=1}^{n-1} (b_i a + c_i)^2 \in \boxed{\text{n-1}}_K$.

4.c.i.— Posons $\alpha = \sum_{i=1}^{2^k} x_i^2$ et $\beta = \sum_{i=1}^{2^k} y_i^2$. On peut supposer que $\alpha \neq 0$ sinon comme $\nu(K) \geq 2^k$ ceci impliquerait que $x_i = 0$ pour tout i, la relation demandée devenant alors triviale. On a sous cette condition

$$\begin{aligned} \sum_{i=1}^{2^k} (x_i(X - z_1) + \alpha y_i)^2 &= \alpha (X - z_1)^2 + 2(X - z_1) z_1 \alpha + \alpha^2 \beta \\ &= \alpha X^2 - \alpha z_1^2 + \alpha^2 \beta = \alpha (X^2 - z_1^2 + \alpha \beta) \end{aligned}$$

$(X^2 - z_1^2 + \alpha\beta)$ est donc le quotient de deux sommes de 2^k carrés dans $K(X)$, c'est par conséquent une somme de 2^k carrés dans $K(X)$ (voir 2.b.ii.).

D'après la question 4.b., on a $\alpha\beta - z_1^2 \in \boxed{2^k - 1}_K$ car $-1 \notin \boxed{2^k - 1}_K$ (puisque $\nu(K) \geq 2^k$), ainsi

$$\left(\sum_{i=1}^{2^k} x_i^2 \right) \left(\sum_{i=1}^{2^k} y_i^2 \right) = z_1^2 + \sum_{i=2}^{2^k} z_i^2 \text{ avec } z_i \in K$$

4.c.ii.— Supposons que $\nu(\mathbb{Q}(\sqrt{-d})) < 2^n$, d'après la question 3.a. on a donc $\nu(\mathbb{Q}(\sqrt{-d})) \leq 2^{n-1}$. Il existe donc deux 2^{n-1}-uplets d'éléments de $\mathbb{Q}$, $(a_1, \cdots, a_{2^{n-1}})$ et $(b_1, \cdots, b_{2^{n-1}})$ tels que

$$(a_1 + \sqrt{-d} b_1)^2 + \cdots + (a_{2^{n-1}} + \sqrt{-d} b_{2^{n-1}})^2 = -1$$

Cette équation équivaut (du fait que 1 et $\sqrt{-d}$ sont linéairement indépendants sur $\mathbb{Q}$) au système suivant :

$$\begin{aligned} \left(\sum_{i=1}^{2^{n-1}} a_i^2\right) - d\left(\sum_{i=1}^{2^{n-1}} b_i^2\right) &= -1 \\ a_1 b_1 + \cdots + a_{2^{n-1}} b_{2^{n-1}} &= 0 \end{aligned}$$

On a donc

$$\left(\sum_{i=1}^{2^{n-1}} a_i^2\right)\left(\sum_{i=1}^{2^{n-1}} b_i^2\right) + \left(\sum_{i=1}^{2^{n-1}} b_i^2\right) = d\left(\sum_{i=1}^{2^{n-1}} b_i^2\right)^2$$

Puisque $\nu(\mathbb{Q}) = \infty$, d'après la question précédente, il existe des rationnels $z_2, \cdots, z_{2^{n-1}}$ tels que

$$\left(\sum_{i=1}^{2^{n-1}} a_i^2\right)\left(\sum_{i=1}^{2^{n-1}} b_i^2\right) = \sum_{i=2}^{2^{n-1}} z_i^2$$

Donc $d\left(\sum_{i=1}^{2^{n-1}} b_i^2\right)^2$ est somme de $2^{n-1}+2^{n-1}-1 = 2^n-1$ carrés dans $\mathbb{Q}$, et comme $\left(\sum_{i=1}^{2^{n-1}} b_i^2\right)^2$ est un carré, on a $d \in \boxed{2^n-1}_{\mathbb{Q}}$ ce qui est absurde par hypothèse.

Il est clair que $\nu(\mathbb{Q}(\sqrt{-7}) \leq 4$ mais comme 7 n'est pas somme de 3 carrés de rationnels, on a $7 \notin \boxed{2^2-1}_{\mathbb{Q}}$, donc $\nu(\mathbb{Q}(\sqrt{-7}) \geq 4$.

4.d.i.— On a $\nu(\mathbb{R}) = \infty$, donc $\nu(\mathbb{R}(X_1)) = \infty$ d'après 1.e., donc par récurrence immédiate $\nu(\mathbb{R}(X_1, \cdots, X_n)) = \infty$.

4.d.ii.— Procédons par récurrence sur n. Pour $n = 1$, le résultat est trivial. Supposons que pour $n \geq 1$, $X_1^2 + \cdots + X_n^2 \notin \boxed{\text{n-1}}_{\mathbb{R}(X_1,\cdots,X_n)}$. Posons $d = X_1^2 + \cdots + X_n^2$ et supposons que

$$d + X_{n+1}^2 \in \boxed{\text{n}}_{\mathbb{R}(X_1,\cdots,X_{n+1})}$$

D'après le 4.b., on a soit $-1 \in \boxed{\text{n-1}}_{\mathbb{R}(X_1,\cdots,X_n)}$, soit $d \in \boxed{\text{n-1}}_{\mathbb{R}(X_1,\cdots,X_n)}$. La première possibilité est exclue par 4.d.i., la deuxième par l'hypothèse de récurrence. Ceci achève la preuve.

4.d.iii.— Dans $K(y)$, on a :

$$y^2 = -\sum_{i=1}^{2^k} X_i^2$$

donc $\nu(K(y)) \leq 2^k$. Si on avait $\nu(K(y)) < 2^k$, alors $\nu(K(y)) \leq 2^{k-1}$. Il existerait donc deux familles (a_i) et (b_i) d'éléments de K telles que :

$$-1 = \sum_{i=1}^{2^{k-1}} (a_i + b_i y)^2$$

Cette équation équivaut (du fait que 1 et y sont linéairement indépendants sur K) au système

$$\begin{array}{rcl} \left(\sum_{i=1}^{2^{k-1}} a_i^2\right) + y^2 \left(\sum_{i=1}^{2^{k-1}} b_i^2\right) & = & -1 \\ a_1 b_1 + \cdots + a_{2^{k-1}} b_{2^{k-1}} & = & 0 \end{array}$$

On a donc

$$\sum_{i=1}^{2^k} X_i^2 = \frac{\left(\sum_{i=1}^{2^{k-1}} a_i^2 + 1\right)\left(\sum_{i=1}^{2^{k-1}} b_i^2\right)}{\left(\sum_{i=1}^{2^{k-1}} b_i^2\right)^2}$$

Puisque $\nu(K) = \infty$, d'après la question 4.c.i., on a :

$$\left(\sum_{i=1}^{2^{k-1}} a_i^2 + 1\right)\left(\sum_{i=1}^{2^{k-1}} b_i^2\right) = \sum_{i=1}^{2^{k-1}} a_i b_i + c = c$$

avec $c \in \boxed{2^k - 1}_K$, et ainsi

$$\sum_{i=1}^{2^k} X_i^2 \in \boxed{2^k - 1}_K$$

ce qui est absurde, donc $\nu(K(y)) = 2^k$.

Imprimé en France par
LIGHTNING SOURCE
www.lightningsource.fr